装备科技译著出版基金

基于振动的工程结构损伤检测与定位技术

Vibration - Based Techniques for Damage Detection and Localization in Engineering Structures

[伊朗] Ali S. Nobari [英] M. H. Ferri Aliabadi 主编

舒海生 孔凡凯 王兴国 张雷 牟迪 译

国防工业出版社

·北京·

著作权合同登记　图字:01－2022－3645 号

图书在版编目(CIP)数据

基于振动的工程结构损伤检测与定位技术/(伊朗)阿里·S. 诺巴里(Ali S. Nobari),(英)M. H. 费里·阿利亚巴迪(M. H. Ferri Aliabadi)主编;舒海生等译. —北京:国防工业出版社,2023. 1

书名原文:Vibration－Based Techniques for Damage Detection and Localization in Engineering Structures

ISBN 978－7－118－12777－5

Ⅰ. ①基… Ⅱ. ①阿… ②M… ③舒… Ⅲ. ①工程结构－损伤(力学)－检测 Ⅳ. ①TU3

中国国家版本馆 CIP 数据核字(2023)第 018569 号

Vibration－Based Techniques for Damage Detection and Localization in Engineering Structures.
by Ali S. Nobari, M. H. Ferri Aliabadi
ISBN 978－1－78634－496－0

※

国防工业出版社出版发行
(北京市海淀区紫竹院南路 23 号　邮政编码 100048)
三河市腾飞印务有限公司印刷
新华书店经售
*
开本 710×1000　1/16　插页 10　印张 13　字数 228 千字
2023 年 1 月第 1 版第 1 次印刷　印数 1—1500 册　定价 89.00 元

(本书如有印装错误,我社负责调换)

国防书店:(010)88540777　书店传真:(010)88540776
发行业务:(010)88540717　发行传真:(010)88540762

前　　言

在近海、土木、机械和航空等工程领域中，状态监测是一项非常重要的任务。与此相应，人们已经认识到结构健康监测（SHM）和损伤检测技术是能够实现这一目的的有效手段，它们不仅能够提升安全性，同时还能够降低维护保养所需的经济支出。在各类复杂结构场合中，当受到复杂的工作载荷和环境载荷作用后，往往会出现一些结构损伤，一般而言我们是需要对此类损伤情况进行检测的。正是受到这一方面需求的牵引，人们已经研发和提出了大量的相关技术手段，其中大部分是建立在结构振动分析这一基础上的。本书针对基于振动分析的损伤检测这一主题，将当今出现的最新技术和最新发展趋势综合到一起，全面地涵盖了有关基于振动分析的 SHM 这一方面的各类现代方法，其中着重讨论的是那些以中频范围内的结构振动响应为基础的分析技术。

书中既介绍了时域技术，也讨论了频域技术。前两章主要阐述的是基于数据集的 SHM 方法和相关的数据处理技术。在第 1 章中，我们针对各种可用于 SHM 的机器学习技术做了详尽的介绍，然后考察了这些技术的性能，并进行了对比讨论。作为对传统的主成分分析（PCA）方法的拓展，第 2 章介绍更具健壮性的奇异谱分析（SSA）技术，考察了它在故障检测方面的应用，并通过实例分析检验了此类技术的性能。第 3 章和第 4 章主要讨论全局模态参数在故障检测方面的应用，其中第 3 章针对的是复合结构，将模态阻尼作为一种故障检测工具，分析了其应用。第 5 ~7 章阐述了基于局部模态参数的 SHM 技术，特别是基于模态曲率分析的方法。

在这里，编者要向各章的作者们表达衷心的感谢，感谢他们为本书所做出的巨大贡献。

编 者 简 介

Ali Salehzadeh Nobari 是帝国理工学院航空与机械工程系的客座教授(2010 年),同时也是阿米尔卡比尔理工大学航空工程系振动工程方向的教授(2008 年至今),自 1999 年起担任了该大学振动测试、信号处理与实验模态分析实验室的主任。目前已经出版了 50 多篇论著(期刊),发表了 30 多篇国际、国内会议论文,他的主要研究方向是基于振动的 SHM、振动测试和信号处理、实验模态分析、非线性动力学系统识别、材料建模、结构动力学模型改进以及黏弹性材料(黏合剂)模型的识别等。

M. H. Ferri(Fraydon)Aliabadi 是帝国理工学院航空工程系的主任,同时受聘于航空领域 Zaharoff 教授席位,也是皇家航空学会成员,目前已经在计算结构力学、声学、断裂力学和疲劳、结构健康监测、接触力学、优化、材料建模以及边界元方法等领域发表了 500 多篇论著。Aliabadi 教授还是 *International Journal of Multiscale Modeling* 杂志的编辑,也是多个其他刊物的编委,此外还担任了 *Computer and Experimental Methods in Structures and Advances in Fracture* 这一系列丛书的主编。

目　　录

第1章　损伤检测的机器学习算法

Eloi Figueiredo[1,2], Adam Santos[3,4]
① 葡萄牙,葡萄牙语区人文与科技大学,工程系,
里斯本坎普格兰德 376,1749 - 024
② 巴西,帕拉南部和东南部联邦大学,
计算与电子工程系,马拉巴,F. 17,Q. 4,L. E. ,68505 - 080;
③ eloi. figueiredo@ ulusofona. pt;
④ adamdreyton@ unifesspa. edu. br

摘要:在这一章中,我们将考察建筑、机械和航空结构物的损伤检测问题,是从面向结构健康监测(Structural Health Monitoring,SHM)的模式识别理念这一角度来进行的,其中所涉及的机器学习算法十分重要,借助这些算法我们能够模仿人脑工作的原理,从已有的经验知识或数据中提取出结构的行为特性。这些算法在一些场合中是特别重要的,例如,由于损伤导致工况和环境发生变化,进而会影响到结构响应的改变,这时就需要利用这些算法来从中提取出对损伤敏感的特征。当前所提出的机器学习算法主要建立在平方马氏(马哈拉诺比斯)距离(MSD)、高斯混合模型(GMM)、主成分分析(PCA)、核主成分分析(KPCA)以及自联想神经网络(ANN)等基础之上,其中的仿生算法是值得重视的,它们是一类很有潜力的算法,能够克服诸多传统算法的某些局限性。这些算法往往都采用了彼此不同的工作原理,致力于建立一般性的正常结构状态,并进一步去检测实际系统状态与基准状态之间的偏离,这些偏离与损伤是密切关联的。在本章中,对于所考察的损伤检测算法,我们将借助瑞士 Z - 24 桥的标准数据集来对其进行可行性验证。这些数据集反映了 1 年内结构状态的监测情况,体现了极端工况和环境变化以及实际损伤情况对基准状态的影响。

关键词:结构健康监测(SHM);基于数据;无监督机器学习;统计模式识别;平方马氏距离(MSD);高斯混合模型(GMM);主成分分析(PCA);核主成分分析(KPCA);自联想神经网络(ANN);仿生算法。

1.1 引　言

在现代社会中，无论文化形态、地理位置或者经济发展程度存在何种差异，有一个现象是共同的，即各类工程结构物已经变得越来越普遍了，比如桥梁、建筑物、公路、铁路、隧道、大坝、海洋石油平台、发电系统、旋转机械设备以及飞行器等，它们的价值和作用也日益突出。只有对此类工程结构物进行良好的管理和维护，它们才能安全、经济而持久地运行或工作。健康监测是一项非常重要的管理手段，借助这一手段我们可以识别出早期和渐进性的结构损伤[1]。一般而言，人们需要将海量监测数据转换成有意义的信息，这样才能为相关的维护工作提供有效的设计和规划指导，同时这为提升系统的安全性、验证一些假设以及降低不确定性提供了支持，并可帮助我们更全面更深入地认识和理解所监测的结构系统。

SHM 是基础设施管理中十分有效的一种手段，在建筑、机械和航空工程领域中，一般将针对相关基础设施实现自主损伤识别策略这一过程称为 SHM[2]。SHM 包含在时间尺度上对结构的观测，通常是借助传感器阵列来得到周期采样的响应测试信号，也包含了根据这些测试信号进行损伤敏感特征的提取，以及对此类特征信息的统计分析，从而确定实际的结构状态。一般地，损伤识别框架是由五层构成的（参见 1.2.7 节），不过本章中将主要从第一层（即损伤检测）来讨论 SHM 这一过程。

就长期的 SHM 来说，监测过程的输出一般是定期更新的，由此可以获得跟结构性能有关的一些信息，也就是结构所能实现预期功能的水平，它们通常与工况和环境的变化所导致的老化及退化（一般是不可避免的）相关[3]。当出现一些极端事件时，比如地震或者爆炸载荷冲击等，我们还可以利用 SHM 来进行快速的状态检查，从而以近乎实时的方式给出与结构完好性相关的可靠信息。

实现 SHM 的方式主要有两种，分别是基于物理的和基于数据的方式。在基于物理的方式中，人们利用反问题技术来校准数值模型（例如有限元模型），并试图通过将结构的测试数据与模型的预估数据相关联来识别出损伤行为。与此不同的是，基于数据的方式源自于机器学习这一领域，一般是利用机器学习算法来从经验数据或以往数据中学习（或者说建模）结构的行为特性，其原理类似于人脑的工作原理，在损伤识别中进行模式识别。这些学习可以有监督的形式来进行，也可以无监督的形式来进行[4]。在 SHM 领域中，有监督的学习是指可以获得和利用无损状态与有损状态下的数据来训练相关的算法，而无监督的学习则是指只能获得无损状态下的数据并将其用于算法的训练。应当注意的是，对于高价值的结构物来说，例如大多数的土木基础设施，由于一般只能获得无损状态下的数据，因此常常需要采用无监督的学习算法。

人们已经提出了若干种无监督的学习算法，在用于检测结构的损伤时，通常需要将模式识别与机器学习技术组合起来使用[5-7]。一般而言，这种组合是借助统计模式识别（SPR）方法来实现的，其中包括两个阶段，分别如下。

（1）针对包含无损数据（来自于正常结构状态）的模型进行学习，并尽可能全面地考虑所有的工况和环境的影响；

（2）通过对新的无损数据或有损数据的归类来检验所学完的模型。

必须强调指出的是，当前 SPR 中所采用的大多数技术手段只能输出那些对损伤敏感的特征（通常是从振动响应测试[8]信号中导出的），而不包括工作参数和环境参数。

在这一章中，我们将面向 SHM，从 SPR 这一层面出发来介绍可用于结构损伤检测的若干无监督的机器学习算法。在机器学习算法方面，能够体现当今最先进水平的主要建立在平方马氏距离（MSD）、高斯混合模型（GMM）、主成分分析（PCA）、核主成分分析（KPCA）以及自联想神经网络（ANN）等基础之上。我们还将指出仿生算法是值得重视的，它们是一类很有潜力的算法，能够克服诸多传统算法的某些局限性。当工况和环境的变化或者损伤导致了结构响应中的某些特征信号发生变化时，上述这些算法都是非常有用的。对于所考察的损伤检测算法，我们将借助瑞士 Z-24 桥的标准数据集来对其进行可行性验证。这些数据集反映了 1 年内结构状态的监测情况，体现了极端工况和环境的变化以及实际损伤情况对基准状态的影响。

1.2 结构健康监测中的统计模式识别

1.2.1 一般定义

一般认为，所有能够实现 SHM 的方法以及所有传统的无损检测技术，都可以在 SPR 范畴内进行考察。于是，在构建 SHM 解决方案的时候，我们可以将这种 SPR 思想描述为如图 1.1 所示的由四个阶段构成的过程。

在 SHM 应用领域中，SPR 的主要目的是进行模式识别，区分出那些跟无损结构状态（在工况和环境的影响下）关联的模式与损伤状态相关的模式，一般是从利用传感器对所监测结构进行检测开始，直到最终完成实际结构状态的评估。我们将在后续几节中讨论 SHM 过程的这四个阶段，以及其他一些相关问题，并将指出每一阶段中的主要困难。

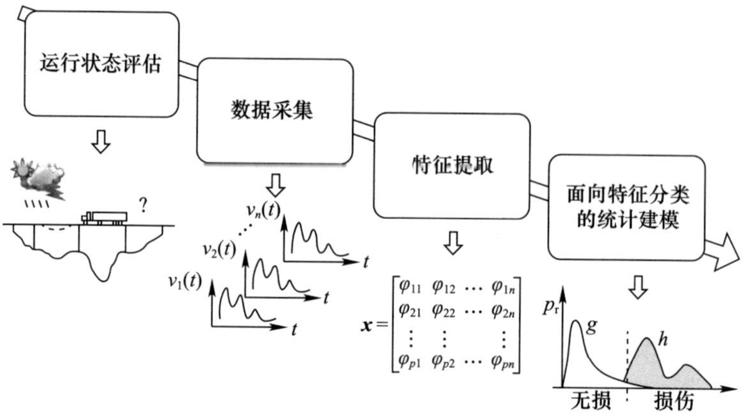

图 1.1　基于 SPR 理念的 SHM 过程

1.2.2　运行状态评估

在 SHM 的实现过程中,第一阶段的工作是进行运行状态的评估或分析,这主要是为了回答如下四个基本问题,它们跟一个 SHM 系统的实现是密切相关的[9]。

(1) 对于结构监测而言,如何考量寿命安全和(或)经济性?

(2) 对于所需监测的结构系统来说,损伤是如何定义的?

(3) 对于所感兴趣的结构系统,其运行过程中的工况和环境条件是怎样的?

(4) 在运行过程中,数据采集的主要限制体现在哪些方面?

运行状态评估阶段需要针对那些待识别的损伤情况给出定义,并尽可能地进行量化描述。与此同时,该阶段也应明确当采用了 SHM 系统之后会带来哪些方面的好处。我们需要确定监测哪些参数,如何进行监测,以及怎样使这一监测过程能够很好地适应结构系统自身的特殊性和那些需要识别与分析的损伤的独特特征。

运行状态评估阶段的主要困难主要体现在如下几个方面:

(1) 大多数具有高价值的建筑工程结构都是独一无二的系统,例如桥梁,它们受到的是自身建筑场地处的物理环境的影响,因此,一般很难借助从其他类似结构系统中获得的经验知识来对预期的损伤行为给出定义。

(2) 结构系统的设计通常是根据发生概率很低的一些极端事件来进行的,比如地震、飓风、恐怖袭击或洪水灾害等。

(3) 一般地,结构系统在正常运行过程中会缓慢地发生性能退化,例如腐蚀和疲劳裂纹、冻融热损伤、预应力松弛、振动诱发的连接失效以及氢脆等。

(4) 在 SHM 系统的投资回报率方面,目前还没有通用的方法对其加以论证。

1.2.3 数据采集

数据采集阶段涉及激励方法的选择,传感器的类型、数量和位置的选择,以及数据采集、储存、处理与传输硬件等的选择。数据采集的时间间隔(如每天或每小时)也是必须考虑的。一个数据采集系统的实际实现通常与特定的应用场景相关的,在进行前述的选择工作时,经济性往往是一个最基本的考量。

检测系统和数据采集系统只是用于测量和获取工作负载与环境激励作用下结构的响应,对于检测系统中存在作动器的情况,也可以是测量和获取由作动器导致的结构响应[10],通常并不是直接去检测结构的损伤。检测传感器的读数与损伤是否存在或者损伤的位置或多或少是直接相关的,一般而言,这与所采用的检测技术和需要识别的损伤类型有关。对于一个 SHM 系统来说,一些数据处理过程是必需的,例如特征提取和特征分类统计建模等,它们能够将传感器检测到的数据转换成与结构状态相关的有用信息。除此之外,为了成功地构建 SHM,我们也需要将数据采集系统纳入进来,它们跟上述数据处理模块是紧密联系在一起的。

数据采集阶段存在的主要困难主要包括如下几点。

(1) 没有哪种传感器能够直接对损伤进行测量,然而,对于 SHM 的实现来说,传感器又是不可或缺的。

(2) 如何确定需要获取哪些数据,特征提取过程中需要使用哪些数据,其中可能包括:数据的类型,传感器类型和位置,带宽和灵敏度(或动态范围),数据采集/传输/存储系统,功率需求(如能量收集),采样频率,处理器和内存需求,激励源(如有源传感检测),传感器诊断等。

(3) 传感器的数量问题。对于大型结构物的检测而言,即便所采用的传感器数量很多,但通常其布置也是较为稀疏的,而且传感器数量很多时,在可靠性方面和数据管理方面也会产生很多问题。

(4) 传感器耐用度问题。检测系统通常必须能够连续工作很多年,期间应只需最低程度的维护。然而,各种不利环境(如热、机械、潮湿、辐射和腐蚀等环境)却会导致传感器难以持久地正常工作,一般需要进行传感器诊断。

(5) 一般检测系统的发展通常是建立在即用型非定制技术上的,而 SHM 的研究所追求的是针对结构的类型来构建出定制式的系统。

(6) 在此处的检测系统设计中,我们必须将其与特征选择/提取以及特征分类有机地结合起来。

1.2.4 特征提取

一般来说,如果结构中存在损伤,那么它们的响应数据也会受到相应的影响。对损伤敏感性特征是指从结构响应数据中提取出来的某些参量,例如模态参数[11]、准静态应变[12]、自回归模型参数和残差[3]、局部弹性[13]以及机电阻抗[14]等。理想情况下,随着损伤的增长,这些损伤敏感性特征也会以某种方式随之出现一致性的改变。在大多数的 SHM 技术资料中,人们关注的核心问题是如何识别那些能够准确地区分出损伤结构和完好结构的特征。从本质上说,特征提取就是将某种模型与测得的响应数据进行匹配或拟合的过程,这些模型可以是基于物理的也可以是基于数据的,而模型的参数或者模型的预测误差也就变成了损伤敏感性特征了。当然,也存在着另一种特征识别方式,即针对损伤前和损伤后分别测得的数据直接进行比较,这些数据可以是传感器波形,如影响线和加速度时间历程,也可以是这些波形的谱信息,如功率谱密度等。在基于阻抗的和基于波传播的 SHM 研究中,很多特征识别工作[15-18]就属于这一类型。

在特征提取阶段,最重要的工作是获得那些与结构损伤程度密切关联的损伤敏感性特征,从而尽可能地减少后续分类阶段中可能出现的误判。然而,在实际的 SHM 应用场合中,工况和环境条件的影响往往会掩盖由损伤导致的特征变化,它们还能使得特征信号的幅值与损伤程度之间的关联性发生改变。一般而言,如果某个特征对于损伤的敏感性越高,那么工况和环境条件(如温度和风速)的变化对其的影响也会越大。为了消除此类影响,损伤敏感性特征的主要特性最好能够满足如下几项要求。

(1) 敏感性要求:该特征必须对损伤是敏感的,而对于任何其他变化完全不敏感。在实际的 SHM 应用中满足这一要求的特征是极少的。

(2) 维数要求:该特征向量的维数应当是最小的,因为高维特征向量会使得统计模型和存储机制变得更为复杂。

(3) 计算方面的要求:所需的计算资源应当是最少的,如最小处理器周期,从而为内置式系统提供便利。

(4) 一致性要求:特征信号的幅值必须随损伤水平单调地改变。

通常情况下,人们都希望采用最简单的特征来区分损伤结构和无损伤结构,不过在特征选择和提取过程中目前仍存在如下一些困难。

(1) 特征的选择仍然几乎完全地建立在工程判断上,主要依靠工程技术人员的技术判断能力。

(2) 针对特征的损伤敏感性的量化[19]。

(3) 针对特征随损伤水平的变化情况的量化[19]。

（4）环境和工况条件改变时特征的变化情况研究。

1.2.5 用于特征分类的统计建模

构建统计模型以改进损伤检测过程，这一阶段会涉及机器学习算法的实现，进行数据的规格化处理和分析所提取的特征的分布情况，进而可以确定出结构的状态[20]。

在统计模型构建中所采用的机器学习算法，通常可以划分为三种类型，分别是群组分类[21-22]、回归分析[23-24]和异常检测[5,7]。在选择合适的算法时，一般需要考虑其有监督或无监督学习的能力。在这里我们仅考虑无监督学习算法，这是因为对于高价值的结构物来说，目前只能获得无损伤状态下的数据信息。为此，在1.3节中将介绍一些异常检测类型的算法，它们建立在输出残差或者某些距离度量信号上。1.3节所给出的机器学习算法一般输出的是一个残差特征向量，其维数与原特征向量相同。例如，从式（1.12）和式（1.24）可以看出，对于每个特征向量都可以分数的形式定量地衡量损伤情况，因而就可以针对每一个残差特征向量将损伤指标（DI）设定为误差平方和的平方根（即欧氏（欧几里得）范数）。于是，对于某个测试矩阵 $\mathbf{Z}$ 所给出的每个特征向量（下标记为 f，$f=1,2,\cdots,l$），我们即可给出如下DI：

$$\mathrm{DI}(\mathbf{Z}_f) = \|\boldsymbol{e}_f\| \tag{1.1}$$

如果下标为 f 的这个特征向量是指无损伤状态，那么有 $\mathbf{Z}_f \approx \hat{\mathbf{Z}}_f$，$\mathrm{DI}(\mathbf{Z}_f)\approx 0$，而如果它代表的是损伤状态，那么残差会增大，DI值将偏离零值，这意味着结构中产生了异常。通常来说，我们需要设定一个阈值，例如某个特定的距离或者假定某个特定的置信区间。

为了将一些变化的情况和不确定性考虑进来，也为了区分那些显著偏离零值的DI，往往有必要设定置信区间。当我们能够从无损伤状态获得大量具有代表性的数据时，根据与这些训练数据集上的特定的置信水平对应的值即可简单地给出阈值。对于多元异常值而言，我们只需将其简单地描述为测试数据中多个DI超出了某个阈值。

对于异常检测而言也可以有另一种方式，即建立假设检验，其中的零假设 H_0 代表的是无损伤状态，另一假设 H_1 则是推测的损伤状态。为了确定某个特征向量是否来自于无损结构状态，我们可以建立一个一维指标，该指标反映的是新特征向量和已有分布之间的偏离情况。例如，如果一个多元特征向量 $\boldsymbol{z}$ 是从无损状态提取出来的，且对应的是多元高斯随机分布，那么这个DI就可以是具有 d 个自由度的卡方分布，即

$$\mathrm{DI} \sim \chi_d^2 \tag{1.2}$$

当 d 增大时,根据中心极限定理可知,该概率密度函数(PDF)将趋于正态 PDF。因此,多元异常就可以简单地描述为多个 DI 超出了特定水平。在异常检测中,卡方分布这一假设是必不可少的,因为它容许我们针对某个显著水平 α 设定一个截止值或者阈值 c,其形式为

$$c = \mathrm{inv}F_{\chi_d^2}(1-\alpha) \tag{1.3}$$

式中:$F_{\chi_d^2}$为中心卡方分布的累积分布函数。

于是,当某个特征向量的 DI 等于或大于 c 时,就可以认定它是一个多元异常值了(零假设被拒绝)。α 的选择体现了第一类错误(损伤指标的拒真错误)与第二类错误(存伪错误)之间的一种折中,通常显著性水平可取 5%。

在模型、算法或者分类器的分析比较中,损伤检测的性能评估是一项基本工作。对于 SHM 中的二元分类问题,即存在两种不同情况,其状态可以为损伤(正,P)或无损(负,N),当给定一个阈值之后,显然将会出现四种可能,如图 1.2 和表 1.1 所示。当结果为正时,实际情况要么是真正(TP),要么是假正(FP),分别对应于正和负两种不同的观测;而当结果为负时,实际情况要么是假负(FN),要么是真负(TN),也分别跟正负两种观测相对应。此处出现的 FP 和 FN 这两种错误分类,分别就是所谓的第一类错误和第二类错误。

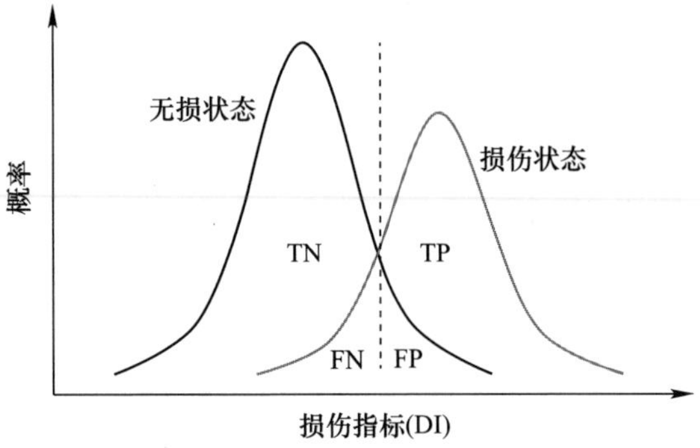

图 1.2　无损状态和损伤状态的概率分布

表 1.1　二元分类的可能结果

结果	观测值		
	正	负	合计
正	真正(TP)	假正(FP)	TP + FP
负	假负(FN)	真负(TN)	FN + TN
合计	TP + FN	FP + TN	TP + FN + FP + TN

显然,虚假的损伤指示将表现为以下两种类型。第一种是假正型,即无损状态出现了损伤指示,也就是第一类错误;第二种是假负型,即存在损伤却未能给出损伤指示,也就是第二类错误。对于第一种错误,人们通常是不希望发生的,这是因为它会导致不必要的停机和效益损失,并且还会导致我们对监控系统失去信任。与此相比,第二种错误更为重要,因为如果出现了这种分类错误,那么就会导致相应的安全问题了。模式识别算法可以容许我们分配这两种错误的权重,不过这一工作一般是在运行评估阶段进行的。

此外,在总结分类器的性能方面,我们也可以利用受试者工作特性曲线(ROC 曲线),这是一种比较全面的图形化处理方式[25]。早在第二次世界大战时期,电气和雷达工程技术人员就已经把 ROC 曲线引入到信号检测理论中,用于检测战场上的敌方目标。自那时起,在诸多领域中 ROC 曲线都逐渐得到了广泛应用,例如经济、大气科学和医学等领域。在机器学习领域中,这些曲线也已经成为一个标准化的工具,可以用于二元分类器的性能评估。

下面我们针对面向特征分类的统计建模过程,讨论所存在的一些问题和困难。

(1) 目前的损伤检测分类主要处理的是 FP 和 FN 这两种损伤指示情形。该技术认为这两种错误分类会产生不同的后果或影响,因此,在确定阈值水平时必须在这两种情形之间进行折中考虑,当该 SHM 应用主要关心的是经济性时,应尽可能减少 FP 型错误,而当主要考虑寿命和安全问题时,则应使得 FN 型错误最少。

(2) 在能够获得新数据的情况下,统计模型的更新问题。

(3) 针对在线监控系统所产生的极大量数据的管理问题。

(4) 针对特定的应用,机器学习算法的选择问题,通常需要考虑所采用的损伤敏感性特征及其在特征空间中的分布情况。

1.2.6 数据标准化、清洗、融合与压缩

在 SHM 所涉及的数据采集、特征提取和统计建模阶段中,我们都需要进行数据标准化、数据清洗、数据融合以及数据压缩等工作。

数据标准化包含了很多步骤,主要用于降低甚至消除工况(如交通荷载)和环境条件(如温度)的变化对所提取的特征的影响,以及区分损伤敏感性特征的变化成分,即哪些是由损伤导致的,哪些是由工况和环境条件的变化导致的[26]。一般而言,如果没有恰当地予以处理,那么工况和环境因素可能会导致虚假的损伤指示,因此,数据标准化这一工作通常都能够显著地改善结构损伤检测过程,该项工作可以借助机器学习算法来完成。

数据清洗是指有选择性地将数据传递到特征选取过程，或者从后者传递来的数据中有选择性的剔除[27]。数据融合主要是将多个传感器得到的信息组合起来，以增强损伤检测过程的可靠性，目前已经广泛用于 SHM 领域[28]。数据压缩是缩减数据的维度或者（从数据中提取出的）特征的维度，目的是方便信息的高效存储，并使得这些参量的统计量化更为便利[29]。

上述四项工作既可以以硬件方式也可以以软件方式来实施，不过人们往往是将这两种方式组合起来使用。

1.2.7 损伤识别的层次结构

损伤识别工作应当尽可能细致地描述损伤对结构系统的影响情况，从广义上来看，损伤识别主要体现在三个不同的方面，分别是损伤检测、损伤诊断和损伤预测。损伤诊断还可以进一步细分，这主要是为了更好地刻画损伤情况，例如损伤位置、类型和严重程度等。由此可以看出，损伤识别工作是具有层次结构的，可以将其分解为如图 1.3 所示的 5 个层次，它们其实回答的是如下几个问题[9]。

（1）系统中是否存在损伤？（对应于损伤检测）

（2）损伤位于何处？（对应于损伤定位）

（3）出现的是什么类型的损伤？（对应于损伤类型）

（4）损伤到达什么程度？（对应于损伤严重程度）

（5）剩余寿命还有多长？（对应于损伤预测）

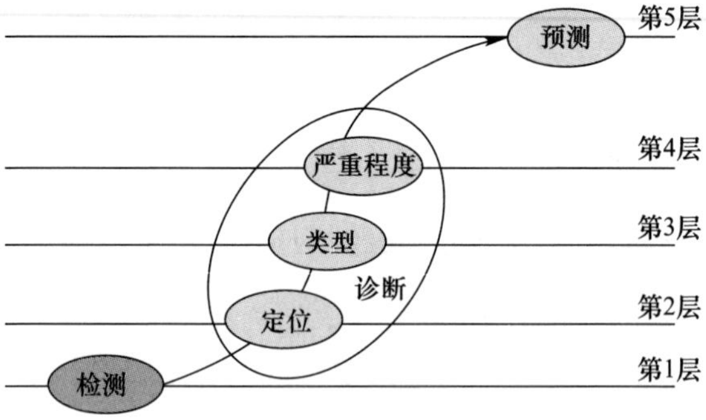

图 1.3　损伤识别的分层结构

对于上面这几个问题，我们只能按顺序逐个地去回答，例如在回答损伤严重程度时我们就必须先认识该损伤的类型。如果采用无监督的学习模式，那么对于损伤检测和损伤定位问题，一般可以借助机器学习算法来解决；而如果采用有监督的学习模式，并且可以联合使用基于物理的模型，那么我们还可以借助统计算法来更好地确定损伤的类型、严重程度以及剩余寿命。应当指出的是，我们必须在认识和理解了损伤累积过程之后才能完成对于第5层的损伤预测工作。关于损伤预测这一概念，读者可以参阅文献[30]，其中做了进一步的讨论。这里我们着重考察第1层，同时也附带介绍一下第4层。

1.3 机器学习算法

在SHM中，我们无须知道结构系统的物理本质，即可通过机器学习（借助计算机和算法）完成建模工作。这一节将从面向SHM的SPR这一角度，对可用于数据标准化和结构损伤检测的若干机器学习算法进行介绍。对于从结构响应中提取出的损伤敏感性特征，即便工况和环境因素的变化以及损伤导致的变化都会对其产生影响，这些算法也是非常适用的。

一般地，我们可以假定一个训练数据矩阵为 $\boldsymbol{X} \in \mathbb{R}^{n \times d}$，其中包含了 n 个不同的工况和环境条件下，针对无损结构得到的 d 维特征向量，另外还可以假定一个测试数据矩阵，记为 $\mathbf{Z} \in \mathbb{R}^{l \times d}$，其中 l 为来自于无损状态和（或）损伤状态的特征向量的数量。

1.3.1 平方马氏距离

平方马氏距离（MSD）是多元统计异常值检测中的一种距离量度[31]。如果假定训练矩阵为 $\boldsymbol{X}$，多元均值向量为 $\boldsymbol{\mu}$，协方差矩阵为 $\boldsymbol{\Sigma}$，那么 $\boldsymbol{X}$ 中的特征向量与测试矩阵 $\boldsymbol{Z}$ 中的任意新特征向量（或观测结果）之间的MSD（或SHM意义下的DI）就可以按照下式来计算：

$$\mathrm{DI}(z) = (z - \boldsymbol{\mu})\boldsymbol{\Sigma}^{-1}(z - \boldsymbol{\mu})^{\mathrm{T}} \tag{1.4}$$

显然，这里引入的一个假设是，如果某次观测来自于损伤状态下获得的数据（可能包含了工况与环境因素变化带来的影响），那么它将明显偏离标准状态的均值；另一方面，如果某次观测来自于无损状态数据（即使存在工况与环境因素变化带来的影响），那么该特征向量将是接近于标准状态的均值的。在特定条件下，我们可以基于式（1.2）这一假定去设定一个阈值来做进一步的处理。

1.3.2 高斯混合模型

高斯混合模型（GMM）实际上是一种聚类模型，利用多元有限混合模型来刻画特征的主要成分，它们对应于正常稳定的状态条件（即使在受到极端的工况和环境条件的影响）。在此之后，我们将针对所选定的主要状态成分进行异常值检测[32]。损伤检测基本上是建立在多个基于 MSD 的算法之上的,其中的协方差矩阵和均值向量都是主要成分的函数。

不妨假设训练矩阵 $\boldsymbol{X}$ 是已知的,且来自于 Q 种分布的混合[33],即

$$f_{\text{mix}}(\boldsymbol{X}) = \sum_{q=1}^{Q} \eta_q f_q(\boldsymbol{X} | \boldsymbol{\theta}_q) \tag{1.5}$$

式中:$f_q(\boldsymbol{X} | \boldsymbol{\theta}_q)$ 为已知参数分布族 $\boldsymbol{\tau}(\boldsymbol{\theta})$ 的分布密度。

我们主要关心的是基于给定的数据 $\boldsymbol{X}$,对参数 $\boldsymbol{\theta} = (\boldsymbol{\theta}_1, \cdots, \boldsymbol{\theta}_q)$ 和混合分布中的权值 $\boldsymbol{\eta} = (\eta_1, \cdots, \eta_q)$ 进行估计。此处一般可以假定为多元高斯混合分布,进而每个成分的分布密度就是一个包含 d 个变量的高斯函数,其形式如下[33]

$$f(\boldsymbol{X} | \boldsymbol{\mu}_q, \boldsymbol{\Sigma}_q) = \frac{\exp\left\{ -\frac{1}{2}(\boldsymbol{X} - \boldsymbol{\mu}_q)^{\mathrm{T}} \boldsymbol{\Sigma}_q^{-1} (\boldsymbol{X} - \boldsymbol{\mu}_q) \right\}}{(2\pi)^{d/2} \sqrt{\det(\boldsymbol{\Sigma}_q)}} \tag{1.6}$$

未知参数为 $\boldsymbol{\theta}_q = \{\boldsymbol{\mu}_q, \boldsymbol{\Sigma}_q\}$,即均值向量 $\boldsymbol{\mu}_q$ 和协方差矩阵 $\boldsymbol{\Sigma}_q$;混合权值还应满足 $\sum_{q=1}^{Q} \eta_q = 1$。显然,完整的 GMM 的参数也就包含了所有成分密度的均值向量、协方差矩阵以及混合权值,即 $\{\boldsymbol{\mu}_q, \boldsymbol{\Sigma}_q, \eta_q\}_{q=1,\cdots,Q}$。

这些参数都是根据训练数据进行估计的,可以采用经典的最大似然(ML)估计方法,它建立在最大期望(EM)算法基础之上[34]。正如文献[35]指出的,也可采用其他一些方法来进行 GMM 参数估计。在成分数量的确定上,我们可以借助贝叶斯信息准则(BIC)[36],它针对模型中参数的个数引入了一个惩罚项。

在损伤检测策略中,对于每一个观测 z,我们需要估计出 Q 个 DI 值。就数据中的每个主成分 q 而言,则有

$$\mathrm{DI}_q(z) = (z - \boldsymbol{\mu}_q) \boldsymbol{\Sigma}_q^{-1} (z - \boldsymbol{\mu}_q)^{\mathrm{T}} \tag{1.7}$$

式中:$\boldsymbol{\mu}_q$ 和 $\boldsymbol{\Sigma}_q$ 为当结构处于无损状态时(即便存在变化着的工况和环境因素)从数据中第 q 个成分观测到的结果。

最后,对于每一个观测,每个成分的 DI 估计中的最小者即为所需的 DI 值,即

$$\mathrm{DI}(z) = \min[\mathrm{DI}_q(z)] \tag{1.8}$$

1.3.3 主成分分析

主成分分析(PCA)是一种线性方法,它将多维数据(输入空间)映射到较低维度的特征空间,并使得信息损失最小[37]。此处是将 PCA 作为一种数据标准化方法来使用[38],我们假定训练数据矩阵 $\boldsymbol{X}$ 可以分解为

$$\boldsymbol{X} = \boldsymbol{T}\boldsymbol{U}^{\mathrm{T}} = \sum_{i=1}^{d} \boldsymbol{t}_i \boldsymbol{u}_i^{\mathrm{T}} \tag{1.9}$$

式中:$\boldsymbol{T}$ 为标准列正交矩阵;$\boldsymbol{U}$ 为一组 d 维正交向量 $\boldsymbol{u}_i$;也称为标准行正交矩阵。这些正交向量可以通过将 $\boldsymbol{X}$ 的协方差矩阵分解为 $\boldsymbol{\Sigma} = \boldsymbol{U}\boldsymbol{\Lambda}\boldsymbol{U}^{\mathrm{T}}$ 这一形式来获得,其中的 $\boldsymbol{\Lambda}$ 代表由特征值 $\lambda_{i,i}$ 序列构成的对角阵,$\boldsymbol{U}$ 为对应的特征向量所构成的矩阵。与较大的特征值对应的那些特征向量是数据矩阵的主成分(PC),它们反映了数据矩阵中最容易变化的那些维度。总的来说,借助这一方法我们可以进行正交变换或映射,从而仅保留 $r(\leqslant d)$ 个主成分,也就是 r 个因子。更准确地说,我们只需选择前 r 个特征向量,那么就可以将最终的矩阵改写为如下形式,而不会产生显著的信息损失,即

$$\boldsymbol{X} = \boldsymbol{T}_r \boldsymbol{U}_r^{\mathrm{T}} + \boldsymbol{E} = \sum_{i=1}^{r} \boldsymbol{t}_i \boldsymbol{u}_i^{\mathrm{T}} + \boldsymbol{E} \tag{1.10}$$

式中:$\boldsymbol{E}$ 为残差矩阵。

对于这一线性变换的系数来说,如果将该特征变换应用于数据集上,然后作逆运算,那么原始数据和重构数据之间的误差应当是可以忽略不计的。一般地,我们可以通过测试方差 γ 的最小百分比(通常为 0.9 ~0.95)来自动获得 r 个因子,即

$$\gamma \leqslant \frac{\sum_{i=1}^{r} \lambda_{i,i}}{\sum_{i=1}^{d} \lambda_{i,i}} \tag{1.11}$$

就数据标准化而言,PCA 算法可以归纳为:从 $\boldsymbol{X}$ 中得到标准行正交矩阵,将测试矩阵 $\boldsymbol{Z}$ 映射到特征空间 $\mathbb{R}^r$ 中,再返回到原始空间 $\mathbb{R}^d$,计算残差矩阵 $\boldsymbol{E}$,也就是原始测试矩阵与重构的测试矩阵之差,即

$$\boldsymbol{E} = \boldsymbol{Z} - (\boldsymbol{Z}\boldsymbol{U}_r)\boldsymbol{U}_r^{\mathrm{T}} \tag{1.12}$$

最后再建立起一个量化形式的损伤指标并进行计算,例如可以是残差矩阵 $\boldsymbol{E}$ 上的欧氏距离。

1.3.4 核主成分分析

核主成分分析(KPCA)算法是对 PCA 的非线性改进[39]。不妨设 $\boldsymbol{X} \in \mathbb{R}^d$ 为输入空间,即各个观测 $\boldsymbol{x}_i \in \boldsymbol{X}, i = 1, \cdots, n$,我们可以通过映射函数 $\boldsymbol{\Phi}_m (m = 1, \cdots, d_{\Phi})$ 将每个观测 $\boldsymbol{x}$ 映射到一个维度为 d_{Φ} 的特征空间 $\boldsymbol{H}$ 中,此处可记:

$$\boldsymbol{\Phi}(\boldsymbol{x}) = [\,\Phi_1(\boldsymbol{x}) \quad \Phi_2(\boldsymbol{x}) \quad \cdots \quad \Phi_{d_{\Phi}}(\boldsymbol{x})\,]^{\mathrm{T}} \tag{1.13}$$

利用核技巧[40],定义 $\boldsymbol{K}: \boldsymbol{X} \times \boldsymbol{X} \mapsto \mathbb{R}$ 为一个半正定标量核函数,且对于所有的 $\boldsymbol{x}_i$,

$\boldsymbol{x}_j \in \boldsymbol{X}$ 均满足如下关系：

$$K(\boldsymbol{x}_i,\boldsymbol{x}_j) = \boldsymbol{\Phi}(\boldsymbol{x}_i)^{\mathrm{T}}\boldsymbol{\Phi}(\boldsymbol{x}_j) \tag{1.14}$$

式中：$\boldsymbol{K}(\cdot)$为内积，它使得我们可以将观测结果隐含地映射到一个高维核空间。

令

$$\boldsymbol{\Phi} = [\boldsymbol{\Phi}(\boldsymbol{x}_1) \quad \boldsymbol{\Phi}(\boldsymbol{x}_2) \quad \cdots \quad \boldsymbol{\Phi}(\boldsymbol{x}_n)] \tag{1.15}$$

为被映射观测矩阵（$d_{\Phi} \times n$ 维），$\boldsymbol{K} = \boldsymbol{\Phi}^{\mathrm{T}}\boldsymbol{\Phi}$ 为 $n \times n$ 维核矩阵（格拉姆矩阵）。根据 Mercer 定理，任何将$(\boldsymbol{x}_i,\boldsymbol{x}_j)$映射到高维特征空间的连续、对称且半正定的函数都可以作为核函数[41]，于是在核技巧中就可以去指定核函数 $\boldsymbol{K}(\cdot)$（而不是映射函数 $\boldsymbol{\Phi}$）。这里我们采用高斯核[42]

$$\boldsymbol{K}(\boldsymbol{x}_i,\boldsymbol{x}_j) = \exp\left(-\frac{\|\boldsymbol{x}_i - \boldsymbol{x}_j\|^2}{2\sigma^2}\right) \tag{1.16}$$

显然这里所选择的非线性核隐含地定义了一个高维特征空间，带宽参数为 σ^2。

为了避免第一个特征向量（或主成分）相较于其他成分显得过大，我们必须将核矩阵 $\boldsymbol{K}$ 替换为中心化的形式[39]，即

$$\boldsymbol{K} \rightarrow \boldsymbol{K} - \frac{\boldsymbol{1}_n}{n}\boldsymbol{K} - \boldsymbol{K}\frac{\boldsymbol{1}_n}{n} + \frac{\boldsymbol{1}_n}{n}\boldsymbol{K}\frac{\boldsymbol{1}_n}{n} \tag{1.17}$$

式中：$\boldsymbol{1}_n$ 为 $n \times n$ 矩阵，所有元素均为 1。

为了得到特征值 $\boldsymbol{\Sigma}$ 和对应的特征向量 $\boldsymbol{U}$，可以采用奇异值分解（SVD）方法来求解如下广义特征值问题：

$$\boldsymbol{KU} = \boldsymbol{U\Sigma} \tag{1.18}$$

然后按照如下方式来定义 $\boldsymbol{\Sigma}_1$ 和 $\boldsymbol{U}_1$：

$$\boldsymbol{\Sigma} = [\boldsymbol{\Sigma}_1 \quad \boldsymbol{\Sigma}_2], \boldsymbol{\Sigma}_1 \in \mathbb{R}^{r \times r} \tag{1.19}$$

$$\boldsymbol{U} = [\boldsymbol{U}_1 \quad \boldsymbol{U}_2], \boldsymbol{U}_1 \in \mathbb{R}^{n \times r} \tag{1.20}$$

式中：$\boldsymbol{\Sigma}_1$ 包含了 r 个最大的特征值；$\boldsymbol{U}_1$ 包含了与之对应的特征向量。

对于高斯核[43]中的带宽参数 σ^2，可以有多种方法寻优，只需满足 $n \geqslant d$ 即可。在 SHM 的损伤检测问题中，针对核矩阵 $\boldsymbol{K}$ 的信息熵最大化应当是最直观的方法。

另外，为了确定高维特征空间中保留下来的主成分个数 r，人们也已经提出了多种准则[37,44]。例如，通过在式（1.11）中令 $\gamma = 0.99$ 即可得到几乎包含了训练数据中所有标准变异性的 r 值。

应当注意的是，标准 PCA 中的方差通常位于 0.9～0.95[37]，而 KPCA 在使

用时一般为0.99，其原因在于是采用高斯核得到的映射后的高维特征空间，因此一般存在着 n 个非零的主成分。

这里我们考虑如下情形，在训练阶段建立了一个无损数据模型，在测试阶段针对每个新观测 $z_i \in \mathbb{R}^e (i=1,\cdots,l)$ 均需计算 DI 值。首先，我们需要将新观测以 $\boldsymbol{\Phi}(z_i)^{\mathrm{T}}\boldsymbol{\Phi}$（或 $\boldsymbol{\Phi}^{\mathrm{T}}\boldsymbol{\Phi}(z_i)$）的形式映射到高维特征空间，这只需在式(1.16)中代入 $\boldsymbol{X}$ 和 z_i 即可。此外，还需要进行中心化处理，例如

$$\boldsymbol{\Phi}(z_i)^{\mathrm{T}}\boldsymbol{\Phi} \to \boldsymbol{\Phi}(z_i)^{\mathrm{T}}\boldsymbol{\Phi} - \frac{\breve{\boldsymbol{I}}_n}{n}\boldsymbol{K} - \boldsymbol{\Phi}(z_i)^{\mathrm{T}}\boldsymbol{\Phi}\frac{\breve{\boldsymbol{I}}_n}{n} + \frac{\breve{\boldsymbol{I}}_n}{n}\boldsymbol{K}\frac{\breve{\boldsymbol{I}}_n}{n} \tag{1.21}$$

式中：$\breve{\boldsymbol{I}}_n$ 为 $l \times n$ 矩阵，所有元素均为1。

其次，我们必须将特征向量 $\boldsymbol{U}_1$ 替换成规格化形式，即

$$\boldsymbol{u}_m \to \frac{\boldsymbol{u}_m}{\sqrt{\boldsymbol{\Sigma}_{m,m}}}, m=1,\cdots,r \tag{1.22}$$

最后，针对第 l 个新观测，按照如下方式生成 DI 即可：

$$\mathrm{DI}(z_l) = \boldsymbol{\Phi}(z_l)^{\mathrm{T}}\boldsymbol{\Phi}\boldsymbol{U}_1\boldsymbol{U}_1^{\mathrm{T}}\boldsymbol{\Phi}^{\mathrm{T}}\boldsymbol{\Phi}(z_l) \tag{1.23}$$

1.3.5 自联想神经网络

基于自联想神经网络（AANN）的算法是另一种类型的非线性 PCA，通过网络训练来刻画待识别的特征受工况和环境因素的影响规律，这种依赖关系在网络架构中是通过隐含变量形式体现出来的[45-46]。AANN 一般包含三个隐含层，分别是映射层、瓶颈层和解映射层。关于 AANN 的更多内容（包括所使用的节点数量）可以参阅文献[47]。

在 SHM 的数据标准化方面，我们可以先对 AANN 进行训练，从而根据训练矩阵 $\boldsymbol{X}$ 来学习特征间的关联性。这样的网络将能够以定量方式来描述那些影响结构响应的变化因子（未经检测的因子），并在瓶颈层输出处体现出来，在这一位置处节点数量（或因子数量）必须跟影响结构响应的独立因子（未经检测）个数相对应。然后，针对测试矩阵 $\boldsymbol{Z}$，可以建立如下残值矩阵 $\boldsymbol{E}$：

$$\boldsymbol{E} = \boldsymbol{Z} - \tilde{\boldsymbol{Z}} \tag{1.24}$$

式中：$\tilde{\boldsymbol{Z}}$ 对应于待估计的特征向量，也是网络的输出。最后我们可以再次利用该残值矩阵 $\boldsymbol{E}$ 来计算出 DI 值，例如对 $\boldsymbol{E}$ 计算欧氏距离。

应当指出的是，这一算法实际上是两种不同的学习方式的混合，它利用有监督的学习方式来获得工况和环境因素的影响规律（尽管对这些因素不做直接测

量），并采用无监督的学习方式来进行损伤检测。必须再次强调的是，这里的一个关键问题就是要恰当地确定瓶颈层中的节点数量，这通常取决于测试中所存在的独立变化因素，并且会影响到损伤检测的性能。

1.3.6 仿生算法

近期，人们提出了一类新的聚类方法，主要是受到了遗传算法（GA）和粒子群优化（PSO）[48-50]的启发，利用此类方法可以将结构的正常状态模化为数据簇，然后在这些数据簇基础上去估计结构的实际状态，类似于前面提及的基于GMM的方法。这类仿生算法主要想解决的是克服GMM算法的局限性，该局限性体现在早熟现象上，即过早收敛到某个局部最优解，通常是由于算法对初始参数选择的依赖性所导致的[51]。

1.3.6.1 Memetic 算法

将GA或PSO与EM算法以memetic算法（MA）或全局EM（GEM-GA或者GEM-PSO）[48-49]的形式组合起来，我们就可以获得两种仿生类型的GMM方法。在这里，GEM算法采用BIC作为适应度函数来改进EM算法的性能（通过MA），从而更好地实现了结构正常状态的泛化处理，另外我们还可以基于马氏距离或欧式距离来设定损伤检测策略。应当说，MA是一种基于群体的启发式算法，它包含了一个进化框架和一组局部搜索算法[52]。我们可以将一般性的MA描述如下[53]：

(1) 初始化备选解群体 P_1。

(2) 如果终止条件尚未满足，则重复运行：

① 通过对 P_1 中的备选解的选配（Cooperate），产生新的群体 P_2；

② 改进 P_2 中的备选解，产生新的群体 P_3；

③ 在 $P_1 \cup P_3$ 集合中引入竞争，产生新的 P_1，为下一代做好准备；

④ 如果 P_1 收敛，则选择某些解重新开始（重启）。

(3) 返回最优解。

在初始化这一步中，我们可以借助局部搜索算法生成初始的一组随机备选解。终止条件通常是用于检验迭代总代数和（或）未能继续获得改进时的最大代数。选配过程主要是进行选择和组合操作，决定哪些解将进行融合以生成新的更好的解。改进阶段将局部搜索方法应用于选配过程所得到的新的解上，而竞争阶段则利用原群体和新群体实现对当前群体的更新，从而确定哪些备选解可以保留在下一代之中。重启阶段是为了避免早熟现象（收敛到搜索空间的次优区域），这实际上是一种对当前群体的改进措施。

可以看出，MA事实上涵盖了基于群体的全局搜索方法与局部搜索方法中的一些概念。在此处的分析中，所阐述的 MA 是一种混合式的算法，它将 GA 和 PSO（全局）与 EM 算法（局部）组合了起来。这里我们将给出 GEM－GA 方法的一般性框架，并对其涉及的参数和算子做更细致的讨论。这一方法的框架如下：

（1）初始化 $P_1(a)$，$a=0$，$b=0$，$o=0$。

（2）针对 $P_1(a)$ 执行 R 个 EM 步，生成（$P_2(a)$，BIC_1）。

（3）若（$a \leqslant \hat{a}$）和（$b \leqslant \hat{b}$），则重复如下过程：

① 选配，即对 $P_2(a)$ 进行重组得到 $P_3(a)$，继而对 $P_3(a)$ 进行变异得到 $P_4(a)$；

② 改进 $P_4(a)$，即对 $P_4(a)$ 执行 R 个 EM 步，生成（$P_5(a)$，BIC_2）；

③ 竞争，在 $P_2(a)$ 和 $P_5(a)$ 这两个群体之间执行竞争操作，即通过 BIC_1 和 BIC_2 对 $P_2(a)$ 和 $P_5(a)$ 进行选择，生成（$P_2(a+1)$，BIC_1，b_{GMM}，$\mathrm{BIC}_{\min}$）；

④ 如果 $\mathrm{BIC}_{\min}$ 无改善，那么令 $a=a+1$，$o=o+1$；

⑤ 如果 $o=100$，则对 $P_2(a)$ 中最差的 90% 个个体执行重启操作，并令 $b=b+1$，$o=0$。

（4）如果不收敛，则改进 b_{GMM}，即针对 b_{GMM} 执行 EM 步骤直到 $\log L$ 收敛，得到（b_{GMM}，$\mathrm{BIC}_{\min}$）。

（5）将 b_{GMM} 作为最佳解返回。

在 GEM－GA 方法中，群体中的每个个体都代表了一个 GMM 备选解，即一组用于指定 GMM 的参数 $\boldsymbol{\Theta}$。可以看出，每个个体是由两个不同的部分所组成的，第一个部分反映了在学习 GMM 时某个成分是否被激活（[0.5,1] 代表被激活，[0,0.5] 代表未激活），其长度也就是被激活成分的最大数量 $Q_{\max}$；第二个部分描述的是这 $Q_{\max}$ 个成分的均值向量 $\boldsymbol{\mu}_q$ 和协方差矩阵 $\boldsymbol{\Sigma}_q$。每个成分包含了 $(d^2+3d)/2$ 个参数。需要注意的是，协方差矩阵 $\boldsymbol{\Sigma}_q$ 必然是对称的，因此，在对个体进行编码时只需考虑该矩阵的上三角或下三角区域即可。

在 GEM－GA 方法中，首先需要对随机群体 P_1、代数 a、参数 b 以及无改善的代数 o 进行初始化，然后对 P_1 执行 R 个 EM 步（$R=20$），导出初始高品质解及其适应度值，分别为 P_2 和 BIC_1。当 $a=\hat{a}$ 或 $b=\hat{b}$ 时停止进化过程，并针对此时得到的最佳解 b_{GMM} 检查其收敛性。如果以 $\log L$ 形式收敛，则当前解即为最终解，否则执行 EM 步进行改进，直到收敛为止。

选配这一步中包括了对父系个体的选择、重组和变异操作。在选择中可以采用著名的锦标赛选择方式，从而从群体 P_2 中选出用于重组的个体[54]。重组操作将这些个体以交叉概率 $p_{\mathrm{cro}}=0.8$ 进行融合，生成后代个体。可以采用两点交叉方式，其中的两个交叉位置是随机选择的，在父代个体的第一部分中其位置应位于$\{1,\cdots,Q_{\max}-1\}$之中。在这些位置右侧的基因值将相互交换，并由此对第二部分中相关的参数进行修改。在变异操作中，我们将针对后代群体P_3，对每个个体中的每个基因（不包括协方差矩阵部分）采用高斯变异方式，变异概率可设定为$p_{\mathrm{mut}}=0.05$，从而生成群体P_4。

进一步，通过应用EM算法可对群体P_4进行改进，得到群体P_5及其适应度值BIC_2。这些结果将与P_2和BIC_1一起用于选择哪些个体进入到新一代群体中，同时我们也将得到最佳解b_{GMM}及其适应度值$\mathrm{BIC}_{\min}$。这种选择主要建立在最优保存$(\delta+\lambda)$策略[55]基础上。如果在100个连续的代中$\mathrm{BIC}_{\min}$都没有改善，那么我们将从P_2中选择最差的90%个个体作为高品质解（由EM算法生成）执行重启操作，以搜索解空间中的其他区域。关于此类仿生方法的工作原理和实现方式的更多细节内容，读者可以分别参阅图1.4和参考文献[49]。

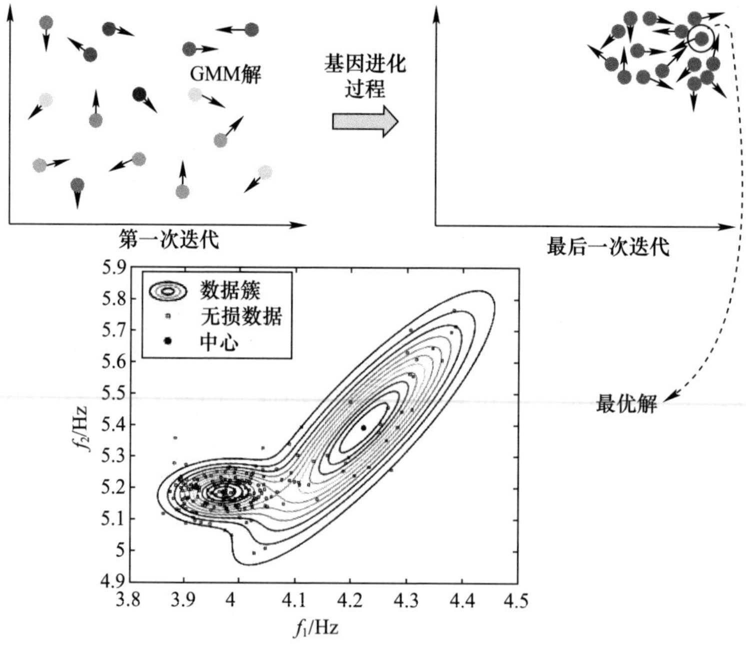

图1.4　GEM－GA（或GEM－PSO）方法的一般过程（经过指定次数的迭代处理（基因进化）之后，将形成若干个非常清晰的数据簇，每个簇中的GMM解收敛于解空间中的同一区域，也就是说，初始备选解演变成了多个数据簇，这些数据簇更好地描述了监控数据，它们的数量近似为最终得到的最优解个数，在此之后即可选择最优解为无损结构状态建模（基于BIC）。对于图中所示的情况，最优解是由两个数据簇构成的）

1.3.6.2 面向决策边界分析的遗传算法

另一类仿生方法是一种非参数型方法，主要建立在面向决策边界分析的GA(GADBA)[50]基础上。在这种方法中，我们不需要假定内在分布情况，而是建立基于遗传的聚类过程，主要借助了新颖的同心超球面(CH)算法，可以实现对数据簇个数的规则化并降低其冗余度。如图1.5所示，将CH算法应用于一个包含三种成分的情况，且具有一个五中心备选解。初始时，移动图1.5(a)中的中心以更好地与数据匹配，在图1.5(b)和图1.5(c)中两个中心发生聚合。另外，在图1.5(d)中，当CH算法停止时，将只有一个数据簇被确定。在聚合过程进行中，也需要对其他的中心进行分析，以避免出现错误的定位。

基于GADBA的方法可以归纳为两个步骤[50]：

(1) 通过对训练数据的聚类(根据最靠近的中心)自动地揭示出结构系统的主要的标准状态条件，这也是GA所进行的优化的目标，这个优化工作确定了数据簇之间的边界区域，减少了所揭示的状态条件的数量；

(2) 根据测试数据和优化后的中心之间的欧氏距离，建立损伤检测策略，对每一个观测来说，到中心的最小距离就代表了DI。

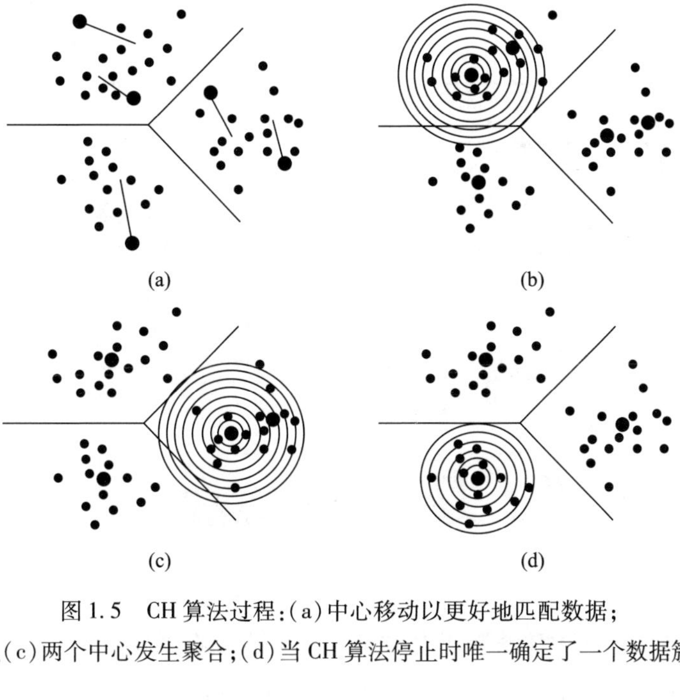

图1.5 CH算法过程：(a)中心移动以更好地匹配数据；
(b)、(c)两个中心发生聚合；(d)当CH算法停止时唯一确定了一个数据簇[50]

1.4 在实际结构中的应用可行性

本节中我们将前面所介绍过的基于 SPR 思想的 SHM 过程应用到真实数据集上,这里的实际数据集是通过对某个完整的土木结构进行近一年的监测而得到的,其中涵盖了无损状态(在正常的系统变化情况下)和实际损伤状态。

1.4.1 Z-24 桥——结构描述、特征提取和数据集

Z-24 桥是一座后张法混凝土箱梁桥,由一个 30m 的主跨和两个 14m 的边跨构成,如图 1.6 所示。在完全拆除之前,该桥已经被用于各类测试分析工作中,其目的是为土木工程中基于振动的 SHM 提供可行的研究对象[56]。从 1997 年 11 月 11 日到 1998 年 9 月 10 日,人们对其开展了一项长时间的监控项目,希望借此对该桥所经受的工况和环境因素的变化情况加以量化分析,并且在最后一个月中还对人为引入的损伤(以可控的方式引入损伤)进行了检测。在每个小时内,人们采用八个加速度传感器对该桥的振动情况进行了 11min 的测量,同时还设置了一组传感器用于检测环境参数,例如不同位置处的温度。

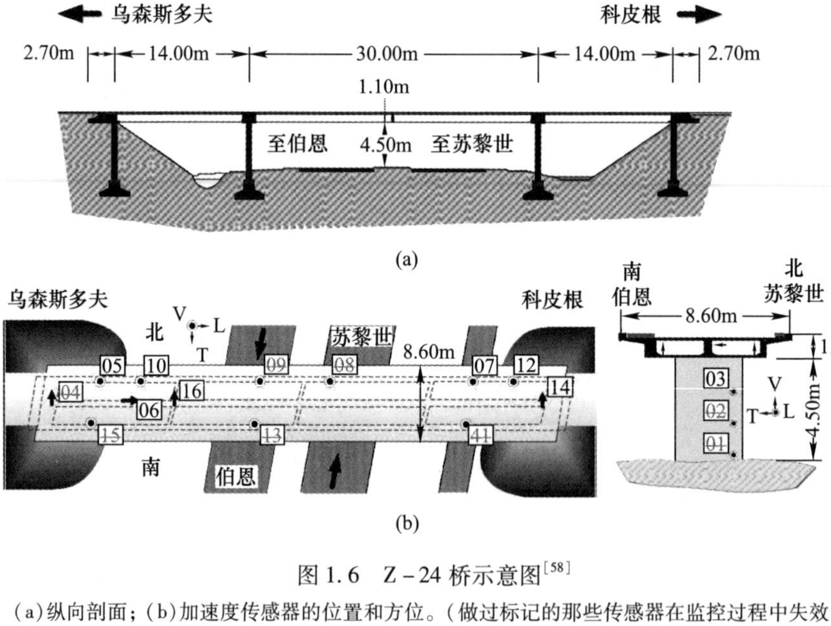

图 1.6 Z-24 桥示意图[58]

(a)纵向剖面;(b)加速度传感器的位置和方位。(做过标记的那些传感器在监控过程中失效了)

在桥梁拆除之前,人们进行了大约一个月时间的累积损伤测试,目的是验证实际损伤已经对该桥的动力学特性产生了明显的影响[59],表 1.2 对此作了归

纳。需要注意的是，在累积损伤测试过程中这一连续监控系统始终在运行，显然这也表明了该 SHM 系统是能够在长期监控中去检测积累性损伤的。

表 1.2　累积性损伤测试的相关情况

日期①	情况描述②
1998 年 8 月 4 日	无损状态
1998 年 8 月 9 日	PSS 安装
1998 年 8 月 10 日	桥墩降低，2cm
1998 年 8 月 12 日	桥墩降低，4cm
1998 年 8 月 17 日	桥墩降低，8cm
1998 年 8 月 18 日	桥墩降低，9.5cm
1998 年 8 月 19 日	桥墩升高，基础倾斜
1998 年 8 月 20 日	新的参考状态（撤去 PSS 后）
1998 年 8 月 25 日	拱腹混凝土剥落（$12m^2$）
1998 年 8 月 26 日	拱腹混凝土剥落（$24m^2$）
1998 年 8 月 27 日	桥台滑坡 1m
1998 年 8 月 31 日	混凝土铰接承座失效
1998 年 9 月 2 日	2 个锚头失效
1998 年 9 月 3 日	4 个锚头失效
1998 年 9 月 7 日	16 根预应力筋中有 2 根断裂
1998 年 9 月 8 日	16 根预应力筋中有 4 根断裂
1998 年 9 月 9 日	16 根预应力筋中有 6 根断裂

① 这些日期进行了附加的振动测试；② PSS 为桥墩沉降系统

在这一实例中，Z－24 桥的固有频率是作为损伤敏感性特征使用的，这是因为固有频率已经非常广泛地应用于土木工程结构中，而且相对而言计算要简洁一些，另外在低维空间中它们跟损伤水平具有内在的一致性。针对来自加速度传感器的时间序列值，采用基于参考点的随机子空间辨识方法就能够估计出这些固有频率值[57]。在 1997 年 11 月 11 日到 1998 年 9 月 10 日期间，前四阶固有频率的估计值（每小时一次）如图 1.7 所示，总共为 3932 个观测结果。前 3470 个结果（1997 年 11 月 11 日至 1998 年 8 月 4 日）对应于无损状态下（正常工况和环境因素变化下的正常状态）的损伤敏感性特征向量，而后 462 个结果（1998 年 8 月 5 日至 9 月 10 日）则对应了损伤累积测试阶段，非常明显的是，这些频率出现了显著降低，尤其是在第二个固有频率处。需要指出的是，这一研究中的损伤是相继引入的，因而该桥会产生累积性的退化。在特征提取过程中，通过维数缩减使得结构信息数据量得到了大幅降低,从 12GB 大约减少到了 100kB。对于正常状态这一时间段,所观测到的固有频率的跳跃现象主要与寒冷期间的沥青层有关,后者会导致桥梁的刚度显著增大。温度对固有频率以及结构动力学特性的这种显著影响,可以视为一种非线性因素,也就是零摄氏度上下刚度会发生改变[59]。

从 Z-24 桥得到的数据集对于检验基于振动的 SHM 方法的适用性而言是非常有价值的,这是因为它能体现出实际 SHM 应用中所能遇到的相当广泛的问题,例如由环境因素(主要是温度)和严重损伤所导致的显著的结构变化等。在该桥的无损状态期间,温度对固有频率的显著影响是显然的,如图 1.7 所示,相对于损伤导致的结果,这种影响要相对更大一些。这一事实也凸显出了引入数据标准化算法的必要性,也就是在损伤检测这一步之前去抑制环境变化的影响。

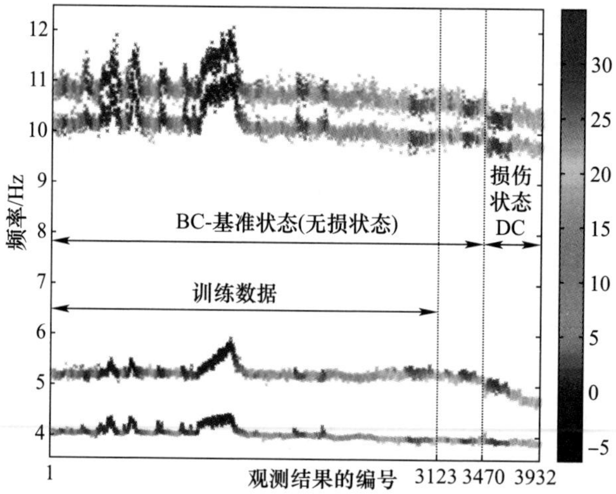

图 1.7　Z-24 桥梁的前四阶固有频率(1~3470 为基准状态(无损状态,BC),3471~3932 为损伤状态(DC))(见彩图)

图 1.8 以可视化的方式在二维特征空间中展示了前两阶固有频率情况。这一维数缩减仍然能描述实际结构状态,因为部分特征之间是强相关的,例如一阶和三阶固有频率就是相关的,相关系数为 0.94。该图表明桥梁的结构状态在特征空间中分布在不同的区域,它们会受到环境温度和损伤情况的影响。图 1.9 给出了前两阶固有频率随环境温度的变化情况,由此可以看出线性方法通常有可能导致相对较差的损伤分类性能,因此必须采用其他方法,即能够处理数据的多模态和多相性的非线性模型。

最后要注意的是,在这一研究中,我们假定了在 1 至 3470 这些观测结果范围内,该桥是工作在无损状态下的(正常的工况和环境变化条件下),而在

3471～3932 范围内则处于损伤状态下。不过为了便于拓展，这些特征向量是拆分成训练矩阵和测试矩阵的。如图 1.7 所示，训练矩阵 $\boldsymbol{X}^{3123\times4}$ 包括了无损状态下的 90% 个特征向量，剩余的 10% 则被用于测试阶段，这样可以确保 DI 值不会在损伤发生前出现异常。测试矩阵 $\boldsymbol{Z}^{3932\times4}$ 包含了所有数据（含训练阶段使用的数据）。

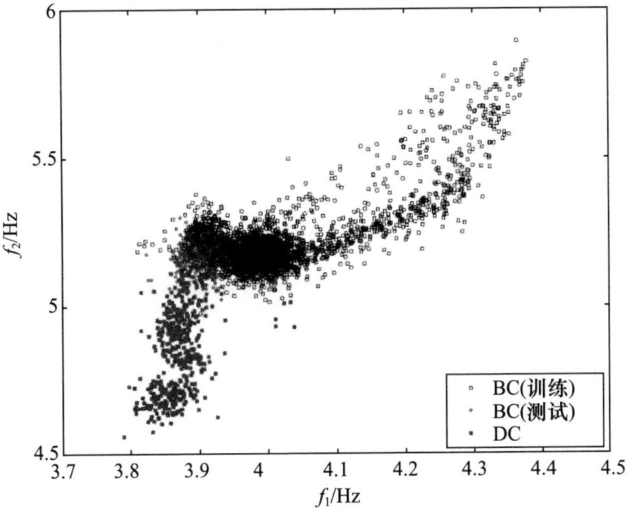

图 1.8　前两个最相关的固有频率的特征分布（见彩图）

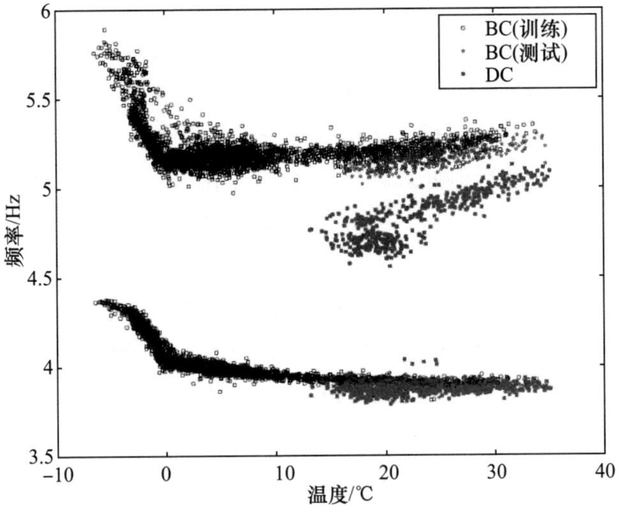

图 1.9　前两个固有频率随环境温度的变化情况（见彩图）

1.4.2 针对 Z－24 桥的数据集的损伤检测

这里将 1.3 节给出的机器学习算法应用于上述的损伤敏感性特征分析中。MSD、GMM 和 AANN 所需的参数可以根据文献[32]中所给出的建议来确定。在 PCA 和 KPCA 情况中，这些参数可以基于文献[60]给出的相关规则来计算。对于仿生算法，我们还可以根据参考文献[48]和[49]的做法来选择参数。此外，在所有的算法中，损伤分类的阈值可以根据截止值（针对训练数据集）的 95% 来设定。表 1.3 对这些算法的分类性能做了归纳。

表 1.3　各种算法的损伤检测性能

算法名称	Ⅰ类误差	Ⅱ类误差
MSD	162	190
GMM①	165.45 ±1.15	8.25 ±1.89
PCA	161	143
KPCA	172	4
AANN	174	6
GEM－GA①	166.00 ±0.00	6.00 ±0.00
GEM－PSO①	166.05 ±0.22	6.00 ±0.00

① 经过 20 次运行得到的损伤分类性能（均值 ± 标准差）。

图 1.10 给出了基于 MSD 和 PCA 算法的异常值检测结果，其中阐明了早期利用 MSD 和 PCA 算法进行数据标准化和损伤检测的思想。这些技术本质上采用的是线性框架，因而数据标准化效果较差，进而也导致了损伤检测性能很难令人满意（Ⅱ类误差分别为 190 和 143），参见表 1.3。正常状态期间出现的高峰值现象表明了这两种算法所进行的数据标准化工作并不能消除温度对固有频率的显著影响。由于没有恰当地处理环境因素的变化，所以有一些损伤状态的分类出现了错误，由此也意味着对于实际的 SHM 应用来说会存在寿命安全方面的较高风险。

如果采用非线性算法来建模，也就是说考虑损伤敏感性特征所固有的非线性关系，那么可以获得更好的损伤检测性能，如图 1.11 所示的异常值检测结果。KPCA 利用非线性核将训练数据映射到一个高维特征空间中，从而建立了数据模型，其中考虑了合适的维数，即必须足够大，以涵盖所有的正常状态，同时也应足够小，使其对损伤尽可能的敏感。类似地，AANN 则采用了一个神经网络来滤除环境因素的变化。实际上，从表 1.3 可以看出这两种技术几乎具有相同的性能，均给出了可接受的损伤检测率（Ⅱ类误差分别为 4 和 6），以及对所学模型的

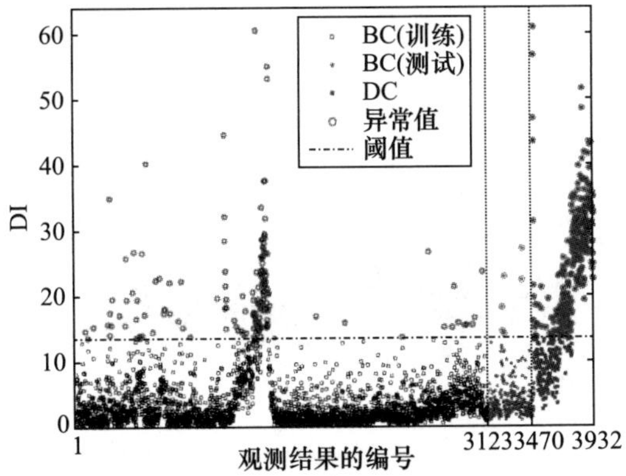

(a)

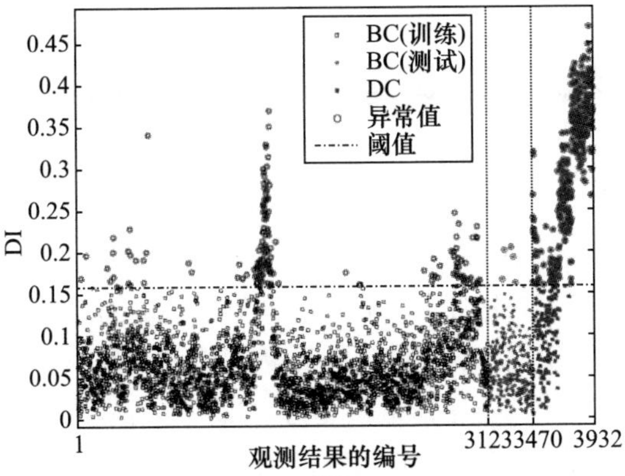

(b)

图 1.10　基于 MSD 和 PCA 算法的异常值检测结果(见彩图)

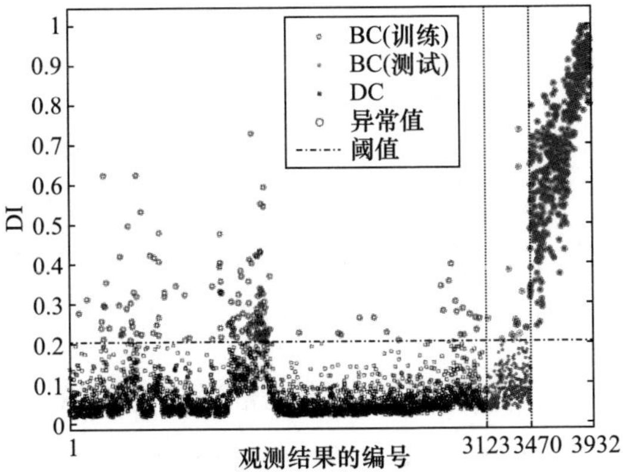

(a)

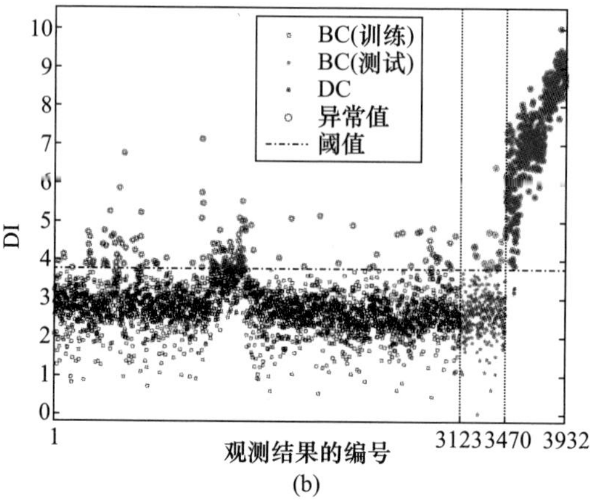

(b)

图 1.11 基于 KPCA 和 AANN 算法的异常值检测结果(见彩图)

适度的泛化,即可拓展用于那些在训练阶段没有使用过的无损观测结果(主要是由于 KPCA 在进行维数缩减时,以及 AANN 在选择瓶颈层时会存在信息缺失)。

当然,我们也可以采用另一种方式,即当把正常状态描述为数据簇(数据标准化这一步)而无信息缺失时,得到正确分类的无损状态的数量将会增加,如图 1.12中的 GMM 和 GEM - GA 算法的异常值检测结果,表 1.3 表明了此时的 I 型误差要低于 KPCA 和 AANN 情形。不过,如果利用这两种技术进行更多次的分析(不同的初始参数),那么 GMM 的损伤检测性能将会变差,这是因为该算法的底层中包含了一个不稳定的方法,它取决于初始参数的选择。另外,GEM - GA(或 GEM - PSO)的损伤分类性能具有高稳定性和可靠性(从再现性角度看),它避免了对初始参数的依赖性,这一点从表 1.3 中给出的 Ⅰ 型和 Ⅱ 型误差具有较低的标准偏差即可看出。

此外,GMM 算法的不稳定性也与每次运行中成分或数据簇的数量变动情况有关($Q=6.65\pm0.59$),而 GEM - GA(或 GEM - PSO)则保持了相同数量的成分($Q=7$),这就增强了 MA 的健壮性,克服了由初始参数导致的敏感性问题。

除了 MSD 和 PCA 以外,即使存在着工况和环境因素的变化,所有的算法也都在损伤水平和 DI 值之间维系了一种单调关系。这种单调关系也能够反映出损伤累积现象。

最后,根据表 1.3 中的 Ⅰ 型和 Ⅱ 型误差可以看出,GEM - GA 和 GEM - PSO 能够获得最佳的损伤检测性能,KPCA 和 AANN 次之,而仅从 Ⅱ 型误差来看,KPCA能够获得最佳性能。

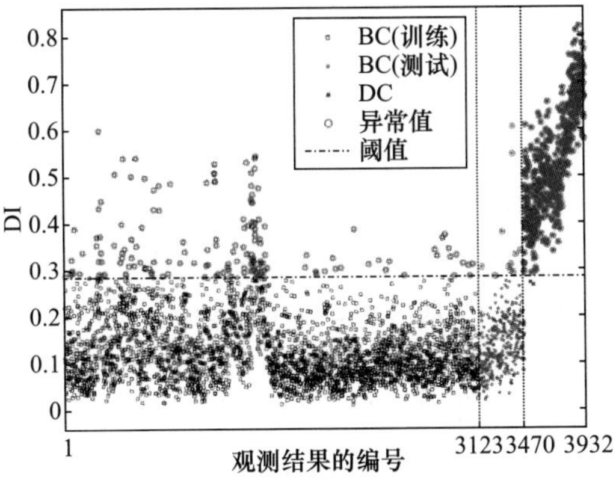

(a)

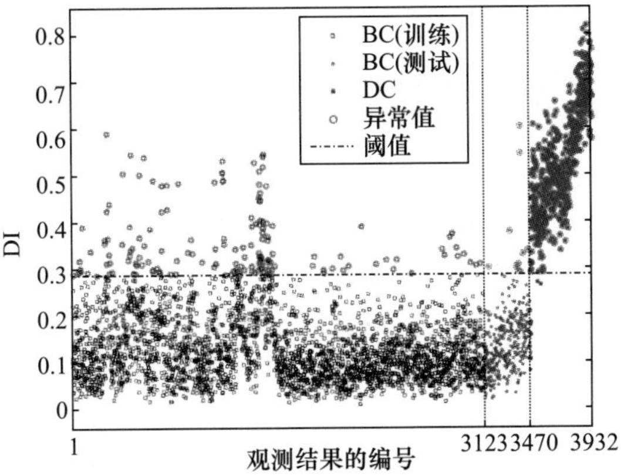

(b)

图 1.12　基于 GMM 和 GEM - GA 算法的异常值检测结果(见彩图)

1.5　本章小结

针对各类实际结构,对损伤敏感性特征的变化进行分离,区分出由损伤导致的部分和由工况与环境条件改变而导致的部分,这是将 SHM 技术从研究推向实践过程中遇到的最大的困难之一。为解决这一问题,可以从 SPR 这一角度来处理 SHM 过程,机器学习算法在这里起到了十分重要的作用,因为我们可以针对过往测试数据对其进行训练,使之模拟人脑的行为。只要将所有运行情况下收集到的监控数据输入到这些算法中,它们就能够检测到异常情况或者正常运行中不曾出现的模式,而无需对工况与环境条件(如温度和湿度)的变化进行测量。基于振动的、健壮的早期损伤检测方法是人们所希望的，正是这一需求使得上述研究得到了有力发展，并体现在了损伤识别的分层结构中。我们可以说，损伤检测是人们主要关心的部分。

本章通过一个实际结构（Z－24 桥）的测试数据集，阐明了基于 SPR 的 SHM 以及机器学习领域中的统计方法的适用性，对它们进行了测试和比较。结果表明，仿生算法是很有前景的方法，可以用于预估结构的主要状态，并将新的观测结果映射为对应的 DI 值。与其他方法不同的是，从主要状态的定义角度来看，仿生算法包含了两个部分，可以分别称为全局部分和局部部分，前者是在特征空间中进行全局性搜索，而后者则在所考察的损伤检测问题的备选解附近进行更精细的搜索。

在当前人们所面临的大数据时代背景下，机器学习算法是具有很大潜力的，它能够将复杂的海量监控数据简化成非常简单的损伤指标或者以简单的图形化描述方式来表达。根据算法框架的不同，其中一些算法能够过滤出线性和非线性模式，进而在结构参数和行为特性的表征方面得到有效改善。

从未来发展角度来看，我们应当考虑全方位的解决方案，或者说全方位的模式识别理念，它应将物理建模、结构监控以及视觉检测信息等方面综合进来，如图 1.13 所示。在这种数据融合思路中，机器学习算法能够从物理层面、数据层面和视觉层面的信息中进行学习，由此将会提升其关于结构的认知水平，进而可以更好地在早期阶段识别出损伤行为。

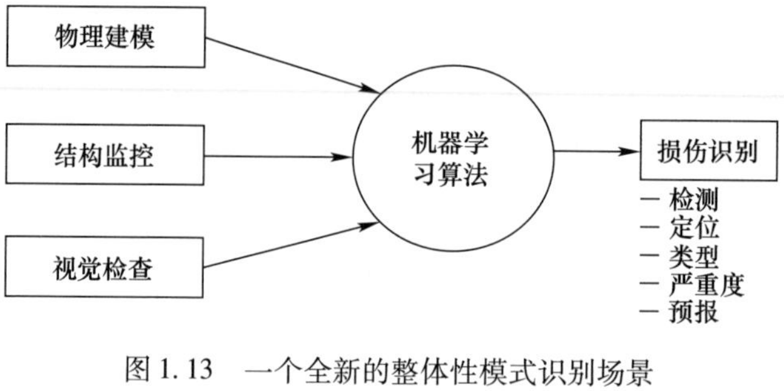

图 1.13　一个全新的整体性模式识别场景
（融入了物理建模、结构监控和视觉检查等多方面的信息）

参 考 文 献

[1] Farrar, C. R. and Worden, K. An introduction to structural health monitoring. Philosophical Transactions of the Royal Society A 365(1851), pp. 303 – 315 (2007).

[2] Farrar, C. R., Doebling, S. W., and Nix, D. A. Vibration – based structural damage identification. Philosophi-

cal Transactions of the Royal Society of London A: Mathematical, Physical and Engineering Sciences 359 (1778), pp. 131 – 149 (2001a).

[3] Sohn, H. Effects of environmental and operational variability on structural health monitoring. Philosophical Transactions of the Royal Society: Mathematical, Physical & Engineering Sciences 365(1851), pp. 539 – 560 (2007).

[4] Worden, K. and Manson, G. The application of machine learning to structural health monitoring. Philosophical Transactions of the Royal Society A 365(1851), pp. 515 – 537 (2007).

[5] Figueiredo, E., Park, G., Farrar, C. R., Worden, K., and Figueiras, J. Machine learning algorithms for damage detection under operational and environmental variability. Structural Health Monitoring 10(6), pp. 559 – 572 (2011).

[6] Torres – Arredondo, M. A., Tibaduiza, D. A., Mujica, L. E., Rodellar, J., and Fritzen, C. – P. Data – driven multivariate algorithms for damage detection and identification: Evaluation and comparison. Structural Health Monitoring 13(1), pp. 19 – 32 (2014).

[7] Santos, A., Figueiredo, E., Silva, M., Sales, C., and Costa, J. C. W. A. Machine learning algorithms for damage detection: Kernel – based approaches. Journal of Sound and Vibration 363, pp. 584 – 599 (2016).

[8] Carden, E. P. and Fanning, P. Vibration based condition monitoring: A review. Structural Health Monitoring 3 (4), pp. 355 – 377 (2004).

[9] Figueiredo, E. Damage Identification in Civil Engineering Infrastructure Under Operational and Environmental Conditions. Ph. D. Thesis, Doctor of Philosophy Dissertation in Civil Engineering, Faculty of Engineering, University of Porto (2010).

[10] Kullaa, J. Distinguishing between sensor fault, structural damage, and environmental or operational effects in structural health monitoring. Mechanical Systems and Signal Processing 25(8), pp. 2976 – 2989 (2011).

[11] Reynders, E. System identification methods for (operational) modal analysis: Review and comparison. Archives of Computational Methods in Engineering 19(1), pp. 51 – 124 (2012).

[12] Glisic, B. and Inaudi, D. Development ofmethod for in – service crack detection based on distributed fiber optic sensors. Structural Health Monitoring 11(2), pp. 161 – 171 (2012).

[13] Reynders, E. and Roeck, G. D. A local flexibility method for vibration – based damage localization and quantification. Journal of Sound and Vibration 329(12), pp. 2367 – 2383 (2010).

[14] Baptista, F. G., Filho, J. V., and Inman, D. J. Real – time multi – sensors measurement system with temperature effects compensation for impedance – based structural health monitoring. Structural Health Monitoring 11(2), pp. 173 – 186 (2012).

[15] Kessler, S. S., Spearing, S. M., and Soutis, C. Damage detection in composite materials using Lamb wave methods. Smart Materials and Structures 11(2), pp. 269 – 278 (2002).

[16] Gyuhae Park, C. R. F., Hoon, S., and Inman, D. J. Overview of piezoelectric impedance – based health monitoring and path forward. Shock and Vibration Digest 35(6), pp. 451 – 463 (2003).

[17] Ihn, J. – B. and Chang, F. – K. Detection and monitoring of hidden fatigue crack growth using a built – in piezoelectric sensor/actuator network: II. Validation using riveted joints and repair patches. Smart Materials and Structures 13(3), pp. 621 – 630 (2004).

[18] Sohn, H., Park, G., Wait, J. R., Limback, N. P., and Farrar, C. R. Wavelet – based active sensing for delamination detection in composite structures. Smart Materials and Structures 13(1), pp. 153 – 160 (2004).

[19] Figueiredo, E. , Park, G. , Figueiras, J. , Farrar, C. , and Worden, K. Structural health monitoring algorithm comparisons using standard datasets, LANL Technical Report LA – 14393, Los Alamos National Laboratory, Los Alamos, New Mexico, USA, (2009).

[20] Farrar, C. R. and Worden, K. Structural Health Monitoring: A Machine Learning Perspective, John Wiley & Sons, Inc. , West Sussex, UK, (2013).

[21] da Silva, S. , Júnior, M. D. , Junior, V. L. , and Brennan, M. J. Structural damage detection by fuzzy clustering. Mechanical Systems and Signal Processing 22(7), pp. 1636 – 1649 (2008).

[22] Diez, A. , Khoa, N. L. D. , Alamdari, M. M. , Wang, Y. , Chen, F. , and Runcie, P. A clustering approach for structural health monitoring on bridges. Journal of Civil Structural Health Monitoring 6(3), pp. 429 – 445 (2016).

[23] Dervilis, N. , Worden, K. , and Cross, E. On robust regression analysis as a means of exploring environmental and operational conditions for SHM data. Journal of Sound and Vibration 347, pp. 279 – 296 (2015).

[24] Holmes, G. , Sartor, P. , Reed, S. , Southern, P. , Worden, K. , and Cross, E. Prediction of landing gear loads using machine learning techniques. Structural Health Monitoring 15(5), pp. 568 – 582 (2016).

[25] Bradley, A. P. The use of the area under the ROC curve in the evaluation of machine learning algorithms. Pattern Recognition 30(7), pp. 1145 – 1159 (1997).

[26] Farrar, C. R. , Sohn, H. , and Worden, K. Data normalization: A key to structural health monitoring. In Proceedings of the 3th International Workshop on Structural Health Monitoring DEStech Publications, Inc. , Stanford, Palo Alto, CA, pp. 1229 – 1238 (2001b).

[27] Toivola, J. and Hollm′en, J. Feature Extraction and Selection from Vibration Measurements for Structural Health Monitoring, Springer Berlin Heidelberg, pp. 213 – 224 (2009).

[28] Su, Z. , Wang, X. , Cheng, L. , Yu, L. , and Chen, Z. On selection of data fusion schemes for structural damage evaluation. Structural Health Monitoring 8(3), pp. 223 – 241 (2009).

[29] Jayawardhana, M. , Zhu, X. , Liyanapathirana, R. , and Gunawardana, U. Compressive sensing for efficient health monitoring and effective damage detection of structures. Mechanical Systems and Signal Processing 84 (Part A), pp. 414 – 430 (2017).

[30] Farrar, C. R. and Lieven, N. A. J. Damage prognosis: The future of structural health monitoring. Philosophical Transactions of the Royal Society ofLondon A: Mathematical, Physical and Engineering Sciences 365 (1851), pp. 623 – 632 (2007).

[31] Worden, K. , Manson, G. andFieller, N. R. J. Damage detection using outlier analysis. Journal of Sound and Vibration 229(3), pp. 647 – 667 (2000).

[32] Figueiredo, E. and Cross, E. Linear approaches to modeling nonlinearities in long – term monitoring of bridges. Journal of Civil Structural Health Monitoring 3(3), pp. 187 – 194 (2013).

[33] McLachlan, G. J. and Peel, D. Finite Mixture Models, John Wiley & Sons, Inc. , Wiley Series in Probability and Statistics, New York NY, United States, (2000).

[34] Dempster, A. P. , Laird, N. M. , and Rubin, D. B. Maximum likelihood from incomplete data via the EM algorithm. Journal of the Royal Statistical Society, Series B (Methodological) 39(1), pp. 1 – 38 (1977).

[35] Figueiredo, E. , Radu, L. , Worden, K. , and Farrar, C. R. A Bayesian approach based on a Markov – chain Monte Carlo method for damage detection under unknown sources of variability. Engineering Structures 80, pp. 1 – 10 (2014).

[36] Box, G. E. P. , Jenkins, G. M. , and Reinsel, G. C. Time Series Analysis: Forecasting and Control, 4th edn. John Wiley & Sons, Inc. , Hoboken NJ, United States, (2008).

[37] Jolliffe, I. Principal Component Analysis, 2nd Edn. Springer - Verlag, New York NY, United States, (2002).

[38] Yan, A. - M. , Kerschen, G. , Boe, P. D. , and Golinval, J. - C. Structural damage diagnosis under varying environmental conditions - Part I: A linear analysis. Mechanical Systems and Signal Processing 19 (4), pp. 847 - 864 (2005).

[39] Schölkopf, B. , Smola, A. , and Müller, K. - R. Nonlinear component analysis as a kernel eigenvalue problem. Neural Computation 10(5), pp. 1299 - 1319 (1998).

[40] Boser, B. E. , Guyon, I. M. , and Vapnik, V. N. A training algorithm for optimal margin classifiers. In Proceedings of the Fifth Annual Workshop on Computational Learning Theory ACM, Pittsburgh PA, United States, pp. 144 - 152 (1992).

[41] Mercer, J. Functions of positive and negative type, and their connection with the theory of integral equations. Philosophical Transactions of the Royal Society of London A: Mathematical, Physical and Engineering Sciences 209(441 - 458) pp. 415 - 446 (1909).

[42] Keerthi, S. S. and Lin, C. - J. Asymptotic behaviors of support vector machines with gaussian kernel. Neural Computation 15(7), pp. 1667 - 1689 (2003).

[43] Widjaja, D. , Varon, C. , Dorado, A. , Suykens, J. A. K. , and Huffel, S. V. Application of kernel principal component analysis for single - lead - ECG - derived respiration. IEEE Transactions on Biomedical Engineering 59(4), pp. 1169 - 1176 (2012).

[44] Peres - Neto, P. R. , Jackson, D. A. , and Somers, K. M. How many principal components? stopping rules for determining the number of non - trivial axes revisited. Computational Statistics & Data Analysis 49 (4), pp. 974 - 997(2005).

[45] Sohn, H. , Worden, K. , and Farrar, C. R. Statistical damage classification under changing environmental and operational conditions. Journal of Intelligent Material Systems and Structures 13(9), pp. 561 - 574 (2002).

[46] Hsu, T. - Y. and Loh, C. - H. Damage detection accommodating nonlinear environmental effects by nonlinear principal component analysis. Structural Control and Health Monitoring 17(3), pp. 338 - 354 (2010).

[47] Kramer, M. A. Nonlinear principal component analysis usingautoassociative neural networks. AIChE Journal 37(2), pp. 233 - 243 (1991).

[48] Santos, A. , Figueiredo, E. , Silva, M. , Santos, R. , Sales, C. , and Costa, J. C. W. A. Genetic - based EM algorithm to improve the robustness of Gaussian mixture models for damage detection in bridges. Structural Control and Health Monitoring, 24, e1886. (2017).

[49] Santos, A. , Silva, M. , Santos, R. , Figueiredo, E. , Sales, C. , and Costa, J. C. W. A. A global expectation - maximization based on memetic swarm optimization for structural damage detection. Structural Health Monitoring 15(5), pp. 610 - 625 (2016).

[50] Silva, M. , Santos, A. , Figueiredo, E. , Santos, R. , Sales, C. , and Costa, J. C. W. A. A novel unsupervised approach based on a genetic algorithm for structural damage detection in bridges. Engineering Applications of Artificial Intelligence 52, pp. 168 - 180 (2016).

[51] Kullaa, J. Structural health monitoring under nonlinear environmental or operational influences. Shock and Vibration 2014, pp. 1 - 9 (2014).

[52] Moscato, P. and Cotta, C. A gentle introduction to memetic algorithms. In Handbook of Metaheuristics,

Springer US, Boston, MA, United States, pp. 105 – 144 (2003).
[53] Neri, F. and Cotta, C. Memetic algorithms and memetic computing optimization: A literature review. Swarm and Evolutionary Computation 2, pp. 1 – 14 (2012).
[54] Miller, B. L. and Goldberg, D. E. Genetic algorithms, tournament selection, and the effects of noise. Complex Systems 9(3), pp. 193 – 212 (1995).
[55] Back, T. and Schwefel, H. – P. Evolutionary computation: An overview. In Proceedings of IEEE International Conference on Evolutionary Computation, pp. 20 – 29 (1996).
[56] Roeck, G. D. The state – of – the – art of damage detection by vibration monitoring: The SIMCES experience. Structural Control and Health Monitoring 10(2), pp. 127 – 134 (2003).
[57] Peeters, B. and Roeck, G. D. Reference – based stochastic subspace identification for output – only modal analysis. Mechanical Systems and Signal Processing 13(6), pp. 855 – 878 (1999).
[58] Peeters, B., Maeck, J., and Roeck, G. D. Vibration – based damage detection in civil engineering: Excitation sources and temperature effects. Smart Materials and Structures 10(3), pp. 518 – 527 (2001).
[59] Peeters, B. and Roeck, G. D. One – year monitoring of the Z24 – Bridge: Environmental effects versus damage events. Earthquake Engineering & Structural Dynamics 30(2), pp. 149 – 171 (2001).
[60] Reynders, E., Wursten, G., and Roeck, G. D. Output – only structural health monitoring in changing environmental conditions by means of nonlinear system identification. Structural Health Monitoring 13(1), pp. 82 – 93 (2014).

第2章 面向振动监控的基于奇异谱分析的数据驱动方法

Irina Trendafilova[①], David Garcia, Hussein Al – Bugharbee
英国,思克莱德大学,机械与航空工程系
① irina. trendafilova@ strath. ac. uk

摘要:本章主要讨论数据驱动方法、主成分分析(PCA)和奇异谱分析(SSA)在结构或机械装备的损伤评估中的应用。为了提取出结构或机械装备的状态信息以及确定是否存在故障,我们将数据分析方法 PCA 和 SSA 应用到测得的振动信号上。这里将讨论两个应用实例,一个针对的是风机叶片的损伤评估,另一个是滚动轴承的故障诊断。分析结果将表明,所阐述的方法对于结构损伤检测和滚动轴承故障诊断都具有很强的适用性。本章最后还将对所考察的方法的性能,以及性能和应用的进一步拓展等问题进行讨论。

关键词:基于振动的 SHM(VSHM);奇异谱分析(SSA);主成分分析(PCA);异常值原理;结构和设备监控;滚动轴承故障检测;风机叶片

2.1 引言

这里我们将针对在结构和设备中采用基于振动的监控技术(VM)这一问题进行讨论,然后引入数据驱动方法,并讨论这些方法在 VM 方法中的作用。进一步,我们还将着重阐述主成分分析(PCA)和奇异谱分析(SSA),以及如何将它们用于结构损伤和设备故障的评估工作中。

在各类先进材料或结构的完好性检测方面,结构健康监测(SHM)都是十分重要的。由于大多数的结构都会发生振动,因此,基于振动的 SHM(VSHM)方法无疑是一类很有价值的监控手段。

类似地,故障检测和监控对于大多数的复杂设备来说也是不可或缺的组成部分,这些设备在工作过程中也会产生振动,因而 VM 也是一种应用非常广泛的监控方法。

VSHM 和 VM 之所以能够得到应用,是因为结构或设备中的任何改变都会导致其振动响应的变化。相应地,如果结构或设备内部出现了故障或者损伤,那么无论是其自由振动响应还是受迫振动响应,都会随之发生改变。VSHM 和 VM 方法最重要的特点在于它们都是全局性的,因而能够用于检测那些难以检测的部位,并且也适合于损伤或故障的位置无法预知的场合。

一般而言,目前有两种不同类型的振动监控方法,分别是基于模型的和数据驱动的(非模型驱动)[1]。第一种方法主要是依赖于待测结构或设备的模型,通过对比模型预测出的和实际测量得到的振动响应,提取出故障或损伤是否存在、发生位置和(或)严重程度等方面的相关信息。在已有的研究工作中,大多数的结构和设备动力学模型都做了某种程度的线性化假定,部分模型甚至完全是线性的,也就是说它们认为系统的材料和结构及其动力学行为都是线性的。然而应当指出的是,大多数设备和结构都会存在非线性因素,因而会表现出相当程度的非线性行为,这些非线性因素一般来自于材料(如复合材料)、边界条件以及结构自身或连接关系。在某些场合中,尽管结构或设备表现出了非线性动力学行为,但是线性模型仍然能够给出较好的近似描述。不过在很多情况下,特别是带有强非线性或分布非线性的情况下(例如复合材料和复杂设备),非线性因素是不能忽略的,因而线性化近似就不能适用了。进行非线性建模并将其应用于损伤评估,是一项相当复杂的工作,还存在着一些困难和限制。在大量场合中,即便模型已经试图将结构的非线性考虑了进来,但是它所预测出的响应可能跟测试结果仍然是不同的。因此,进一步的处理中就有可能将这种不一致性错误地当成损伤或故障导致的结果。与此不同的是,数据驱动方法不采用任何模型或者线性假设,它们只是将测得的信号视为数据而已,然后进行特定的数据变换以提取出有用的信息。近年来,在结构和设备的 VM 中,这类数据驱动方法已经应用得相当广泛[1-2],在解决损伤检测和识别等问题方面展现出了较好的性能[3]。一般地,大多数的数据驱动方法最终都会将测得的数据划分成两个或更多个类别,例如健康型和损伤型。

在诸多数据驱动的结构和设备诊断方法中,大多包含了三个主要步骤。第一步是数据采集,第二步是信号分析,第三步是诊断。数据采集是指收集有用的系统信息(即信号),在这一步中,需要确定用于信号采集的传感器的数量、型号、位置以及灵敏度等。信号分析不仅包括了信号预处理,同时也进行信息的提取,例如得到“特征”,进而可以进一步用于监控结构和设备的健康情况,或者用来区分不同的健康状态。在诊断这一步中,将根据健康状态为结构或设备指定一个类型,例如健康型和损伤型或者故障型。

根据损伤评估中所采用的数据类型划分情况的不同,目前主要有两种数据驱动方法。第一种方法只利用健康状态下的数据来进行损伤诊断,通常也称为无监督的方法。第二种方法则同时采用了健康和损伤两种状态下的数据,在这两种或更多种数据类型基础上进行后续的判定,通常也称为有监督的方法。前一种方法一般借助异常值原理来进行损伤检测,它们往往只能完成损伤检测工作(第一层次),为了区分源自于不同的损伤(或故障)类型或尺寸的数据类型,一般需要额外的一些附加处理。与之相比,有监督的方法能够完成监控应用中更高层次的诊断工作。

可以看出,根据诊断层次的不同,最终的分类可能只能够区分出两种情况类别(健康和故障),或者是能够拓展到更多种类别,比如将故障程度和故障类型也纳入进来了。很多研究工作利用分类或分组过程来进行诊断,而另一些工作则采用了模式识别去进行检测和诊断[3]。为了区分出两个或多个类别,最简单的方法应当是基于阈值的方法,如果在经过测试后发现某个变量或特征低于某个阈值,那么就可以认为该结构或设备处于健康状态,而一旦该特征超出了阈值,那么也就进入了故障或损伤状态了。对于多种类别(超出两个)的情形,只需针对不同的故障或损伤情况对应地设定多个阈值即可[4]。各类模式识别技术也可以用于区分两个或多个结构(或设备)状态,大量研究人员建议采用基于神经网络的分类器来完成这一工作[5]。对于信号分析这一步而言,往往需要进行大量的变换,其中包括了从最简单的统计矩估计到非常复杂的回归和自回归建模等[6]。通过这些变换可以提取出结构或设备在不同状态下的某些统计特征及其取值情况。在设备故障诊断问题中,峰度和波峰因子是两个最为常用的特征,它们都刻画了信号的"峰值"情况。一些研究人员采用了频域振动信号进行分析,其中重复性信号成分对应于重复频率处的峰。这些信号进一步还可以划分为不同的频段,我们也可以根据感兴趣的频率范围滤选出某些频段[7]。

数据驱动方法一般采用的是时间序列分析法,目的是将测试数据进行转换,并从中提取出可用于确定故障或损伤是否存在及其类型和程度等方面的信息[8-9]。时间序列可以视为在大量离散的时间点上测得的一系列依赖于时间的变量值,例如加速度或速度。时间序列分析这一概念在气象和经济研究领域中已经得到了广泛的应用[10],人们也已经开发了非常多的技术手段来分析或预测时间序列的将来值。这些技术将数据所包含的某些方面的内部构造考虑进来,其中一部分技术能够将时间序列描述为参数模型,如自回归(AR)建模[11]。其他一些技术,如SSA[12],还可以用于将时间序列分解为大量互相独立的成分,使之具有某些特定的含义,例如趋势或周期成分等。

这里我们将介绍两种方法,它们用于实现不同的目的,分别面向SHM和设备故障诊断。在后一种情况中,待识别的设备故障是指滚动轴承故障。这两种方法都是数据驱动的，并且都采用了 SSA，只是形式不同而已。

2.2 PCA 和 SSA 及其在结构和设备监控中的应用

PCA 是一种数据分析技术，已经广泛用于气候、医学和经济领域中的数据分析工作之中。近年来，这一技术在工程领域中，特别是结构和设备监控中也得到了关注。PCA 的主要思想是降低数据的维数，并同时维持其变化特性（方差）[13]。该技术具有一些优良的特性，在基于振动的监控应用领域中是十分有益的。它将原始数据分解成大量彼此独立的成分，其中的前若干个成分包含了数据的主要变化情况。对于存在多种类别的数据情况来说，将根据这些类别对新的变量（主成分（PC））进行分组，并进一步去减小同一组中的数据之间的距离，同时增大不同组数据之间的距离。显然，这些也就使得 PCA 在处理来自于不同状态（如不同的损伤状态）的数据时变得非常有用。大量研究人员都曾提出建议，认为 PCA 在结构和设备监控应用中是非常有效的[14-17]。一些研究者指出，我们可以从时域或频域振动响应信号中选择特定的特征（这些特征可以视为彼此无关的），并将其输入到 PCA 中进行处理[18]。在绝大多数场合中，这些彼此无关的特征可以是某些频率成分（例如与谱成分或时域成分中的峰相对应的频率），它们之间相距得足够远，因而可以视为是互不影响的。还有一些研究将固有频率作为初始数据，并将它们分解成主成分[19]。在另一些工作中，人们还进行了两次 PCA，一次用于初始数据上，另一次则用于分解后的数据上[20]。这些研究者认为这一做法对于排除由环境和工况条件带来的状态变化是有效的。考虑到前若干个主成分保留了大部分的变化情况，一些学者指出这些成分也会包含关于结构的大部分有用信息，它们体现在所分析的数据之中，由此他们建议采用少量低阶主成分来进行振动分析和基于振动的损伤评估。也有其他一些工作认为，较高阶的主成分包含了最少的变化，它们会携带损伤是否存在这一方面的信息，因此建议在构建损伤特征时使用这些主成分[21]。这些研究实际上是指出了前几个主成分主要体现的是数据中的噪声，而不是其内在构造，因而较高阶的主成分更倾向于包含了大多数的有用信息（与结构和设备动力学特性相关的）。

SSA 是 PCA 的一种变化形式。PCA 主要针对的是时间序列分析，它认为初始数据是统计独立的。对于两个或更多个相继的时间序列来说，大多数场合下各个成分并不是彼此独立的，其原因在于它们都会包含共同的信息，也就是“互信息”。为了能够处理非独立的数据，SSA 应运而生，并且在时域和频域中都可以应用[13]。SSA 的主要目标是采用少量独立且更具意义的成分将原始信号进行分解，这些成分可以用于针对时间序列的趋势识别、振荡成分的检测、周期特征的提取、信号平滑、噪声抑制、特征提取以及结构变化情况的检测等。各类应用场合中 SSA 都已经得到了广泛的使用，例如气象预报[22]、金融数学[12]、历史研究[23]和经济学时间序列（信号具有很强的非平稳性，且无明显周期性）[24]等。

SSA 考虑了振动响应中所包含的所有模式成分，而不只是那些对应于特定频率的。因此，当将 SSA 应用于某个时域振动信号分析中时，该信号将会被分解成简谐振荡成分和非简谐振荡成分。显然，我们可以把 SSA 看成一类非线性谱分析方法了[25]，这也说明了当 SSA 用于信号分解时，相互靠近的模式（这也是很多非线性动力学系统的特征）是不会丢失的。当前，将 SSA 应用到结构振动分析和 VSHM 的研究文献还比较少。文献[26]借助 SSA 对桥梁的结构监控和损伤诊断进行了研究，利用了前两个特征值之间的差异，当这两个特征值之间的差异增大时，就可以认为出现了异常情况。这一研究还通过对比重构后的振动响应（基于 SSA 分解）与测量结果，分析了残差。文献[27]将基于 SSA 的方法与另一方法（协方差驱动随机子空间辨识，SSI - COV）进行了性能比较，并指出了基于 SSA 的方法在速度和精度方面更有优势。

在基于振动的设备故障诊断研究[16,28-30]中，SSA 也得到了应用。Bubathai[30]首先采用 SSA 进行了滚动轴承信号的分类，区分了健康和故障（内滚道上的故障）两种情形，主要是为了实现故障检测这一目的。这一研究将两种状态下获得的振动加速度信号提交给 SSA，把原始信号分解成两种主成分，即趋势和残差，随后仅将趋势成分用于进一步的分析。根据该趋势成分可以获得大量统计特征，例如峰值和标准偏差等。采用这些特征可以构造出特征向量（FV），并最终作为一个神经网络分类器的输入。SSA 也可以作为多次分解分析技术来使用[16]，将奇异值的数量（维持预先指定的方差百分比）作为故障指示器。利用 SSA 还可以获得两种不同的特征集或特征向量 FV[17]，第一个 FV 由奇异值构成，第二个则由第一个时域主成分的能量构成。将这些 FV 输入到一个反向传播神经网络分类器中，我们就能够实现滚动轴承的状态分类。

这一章我们将把 SSA 应用到两个不同的场景中，一个是在风机叶片的 SHM 中用来实现脱层检测，另一个是在滚动轴承故障识别中用来实现设备故障诊断。

在 SHM 这个应用中，将针对频域信号进行分解，而不是测量得到的时间序列。这主要是因为频域描述能够将振动响应中所包含的振荡模式以更容易理解和更有序的方式体现出来。这里将涉及基于 SSA 进行分解的所有步骤，随后还将对初始信号进行重构。重构信号与初始信号具有很好的一致性，由此可以证明所采用的分解技术是能够借助较少的重构成分保留绝大多数重要信号特性和信息的。当在频域中进行处理时，我们可以发现第一个重构成分包含了谱线的一般趋势，而其他重构成分则体现的是围绕谱线的波动起伏。于是，只需借助较少的重构成分即可有效地描述谱线的一般性行为[31-32]。这里有必要指出的是，大多数研究人员是针对原始的时域信号进行处理的[33]。

在第二个应用中，即滚动轴承故障诊断问题中，我们采用的是时域信号，通过一个分类处理过程去检测故障的存在与否，然后识别故障的类型，并最终估计出故障大小。应当指出的是，在以往滚动轴承故障评估研究中，人们很少去做全面的故障识别，其中包括检测、类型分析以及故障程度估计等。从这一方面来说，这一点也恰好是所阐述的第二个案例的主要特色之一。此处所给出的整个过程是非常简单的，可以自动化的方式来进行，因而非常适合于实际的故障识别工作。这一识别过程仅利用了 SSA 的第一步，即，将信号分解为主成分，以提取出故障的特征和评估故障状态。对于设备诊断而言，这也正是采用上述方法的第二个重要优点。它将与标准状态对应的信号分解成主成分，根据所包含的方差百分比去选择前若干个主成分，并利用它们来构造一个标准空间，然后针对待识别的信号将其投影到这个标准空间，进而与健康状态进行比较。在借助 SSA 来进行结构和设备监控的大多数方法中，一般都会采用三步处理过程，分别是嵌入、分解和重构。显然这里我们必须注意的是，此处介绍的方法实际上要简单得多，因为它所需的计算更少，这也使得该方法的应用变得更加容易。SSA 分解可以将数据划分成非常清晰的不同分组，我们只需对这些分组分配不同的故障类型和故障程度。需要提及的是，这一应用实例中给出的方法能够获得非常好的分类正确率。此外，我们还从性能角度将这一滚动轴承故障诊断方法跟其他一些方法做了比较（针对相同的数据），结果也表明了该方法的优越性。

在 2.3 节中我们将讨论前述这两个实例，一个是针对 SHM 的，另一个是针对轴承故障诊断的。我们将较为详尽地介绍所采用的方法是如何应用的，包括实例分析、实验过程、数据采集以及所采用的一些变换，此外也将给出相应的结果并对其做简要的分析。最后我们还将针对所给出的方法以及两个实例结果进行讨论。

2.3 针对结构和设备监控的两种基于 SSA 的损伤评估方法

这一节主要介绍两种损伤评估方法，它们针对的是 SHM 和滚动轴承故障诊断问题。正如前面指出的，这两种方法都是基于 SSA 分解的，不过对 SSA 做了不同方式的修正，并且其应用方式也有所不同。第一种方法是针对 SHM 的，它采用了频域中的信号。第二种方法则是针对滚动轴承故障诊断的，它是对时域信号进行分解。对于第一种情况而言,我们应当认识到与结构振动模式有关的大多数信息是需要保留下来的,而对于第二种情况,则需要假定系统的大多数信息是可以通过时间信号的延时来复原的,这些也正是所采用的分析方法的基本原理。下面我们首先介绍一下 SSA 的基本步骤,然后再阐明这两种用于不同目的的损伤评估方法。

2.3.1 SSA 的基本步骤

作为一种分解方法,SSA 包括了若干主要步骤,分别是数据收集、嵌入、分解和重构[34]。这里所考察的结构损伤评估方法包含了所有这些步骤,而针对轴承故障诊断的方法则不包括重构这一步[35],而是基于分解后的成分构造了一个关于健康状态的参考空间。

2.3.1.1 数据收集

总体而言,SSA 和 PCA 都属于数据分析方法,在分析过程中可以采用多种信号实现方式,例如可能是在不同位置拾取或者仅仅只是大量测量结果。在此处所讨论的设备监控和 SHM 这两项研究中,数据收集的方式是不同的。对于 SHM,我们测量的是大量不同位置处的加速度信号,而在设备监控中测量的是足够长的信号,并且随后将把这些信号划分为不同的段(作为不同的实现或测量结果)。一般地,为了方便起见,在数据收集过程中测得的信号通常是作为列数据置入到矩阵中的。

2.3.1.2 嵌入

SSA 的嵌入阶段是为了将测量信号进行延时处理后置入到一个矩阵中,从而可以将信号中携带的信息扩展到更多的维数(根据 Takens 嵌入定理[36])。嵌入的方式有多种,不过都必须采用特定尺寸的窗口,且应小于信号的原始尺寸,利用每个信号向量的时延形式我们就可以将该信号嵌入(或扩展)到矩阵中。一般而言,在嵌入处理之后每个信号也就转换或展开到一个矩阵中了。这一工作通常是在时域中完成的。不过如果我们将 SSA 应用于信号谱上,而不是时间信号上,那么在频域内也是可行的。最后,这一嵌入工作是针对所有数据向量的,对应的这些矩阵将共同构成最终的数据矩阵,也称为嵌入矩阵,并将提交给第二阶段(主成分分解)进行处理。我们将采用两种不同的嵌入过程来构建将要介绍的这两种方法,一种方法是针对频域信号描述的,另一种是针对原始的时域信号的。

2.3.1.3 分解

主成分分解是采用嵌入矩阵的协方差矩阵来进行的,协方差矩阵反映的是不同信号实现之间的协方差。我们需要将这个协方差矩阵进行特征值分解以得到其特征值和特征向量,每一个特征值代表了原始时间序列在对应的特征向量方向上的方差,而将嵌入矩阵投影到每个特征向量上,也就给出了相应的主成分了。

2.3.1.4 重构

这一阶段的主要目的是,针对所得到的主成分进行线性组合,从而重构出原始信号。这种重构工作可以是对所有的主成分进行线性组合来完成,也可以只对一部分主成分进行,在重构过程中采用多少个主成分一般可以借助不同的准则来确定,由此也就得到了重构成分(RC)。利用全部或部分这样的重构成分,我们就能够以特定的精度重构出原始信号了。如果原始信号与重构信号之间相当一致(即偏差很小),那么也就意味着分解过程是能够刻画和体现出原始数据中所包含的绝大多数信息的。

2.3.2 面向 VSHM 的一种基于 SSA 的技术方法

这里所介绍的方法也遵循了 SSA 的通用过程,也就是数据收集、嵌入、主成分分解以及重构等阶段。在诊断过程中涉及的主要步骤则包括两步,第一步是构建一个参考空间,所有新信号将与此相比较,第二步是损伤检测。这里的参考空间就是利用 SSA 建立的,对于健康结构和故障结构的识别而言,我们是通过将每组新数据与基准健康数据进行对比来实现的,需要注意的是,此处的基准健康数据需要变换到新坐标下,从而构建出基准(参考)空间。在把新信号投影到这个参考空间中之后,根据预先设定的阈值,我们就能够将其划分为健康态或者损伤态了。

在下文中我们将简要地对这一技术方法的主要步骤进行介绍。

2.3.2.1 数据收集

在 N 个时间采样点处进行测量,可以得到离散的加速度信号,进一步对每个信号进行标准化,使之为零均值和单位方差。如同前面述及的,此时我们得到了这种加速度信号的 $m=1,\cdots,M$ 个实现,其中的每一个都可以借助如下所示的信号向量来描述,即

$$\boldsymbol{x}_m=(x_{1,m},x_{2,m},\cdots,x_{N,m}) \tag{2.1}$$

然后,将每个信号向量 $\boldsymbol{x}_m$ 变换到频域,从而得到了一个新的信号向量 $\boldsymbol{y}_m$,长度为 $\bar{N}=N/2$。进一步,我们可以将所有频域信号向量以矩阵 $\boldsymbol{Y}$ 的形式来存储,即

$$Y = (y_1, y_2, \cdots, y_M) \tag{2.2}$$

2.3.2.2 参考空间的构建

参考空间的构建需要利用源自于健康结构(原始结构)的测量信号,其步骤包括:嵌入、分解和重构。下面分别对这些步骤加以介绍。

2.3.2.2.1 嵌入

这一步是建立信号向量 $\boldsymbol{y}_m$ 的嵌入矩阵。利用该信号向量的 L 个延时信号(L 为滑动窗口尺寸),我们可以把每个信号向量 $\boldsymbol{y}_m$ 嵌入到矩阵 $\tilde{\boldsymbol{Y}}_m$ 中,如下式所示:

$$\tilde{\boldsymbol{Y}}_m = \begin{pmatrix} y_{1,m} & y_{2,m} & y_{3,m} & \cdots & y_{L,m} \\ y_{2,m} & y_{3,m} & y_{4,m} & \cdots & y_{(L+1),m} \\ y_{3,m} & y_{4,m} & y_{5,m} & \cdots & \vdots \\ y_{4,m} & y_{5,m} & \vdots & \cdots & \vdots \\ y_{5,m} & \vdots & \vdots & \cdots & y_{\bar{N},m} \\ \vdots & \vdots & y_{(\bar{N}-1),m} & \cdots & 0 \\ \vdots & y_{(\bar{N}-1),m} & y_{\bar{N},m} & \cdots & 0 \\ y_{(\bar{N}-1),m} & y_{\bar{N},m} & 0 & \cdots & 0 \\ y_{\bar{N},m} & 0 & 0 & \cdots & 0 \end{pmatrix} \tag{2.3}$$

针对每个信号向量都应用上述嵌入过程,然后利用所有的矩阵 $\tilde{\boldsymbol{Y}}_m$来构造嵌入矩阵 $\tilde{\boldsymbol{Y}}$,如式(2.4)所示。矩阵 $\tilde{\boldsymbol{Y}}$ 的维数是 $\bar{N} \times (ML)$,在选择滑动窗口尺寸 L 时,一般应使之满足 $M < L$ 和 $L \leqslant \bar{N}/2$。

$$\tilde{\boldsymbol{Y}} = (\tilde{\boldsymbol{Y}}_1, \tilde{\boldsymbol{Y}}_2, \cdots, \tilde{\boldsymbol{Y}}_M) \tag{2.4}$$

2.3.2.2.2 主成分分解

这一步主要是将上面得到的嵌入矩阵 $\tilde{\boldsymbol{Y}}$ 分解成主成分。首先,根据下式计算出该矩阵的协方差矩阵:

$$\boldsymbol{C}_Y = \frac{\tilde{\boldsymbol{Y}}^t \tilde{\boldsymbol{Y}}}{\bar{N}} \tag{2.5}$$

式中:$\tilde{\boldsymbol{Y}}^t$ 为矩阵 $\tilde{\boldsymbol{Y}}$ 的转置矩阵。这个协方差矩阵 $\boldsymbol{C}_Y$ 的维数是$(ML) \times (ML)$,

它给出的是信号实现之间的协方差。进一步,按照下式将该矩阵进行特征值分解,即

$$\boldsymbol{E}_Y^{\mathrm{t}}\boldsymbol{C}_Y\boldsymbol{E}_Y=\boldsymbol{\Lambda}_Y \tag{2.6}$$

式中:$\boldsymbol{\Lambda}_Y$ 为一个对角矩阵,对角线上的元素为特征值 λ_k(降阶排列);$\boldsymbol{E}_Y$ 为由所有的特征向量 $\boldsymbol{E}^k$ 组成的(作为列向量,且顺序跟对应的特征值保持一致),每个特征向量 $\boldsymbol{E}^k$ 包含 M 个前后相继的段(长度为 L),M 和 L 分别依赖于信号实现的数量以及滑动窗口尺寸,该向量的每个元素可表示为 $E_{m,l}^k$。对于跟每一个特征向量 $\boldsymbol{E}^k$ 相关联的主成分 $\boldsymbol{A}_k$ 来说,只需将矩阵 $\tilde{\boldsymbol{Y}}$ 投影到 $\boldsymbol{E}_Y$ 上即可得到,即(参见文献[22]):

$$A_n^k = \sum_{l=1}^{L}\sum_{m=1}^{M}Y_{m,n+l}E_{m,l}^k \tag{2.7}$$

式中:$n=1,\cdots,\bar{N}$。

从式(2.7)可以看出,每个主成分都包含了来自于所有 M 个信号向量实现的特征。

2.3.2.2.3 重构

对于给定的一组指标 k,重构成分是通过将主成分与特征向量 $\boldsymbol{E}_Y$ 进行卷积计算得到的,于是第 m 个实现的位置 n 处($n=1,\cdots,\bar{N}$)的第 k 个重构成分就可以表示为(参见文献[22]):

$$R_{m,n}^k = \frac{1}{L_n}\sum_{l=1}^{L}A_{n-l}^kE_{m,l}^k \tag{2.8}$$

进一步,我们还可以将每一个 $R_{m,n}^k$ 通过一个标准化因子 L_n 进行规格化,该因子为

$$L_n=\begin{cases}n & 1\leqslant n\leqslant L-1\\ L & L\leqslant n\leqslant N\end{cases} \tag{2.9}$$

最后,将所有的重构成分(针对所有的原始信号向量)以列的形式即可组装成矩阵 $\boldsymbol{R}$。

2.3.2.3 特征提取

对于每个新观测到的信号,其特征向量(FV)的构建是通过将该信号与参考空间进行相似性比较而实现的,即,将该信号向量 $\boldsymbol{y}$ 投影到(或乘以)参考空间矩阵 $\boldsymbol{R}$ 上:

$$T_j = \sum_{n=1}^{\bar{N}} y_n R_{n,j} \tag{2.10}$$

式中：$j=1,\cdots,L$。

随后，我们将特征 T_j 组装成维数为 L 的向量 $\boldsymbol{T}$，这个特征向量也就刻画了所观测到的信号 $\boldsymbol{y}$ 与重构参考空间之间的相似性。

2.3.2.4 损伤评估

此处的损伤评估主要是建立在预先给定的阈值这一基础上的。首先需要建立一个基准特征矩阵 $\boldsymbol{T}_{\mathrm{B}}$，其维数为 $p\times s$，p 是每个特征向量 $\{\boldsymbol{T}: p\leqslant L\}$ 的维度，s 是用于定义基准矩阵的信号向量的数量，矩阵 $\boldsymbol{T}_{\mathrm{B}}$ 的构造如下所示：

$$\boldsymbol{T}_{\mathrm{B}} = \begin{pmatrix} T_{1,1} & T_{2,1} & \cdots & T_{p,1} \\ T_{1,2} & T_{2,2} & \cdots & T_{p,2} \\ \vdots & \vdots & & \vdots \\ T_{1,s} & T_{2,s} & \cdots & T_{p,s} \end{pmatrix} \tag{2.11}$$

其次需要测量观测到的特征向量 $\boldsymbol{T}^i = (T_{1,i}, T_{2,i}, \cdots, T_{p,i})$ 与基准特征矩阵 $\boldsymbol{T}_{\mathrm{B}}$ 的相似度，其中的 i 为所考虑的信号向量的个数。为此，我们可以计算该特征向量与基准矩阵之间的马氏距离，即

$$D_i = \sqrt{(\boldsymbol{T}^i - \boldsymbol{\mu}_{\mathrm{B}})^{\mathrm{t}} \boldsymbol{\Sigma}^{-1} (\boldsymbol{T}^i - \boldsymbol{\mu}_{\mathrm{B}})} \tag{2.12}$$

式中：$\boldsymbol{\mu}_{\mathrm{B}}$ 为基准特征空间 $\boldsymbol{T}_{\mathrm{B}}$ 的行均值向量；$\boldsymbol{\Sigma}$ 为协方差矩阵。

为了便于进行损伤评估，这里需要给定一个阈值 ϑ，然后将上面这个马氏距离跟该阈值进行比较。如果 $D_i < \vartheta$，那么可以将所观测到的信号向量归类为基准的健康类型；如果 $D_i > \vartheta$，那么将认为该信号向量是处于基准类型之外的，此时也就被归类为损伤类型了。

2.3.3 面向滚动轴承故障诊断的基于 SSA 的技术方法

这一节我们将针对滚动轴承故障检测与诊断这一实际应用场景，给出一种基于 SSA 的分析方法。该方法是相当简洁的，主要借助了 SSA 来对测得的振动信号进行分解。这里测量的是轴承座处的加速度信号，并使用时域信号来进行处理。

此处的做法是利用基于 SSA 的技术，将跟健康轴承状态对应的信号向量进行分解，从而构建一个基准空间。这里仅包括数据收集和分解这两个步骤，并且只针对轴承处于健康（或基准）状态下收集到的信号进行处理。

借助 SSA 分解可以得到特征向量，进而可用于计算跟轴承的基准（健康）态

对应的主成分了，然后就能够建立起跟轴承健康态对应的基准空间。在这一过程中，SSA 只用于对基准信号的变换处理。新的信号不进行变换，为了将其归类为健康或者损伤类型，只需将它们投影到基准空间上，进而用来实现故障的检测。

这里所给出的方法包括三个基本阶段，分别是故障检测、故障类型识别以及故障严重程度估计。在故障检测阶段中，信号将会被分成两种类别，即基准（或健康）类与非基准（或故障）类。故障类型识别阶段是通过将信号指派给某种故障类型来完成的，此处的故障类型分为内滚道故障（IRF）和外滚道故障（ORF）。在随后的故障严重程度估计这一阶段，待分析的信号是可以归类为不同的故障严重级别的，据此我们也就可以估计出故障的严重程度了。

总体而言，此处的方法过程分为两步，即构建一个基准空间和进行故障诊断。基准空间的构建是利用基于 SSA 的处理过程来完成的，需要借助从健康轴承测得的信号，下面对此加以阐述。

2.3.3.1 基准空间的构建

在基准空间的构建过程中，我们针对源于健康态轴承的振动信号 $\boldsymbol{x}$ 进行 SSA 处理。尽管跟 2.2 节所描述的过程在阶段划分上是类似的，不过这里仅需利用数据收集和分解这两步。

2.3.3.1.1 数据收集和嵌入

首先需要测量得到离散的加速度时域信号，每个信号可以描述为一个向量 $\boldsymbol{x}$，可参见 2.3.2.1 节中的式(2.1)。其次是进行嵌入处理，用以获得嵌入矩阵 $\tilde{\boldsymbol{X}}$，其维数是$(L\times K)$，L 是滑动窗口尺寸，$K=N-L+1$，该矩阵形式如下：

$$\tilde{\boldsymbol{X}}=\begin{pmatrix} x_1 & x_2 & x_3 & \cdots & x_K \\ x_2 & x_3 & x_4 & \cdots & x_{K+1} \\ x_3 & x_4 & x_5 & \cdots & x_{K+2} \\ \vdots & \vdots & \vdots & & \vdots \\ x_L & x_{L+1} & x_{L+2} & \cdots & x_N \end{pmatrix} \tag{2.13}$$

2.3.3.1.2 主成分分解

在这一步中，我们将根据式(2.14)计算嵌入矩阵 $\tilde{\boldsymbol{X}}$ 的协方差矩阵，即

$$\boldsymbol{C}_X=\frac{\tilde{\boldsymbol{X}}^{\mathrm{t}}\tilde{\boldsymbol{X}}}{K} \tag{2.14}$$

进一步，将这个协方差矩阵 $\boldsymbol{C}_X$ 进行奇异值分解(SVD)，即

$$\boldsymbol{C}_X\boldsymbol{U}_k = \lambda_k\boldsymbol{U}_k \tag{2.15}$$

由此也就得到了 L 个特征值 λ_k 和对应的 L 个特征向量(即 $\boldsymbol{U}_k$ 的各个列向量)。若将特征值 λ_k 按照降序排列，同时特征向量也做相对应的排列(在 $\boldsymbol{U}_k$ 中)，那么前若干个特征值和特征向量也就反映了数据变化的主要部分。我们只需将嵌入矩阵投影到特征向量上即可得到主成分，即

$$A_k^i(n) = \sum_{l=1}^{L} \tilde{X}^i(n+l-1)U_k(l) \tag{2.16}$$

进一步，将与基准(健康)状态对应的特征向量作为列向量组装成矩阵 $\boldsymbol{U}$，即

$$\boldsymbol{U} = (\boldsymbol{U}_1, \boldsymbol{U}_2, \cdots, \boldsymbol{U}_L) \tag{2.17}$$

这个矩阵也就是基准空间，是由所有特征向量构造而成的完整矩阵。应当指出的是，一般来说我们只使用其中的一部分特征向量，文献[16]中介绍了若干准则，可用于指导特征向量数量的选择。为了便于观察和理解，此处的分析中将采用前三个特征向量。

2.3.3.2 故障诊断过程

在这一阶段中，将针对新的信号来对轴承进行故障诊断，主要分成两步，即特征提取和故障识别，实际上包含了故障检测以及故障类型和程度的评估。下面分别对这些内容加以介绍。

2.3.3.2.1 特征提取

这里的故障识别是建立在特定的特征基础之上的，因此，首先需要利用测得的信号来建立这些特征，为此只需将这些信号投影到由矩阵 $\boldsymbol{U}$ 所描述的基准空间上(参见式(2.17)和式(2.18))。

对于每一个新的信号 i，应当先计算出嵌入矩阵 $\tilde{\boldsymbol{X}}^i$，然后将每个 $\tilde{\boldsymbol{X}}^i$ 投影到基准空间 $\boldsymbol{U}_k$ 上，即可得到主成分。对于每一个观测到的信号向量 i，将对应的主成分以列向量方式组装起来可以得到：

$$\boldsymbol{A}^i = (\boldsymbol{A}_1, \boldsymbol{A}_2, \cdots, \boldsymbol{A}_L) \tag{2.18}$$

进一步，为了得到特征向量，我们需要计算每个主成分的欧氏范数，即

$$\boldsymbol{T}_p^i = \sum_{n=1}^{K} (A_p^i(n))^2 \tag{2.19}$$

式中：$p \leqslant L$ 为所考虑的主成分的个数。

跟前面类似,此处应当将这些特征的值组装成向量 $\boldsymbol{T}$,维数为 $p \leqslant L$,这个特征向量 $\boldsymbol{T}$ 刻画了所观测到的信号 $\boldsymbol{x}$ 与基准空间(轴承健康状态)的相似度。

2.3.3.2.2 故障检测

在根据训练样本(对应于轴承健康状态)得到了特征向量之后,我们就可以利用它们来构造出基准特征矩阵 $\boldsymbol{T}_{\mathrm{B}}$,可参见 2.3.2.4 节给出的式(2.13)。随后需要进行的是确定某个观测到的特征向量 $\boldsymbol{T}^i = (T_{1,i}, T_{2,i}, \cdots, T_{p,i})$ 与基准特征矩阵 $\boldsymbol{T}_{\mathrm{B}}$ 的相似度,这里的 i 代表的是所考虑的信号向量的个数。这也是通过计算向量 $\boldsymbol{T}^i$ 和矩阵 $\boldsymbol{T}_{\mathrm{B}}$ 之间的马氏距离而实现的,可参见 2.3.2.4 节中的式(2.14)。

跟 2.3.2.4 节类似,为了进行损伤检测我们也需要定义一个阈值 ϑ,并将上面计算得到的马氏距离 D_i 与该阈值进行比较。如果 $D_i < \vartheta$,那么观测到的信号向量就可以归类为基准(健康)类型;而如果 $D_i > \vartheta$,则应归类为损伤类型。

2.3.3.2.3 故障类型和严重程度的识别

在完成了上述工作之后,整个诊断过程还需要进一步去确定故障的类型及其严重程度情况,其做法类似于检测过程。我们需要选择大量已经测得的信号来构造训练样本,这些训练样本应当分别针对每一种情况类别(包括故障类型和故障严重度)。当对新的信号进行分析时,在将其转换成特征向量之后,我们将它与这些训练样本进行比较,计算马氏距离。如果该信号或特征向量与某个情况类别的训练样本的马氏距离是最小的,那么就认为该信号可以归类到这一情况类别中。换言之,我们采用的是 1 - 最近邻(1NN)规则来确定故障类型及其严重程度。这里首先完成的是故障类型的诊断,然后在每种类型中再去构造跟严重程度相关的训练样本。按照这种 1NN 规则,我们就可以根据马氏距离情况将每种故障划归到最接近的情况类别了。

2.3.4 风机叶片结构损伤评估的实例分析

2.3.4.1 所考察的实例情况

这一节将把 2.3.2 节所介绍的结构损伤评估方法应用于一个 34m 的大型风机叶片(SSP)结构上,这个叶片安装在 DTU 风能研究所(丹麦罗斯基尔德)的一个试验台上,研究中所使用的数据均由 Brüel & Kjær 提供。

这里的主要研究目标是针对在叶片后缘(TE)处人为引入的损伤情况进行评估。试验中,我们通过一个机电式作动器对该叶片施加激励,使之产生一个自由衰减的响应,并通过在不同的位置进行激励来检测损伤情况,同时在叶片上的不同位置还布置了若干传感器用于信号测量。下面我们先对该试验做一介绍，然后再利用前述方法给出所得到的一些分析结果。

如图 2.1 所示，这个 34m 长的 SSP 叶片以悬臂形式安装在试验台上，其根部固定（实际应用时是安装在风机旋翼桨毂上的）。在叶片上布置了二十个 B&K 三轴加速度传感器（4524 - B 型），其中的十个位于前缘，另外十个位于后缘，分析使用的数据是垂直于叶片表面方向上的测量值。此外，所有传感器的布置没有经过数量和位置方面的优化设计。试验中的激励是由一个信号发生器提供的，它产生一个放大的矩形脉冲并输入到作动器以实现每次激励（冲击），由此我们可以测出叶片在矩形脉冲力作用下的自由衰减响应。

图 2.1　被测风机叶片

为了应用这种数据驱动方法，我们将由 SSP Technology A/S 公司制造的 34m 长叶片安装到实验室中的测试台上（更多细节可参阅文献[37]）。对于风机叶片来说，其边缘（前缘或后缘）处的上下壳的脱层是一种较为常见的损伤情形，为了引入这一损伤形式，我们在后缘上下壳之间的黏结层处钻了一系列孔，然后用锯和锤子等工具将这些孔融合起来，从而形成了一个裂纹（长度最终达到了 120cm）。

如前所述，在叶片上可以设置若干不同的作动位置和传感器位置，并且也可考虑叶片不同位置处的损伤。图 2.2 给出了试验中的这些传感器、作动器以及损伤的位置情况，下面针对由此得到的测试结果进行介绍。

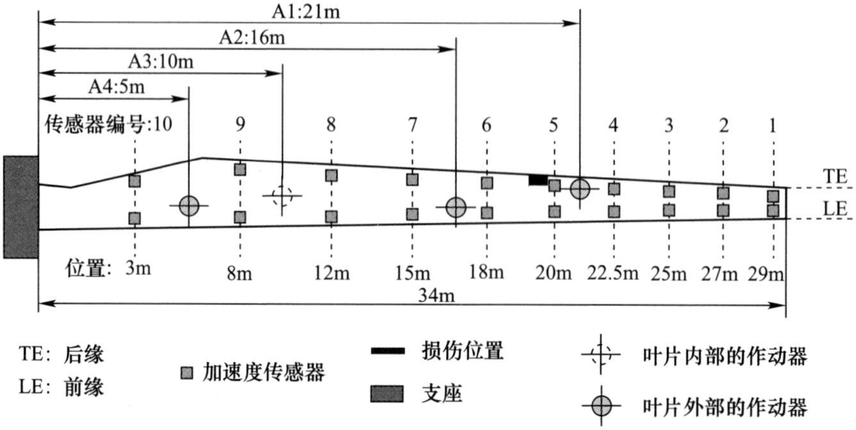

图 2.2　损伤、传感器和作动器在叶片上的布置

2.3.4.2　损伤评估过程

在损伤检测时，我们每次仅采用一个从传感器测得的数据来处理，这主要是因为我们还有另外一个目标，即找到最佳的传感器位置。

为了建立参考状态，试验中针对原始完好的叶片的自由衰减响应，进行了加速度信号采样(16384Hz)，并利用来自健康叶片的 $M=10$ 个信号实现和 $L=10$ 的滑动窗口参考状态的构造。测得的振动响应需要转换到频域，并离散成长度为 $N=2048$ 的向量，根据这些信号向量，嵌入矩阵 $\boldsymbol{Y}$ 的维度将是 2048×100。在对这个矩阵的协方差矩阵进行特征值分解之后，可以得到 100 个特征值及其对应的特征向量，因此参考空间矩阵 $\boldsymbol{R}$(参见 2.3.2.2 节)的维度也就是 2048×10 了。

通过将观测到的信号投影到参考空间，我们就可以得到特征向量，此处的分析中这些特征向量的维数为 $p=4$。因此，在构建基准的特征向量矩阵时，我们只需要利用前四个重构成分。针对健康的叶片测量得到的数据需要划分为两组，一组用于训练，另一组用于测试，每组均包括 21 个信号(向量)。训练数据用来构造基准的特征向量矩阵，而新观测到的特征向量则需要跟该基准矩阵进行比较。

显然，这里我们将通过 $s=21$ 个维度为 $p=4$ 的特征向量建立起基准的特征向量矩阵 $\boldsymbol{T}_{\mathrm{B}}$ 了(参见 2.3.2.2 节)，为了确定每个观测信号的损伤指标(DI)值，则需要计算出它们与基准矩阵 $\boldsymbol{T}_{\mathrm{B}}$ 的马氏距离(参见 2.3.2.4 节)。

为了便于更好地观察上述方法的性能，图 2.3 给出了所得到的损伤指标情况，此处的叶片是在不同位置受到激励的（即不同的作动器位置），所拾取的信号来自于叶片后缘处的 4 号传感器。可以看出，对于这四种情况来说，我们能够非常清晰地检测到损伤行为。大多数情况下，误检（即叶片实际未损伤而系统将其识别为损伤）和漏检（即叶片实际发生损伤而系统将其识别为健康）的数量都非常少。

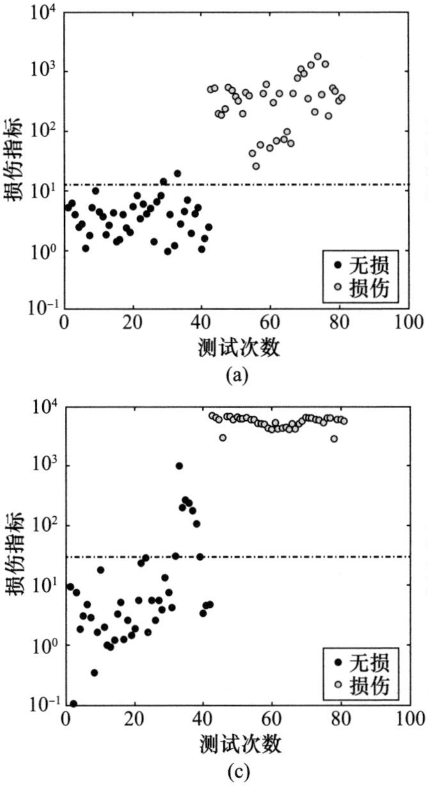

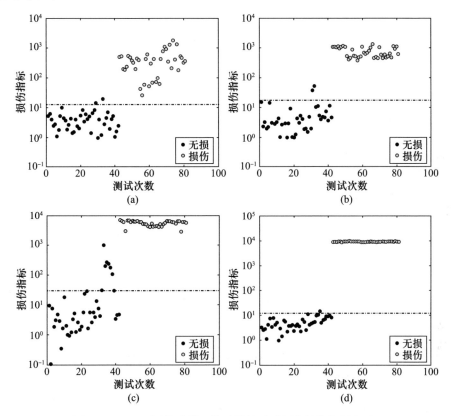

图 2.3　基于不同传感器和作动器的马氏距离损伤指标（DI）：

（a）传感器 TE4 和作动器 1；（b）传感器 TE4 和作动器 2；

（c）传感器 TE4 和作动器 3；（d）传感器 TE4 和作动器 4

从表 2.1 不难发现，在大多数的作动器和传感器位置情况中，损伤状态和健康状态的分类基本上都是正确的，一个例外的情况是作动器处于 A3 位置（以及此情况下的多个传感器位置），此时的健康态被错误地判定为损伤态了。这个作动器位于叶片内部，距离损伤位置相当远。与作动器 3 和 4 相比而言，作动器 1 和 2 要更靠近损伤位置，因而作动器处于 A1 和 A2 的情况下得到的结果总体上要好于它们处于 A3 和 A4 的情况。

表 2.1 健康和损伤状态的正确分类率(针对 SSP34m - WTB (风机叶片)的观测结果)

作动器 正确率/%		传感器 TE									
		1	2	3	4	5	6	7	8	9	10
A1	健康状态的正确率	100	98	95	95	100	100	100	100	95	95
	损伤状态的正确率	100	100	92	100	62	56	100	100	100	100
A2	健康状态的正确率	95	86	76	95	98	98	98	86	95	98
	损伤状态的正确率	100	100	100	100	100	100	100	100	100	100
A3	健康状态的正确率	69	74	98	83	83	76	81	83	71	64
	损伤状态的正确率	100	100	100	100	100	100	100	79	79	72
A4	健康状态的正确率	83	100	86	98	79	90	93	88	95	83
	损伤状态的正确率	100	92	100	100	100	100	100	100	100	69

注:对数正态分布下误报概率阈值为 $\alpha=0.01$;FV 维数为 4(T1 ~ T4);健康观测结果总计 42 次,损伤观测结果总计 39 次。

就图 2.2 中的传感器来看,5 号和 6 号是最靠近损伤位置的,从表 2.1 可以发现,利用这些传感器所得到的结果要更差一些(就损伤态的识别而言),特别是当作动器位于 A1 时(最靠近损伤位置)。

2.3.5 滚动轴承故障诊断的实例研究

这一节主要是针对 2.3.3 节给出的故障评估方法介绍其应用。

2.3.5.1 所考察的实例

这里所考察的轴承振动数据是根据凯斯西储大学(CWRU)的试验台测试得到的,如图 2.4 所示,这个轴承数据中心[38]包括一个 3HP 的三相异步电动机和一个功率计。分析中使用的是驱动端轴承数据,该轴承为 SKF6025 深沟球轴承。可以利用电火花机床对轴承滚道和滚珠引入单点故障,故障直径分别为 0.007、0.014 和 0.021 英寸,而深度为 0.011 英寸。实验中针对不同的故障尺寸和转速(从 1730r/min 到 1797r/min),测量了轴承的振动数据,采样频率为

12kHz。对于外滚道故障（ORF）而言，这里将故障位置设定于6点钟方位（相对于受载区域）。

1—感应电动机；2—加速度计的位置；3—扭矩传感器；4—功率计。

图2.4 CWRU的轴承试验台

此处所给出的结果针对的是转速为1730r/min的健康（H）轴承、带有内滚道故障（IRF）的轴承、带有滚珠故障的轴承（BF）以及带有外滚道故障（ORF）的轴承，所有故障的直径均为0.007英寸（1英寸=2.54cm）。跟前文类似，诊断过程的第一部分就是根据马氏距离的阈值来进行检测。在此处的阈值选择时，我们要求99%的训练样本所对应的数值应小于该阈值。图2.5给出了与健康轴承对应的原始信号。

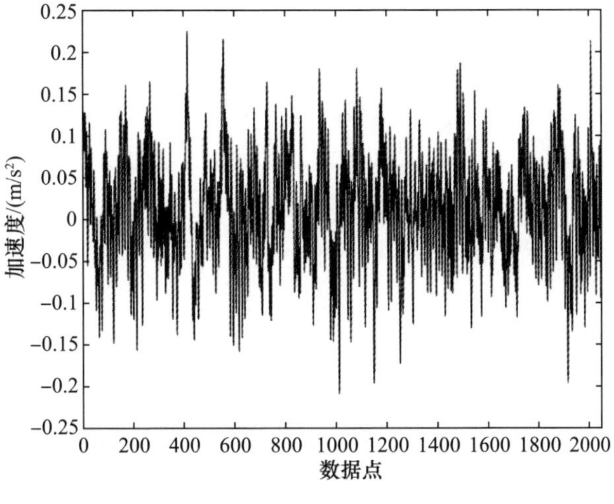

图2.5 来自健康轴承的原始信号

2.3.5.2 故障评估

2.3.5.2.1 故障检测

通过主成分分解,我们可以构造出基准空间。为了便于观察,这里仅采用了前三个主成分,对于这个实例来说它们包含了数据总方差的 80% ,即便如此,由此得到的结果也是非常好的。

如图 2.6 所示,其中给出了与健康轴承对应的基准数据集,同时也给出了测得的数据(针对的是不同的故障尺寸和故障类型)的投影结果。从图 2.6 中可以清晰地看出,与不同故障状态所对应的类别都得到了很好的区分,所有的故障状态都能被正确地识别出来,这是因为跟三种不同故障类型(IRF,ORF,BF)对应的数据都与所设定的阈值相距较远。表 2.2 对检测结果进行了总结和归纳,这些结果来自于测试样本,总共使用了 210 个信号,其中的 30 个对应于健康状态,而另外的 180 个信号则来源于故障状态。我们不难看出,所有的故障情况都

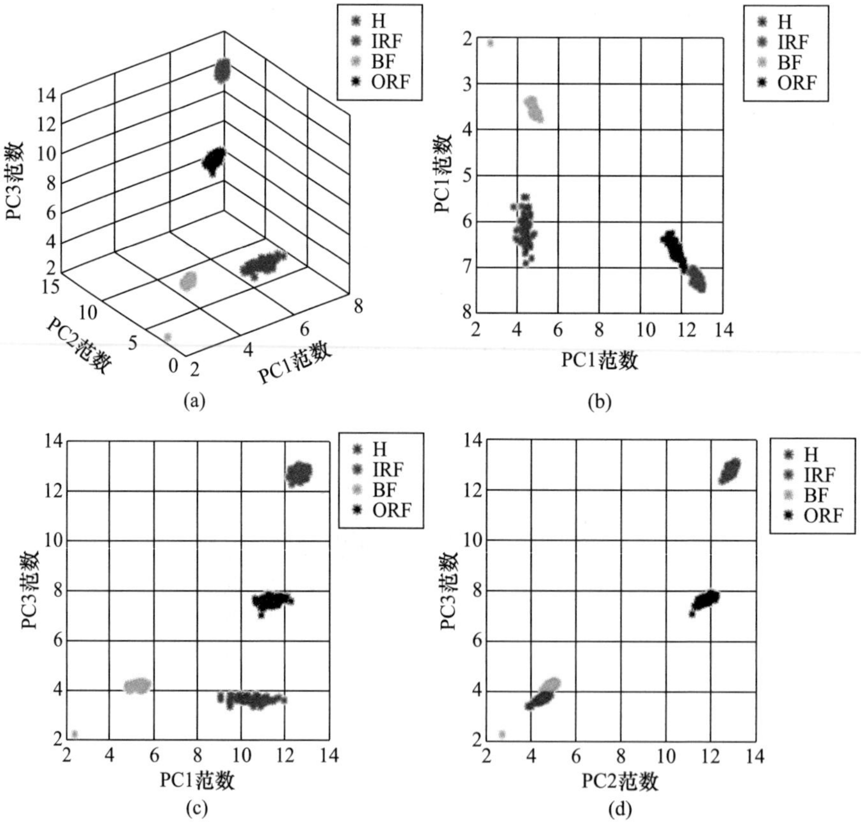

图 2.6 不同类别的信号在基准空间的投影(见彩图)

得到了正确地识别（识别为故障），大约 93.3% 的健康状态也得到了正确识别（识别为健康），不过大约有 6.7% 的健康状态被错误地归类到故障类别中了。

表 2.2　滚动轴承故障检测的混淆矩阵

百分数/%	健康状态	故障状态
健康状态	93.3	6.7
故障状态	0	100

2.3.5.2.2　故障识别：类型和尺寸估计

检测阶段主要完成的是故障存在与否的确定，随后需要进行的是故障类型与故障尺寸的确定了。在这一实例应用中，我们所掌握的数据包括了来自于健康轴承（H）、带有 IRF 的轴承、带有 ORF 的轴承以及带有 BF 的轴承等的测量信号。因此，故障类型的识别也就是指将故障归类到这三种类型中的哪一种中去。正如 2.3.3.1 节所阐述的，为了实现这一目的，我们只需利用每一类型对应的训练样本去构建对应的参考空间（或矩阵），进而将新信号投影到这些参考空间上，计算出马氏距离，最后就可以将该信号归类到马氏距离最小所对应的那个故障类型中。此处的研究中采用了一半的已测信号段（仅对应于小故障，总计 30 个信号段）来构造训练样本，剩余的信号（$4\times30=120$）则作为测试样本来使用。当转速为 1730r/min 时，我们采用三个主成分来构造基准空间，分析结果表明来自于测试样本的所有信号都能正确地得到分类处理。表 2.3 给出了混淆矩阵情况，从这一结果可以清晰地看出，来自于四种不同的故障类别的所有故障确实都能够获得正确地分类。

表 2.3　1730r/min 情况下故障分类的正确率

实际故障类型/识别出的故障类型/%	H	IRF	ORF	BF
H	100	0	0	0
IRF	0	100	0	0
ORF	0	0	100	0
BF	0	0	0	100

在正确识别了故障的类型之后，下一步需要对其尺寸进行评估。在这一实例中，主要考虑了三种不同尺度的故障情况，分别为 0.007 英寸、0.014 英寸和 0.021 英寸。为此，我们可以将这三种尺度设定为三个不同的组别，分别对应于小尺寸（S）故障、中尺寸（M）故障和大尺寸（L）故障。故障尺度的识别过程与类型识别过程也是相似的，即，也从每一组中选取 30 个信号用来构成训练样本，然后将测试样本中的每一个信号根据马氏距离情况归类到最接近的组别中。这里也针对转速为 1730r/min 的条件下带有 IRF 的情况进行了例证，其混淆矩阵如

表 2.4 所示。由此不难发现，所有的信号都被正确地归类到对应的尺度组别之中了。

表 2.4　尺寸估计或尺度分类的混淆矩阵（1730r/min 下，带有 IRF 的情况）

正确的故障尺度/识别出的故障尺度/%	H	S	M	L
H	100	0	0	0
S	0	100	0	0
M	0	0	100	0
L	0	0	0	100

2.3.6　本章小结与讨论

在这一章中，我们主要针对基于振动的结构和设备健康监控这一场景，介绍若干数据分析方法的应用。数据驱动方法建立在纯粹的数据分析基础上，它们在结构和设备的监控研究中具有很大的潜力，其原因在于此类方法无须借助任何模型或线性化假设，因而能够为各类结构或设备以及诸多故障或损伤情形提供更为通用的解决方案。尽管在本章中建立和测试这些方法时是针对特定的应用实例的，但是它们也很容易应用到结构和设备的各类监控问题中。

在本章中我们特别考察了基于 SSA 的方法，它可以将测得的振动信号分解成一些彼此独立的新成分，这些成分包含了原始数据的绝大多数变化情况。借助这一方法，我们最终可以重构出原始信号，并且还能够对采用不同个数主成分的这种分解进行精度评估。这一章将 SSA 以不同的形式应用于两种场景，分别是 SHM 和设备状态监控。

在第一个应用场景中，我们给出了用于检测结构异常的方法（即结构健康监测方法），它利用了重构成分，并将它们跟参考状态空间进行比较，这个参考状态空间是基于重构信号（来自于健康的或初始的结构状态）而建立的。进一步，我们通过设定某个阈值区分不同的信号，即来自健康结构的信号与来自损伤结构的信号。

在第二个应用场景中，我们给出了一种可用于滚动轴承故障检测和识别的方法，该方法以不同的方式使用了 SSA，利用源自于健康状态的分解信号构造了一个基准空间。进一步，它将新的测量信号嵌入到嵌入矩阵中，并将其投影到基准空间上，据此来评估该信号与基准状态（健康状态）之间的相似度。

在实例分析中，我们所给出的针对 SHM 的方法，主要处理的是脱层诊断问题，而针对设备诊断的方法则关注的是滚动轴承的故障诊断。必须指出的是，面向 SHM 的方法已经应用到大量的应用场合中（尽管本书只介绍了一个实例），例如复合板的脱层检测[39]和实验室中的涡轮机叶片问题[34]。

在这些应用问题中该方法都取得了非常好的效果。所提出的针对滚动轴承故障诊断的方法也已经应用于三个实际案例,其中的两个是试验台(一个在Strathclyde大学,另一个在Torino大学[40])。在本章的实例分析中,我们仅借助CWR大学的数据讨论了相关应用,这主要是考虑到这些数据更具演示性,即它们能够更丰富地展现出不同的故障状态。不过必须强调的一点是,这个面向滚动轴承故障诊断的方法,在所有的情况分析中确实能够获得非常高的正确分类率(接近100%)。因此,我们可以说这一方法得到了有效的验证,是能够用于有关滚动轴承故障诊断的其他方面应用中的。此外,还值得指出的是,这一方法对于滚动轴承故障诊断而言是相当简洁的,如果我们只掌握健康状态的数据,那么至少在检测阶段中其处理过程是非常容易的[35],随后的故障类型识别和严重程度估计则需要从同一设备的损伤状态中提取信号了。对于无监督方式下的严重度估计(仅基于健康状态数据),目前还有待进一步的研究。

在风机叶片这个应用实例的分析中,我们主要是进行初步的研究,其中的一个研究目标是测试最佳的激励和传感位置。从所给出的结果可以看出,在传感器和作动器的绝大多数布置情况下,这一方法都能够相当好地区分出故障态和健康态,不过当传感器和(或)作动器靠近损伤位置时,区分效果就不是很好了。只有当传感器和作动器不十分接近,并且它们距离损伤位置也不是太远时,才能获得最佳的结果。事实上,在这一研究中最佳的结果出现在:损伤位于传感器5和6之间,作动器位于位置3,并采用传感器2、3和4。当然,为了将这一方法更好地推向应用阶段,我们还需要进行更多更深入的研究。

就设备故障诊断和结构健康监测这一领域来说,关于SSA的下一步应用研究将主要体现在两个方面,分别是研究和发展能够获得更好的分类和诊断性能的方法,以及研发能够与实际监控应用有机结合的高实用性方法。例如,对于本章中所给出的用于分类的方法,我们还可以进一步改进,使它们的处理过程变得更为简便或者提高其自动化性能;也可以引入模式识别方法,并可根据识别的需要去设计不同类别之间的线性或非线性边界;此外,我们也有必要去研究更多的无监督方法,当设备和结构的损伤状态方面的信息很少甚至没有这一方面的信息时,这些方法都是十分有用的。

致　谢

我们要感谢Brüel & Kjær S/V仪器部门的Dmitri Tcherniak博士等人的合作与帮助,他们进行了风机叶片实验并提供了相关的数据。

参 考 文 献

[1] Doebling, S. W., Farrar, C. R., Prime, M. B., and Shevitz, D. W. Damage identification and health monitoring of structural and mechanical systems from changes in their vibration characteristics: A literature review; Los Alamos National Lab., NM (United States) (1996).

[2] Carden, E. P. and Fanning, P. Vibration based condition monitoring: A review. Structural Control and Health Monitoring 3(4), pp. 355 - 377 (2004).

[3] Worden, K. and Manson, G. The application of machine learning to structural health monitoring. Philosophical Transactions of the Royal Society of London A: Mathematical, Physical and Engineering Sciences 365 (1851), pp. 515 - 537 (2007).

[4] Sohn, H. and Farrar, C. R. Damage diagnosis using time series analysis of vibration signals. Smart Materials and Structures 10(3), p. 446 (2001).

[5] Bishop, C. M. Neural Networks for Pattern Recognition. Oxford University Press (1995).

[6] Yao, R. andPakzad, S. N. Autoregressive statistical pattern recognition algorithms for damage detection in civil structures. Mechanical Systems and Signal Processing 31, pp. 355 - 368 (2012).

[7] Tandon, N. and Choudhury, A. A review of vibration and acoustic measurement methods for the detection of defects in rolling element bearings. Tribology International 32(8), pp. 469 - 480 (1999).

[8] Basseville, M., Mevel, L., and Goursat, M. Statistical model - based damage detection and localization: Subspace - based residuals and damage - to - noise sensitivity ratios. Journal of Sound and Vibration 275(3), pp. 769 - 794 (2004).

[9] Kopsaftopoulos, F. and Fassois, S. Vibration based health monitoring for a lightweight truss structure: Experimental assessment of several statistical time series methods. Mechanical Systems and Signal Processing 24 (7), pp. 1977 - 1997 (2010).

[10] Taylor, S. J. Modelling Financial Time Series. World Scientific Publishing (2007).

[11] Wei, W. W. S. Time Series Analysis. Addison - Wesley, Reading, MA (1994).

[12] Hassani, H. Singular spectrum analysis: Methodology and comparison. Journal of Data Science 5(2), pp. 239 - 257 (2007).

[13] Jolliffe, I. Principal Component Analysis. Wiley, Online Library (2002).

[14] Mujica, L. E., Rodellar, J., Fern′ andez, A. and Güemes, A. Q - statistic and T2 - statistic PCA - based measures for damage assessment in structures. Structural Health Monitoring 1475921710388972 (2010).

[15] Johnson, M. Waveform based clustering and classification of AE transients in composite laminates using principal component analysis. NDT & E International 35(3), pp. 367 - 376 (2002).

[16] Kilundu, B., Chiementin, X., and Dehombreux, P. Singular spectrum analysis for bearing defect detection. Journal of Vibration and Acoustics 133(5), p. 051007 (2011).

[17] Muruganatham, B., Sanjith, M., Krishnakumar, B., and Satya Murty, S. Roller element bearing fault diagnosis using singular spectrum analysis. Mechanical Systems and Signal Processing 35(1), pp. 150 - 166 (2013).

[18] Lopez, I. and Sarigul - Klijn, N. Effects of dimensional reduction techniques on structural damage assessment under uncertainty. Journal of Vibration and Acoustics 133(6), 061008 (2011).

[19] Yan, A. - M. , Kerschen, G. , De Boe, P. , and Golinval, J. - C. Structural damage diagnosis under varying environmental conditions—Part I: A linear analysis. Mechanical Systems and Signal Processing 19(4), pp. 847 - 864 (2005).

[20] Yan, A. - M. , Kerschen, G. , De Boe, P. , and Golinval, J. - C. Structural damage diagnosis under varying environmental conditions—Part II: Local PCA for non - linear cases. Mechanical Systems and Signal Processing 19(4), pp. 865 - 880 (2005).

[21] González, A. G. and Fassois, S. A supervised vibration - based statistical methodology for damage detection under varying environmental conditions & its laboratory assessment with a scale wind turbine blade. Journal of Sound and Vibration 366, pp. 484 - 500 (2016).

[22] Ghil, M. , Allen, M. , Dettinger, M. , Ide, K. , Kondrashov, D. , Mann, M. , Robertson, A. W. , Saunders, A. , Tian, Y. , and Varadi, F. Advanced spectral methods for climatic time series. Reviews of Geophysics 40(1), pp. 3 - 1 - 3 - 41(2002).

[23] Basilevsky, A. and Hum, D. P. Karhunen - Loeve analysis of historical time series with an application to plantation births in Jamaica. Journal of the American Statistical Association 74(366a), pp. 284 - 290 (1979).

[24] Hassani, H. and Thomakos, D. A review on singular spectrum analysis for economic and financial time series. Statistics and its Interface 3(3), pp. 377 - 397 (2010).

[25] Yiou, P. , Sornette, D. , and Ghil, M. Data - adaptive wavelets and multi - scale singular - spectrum analysis. Physica D: Nonlinear Phenomena 142(3), pp. 254 - 290 (2000).

[26] Loh, C. - H. , Tseng, M. - H. , and Chao, S. - H. Structural Damage Assessment Using Output - Only Measurement: Localization and Quantification. In ASME 2013 Conference on Smart Materials, Adaptive Structures and Intelligent Systems, American Society of Mechanical Engineers, pp. V002T05A001 - V002T05A001 (2013).

[27] Chao, S. - H. and Loh, C. - H. Application of singular spectrum analysis to structural monitoring and damage diagnosis of bridges. Structure and Infrastructure Engineering 10(6), pp. 708 - 727 (2014).

[28] Salgado, D. and Alonso, F. Tool wear detection in turning operations using singular spectrum analysis. Journal of Materials Processing Technology 171(3), pp. 451 - 458 (2006).

[29] Kilundu, B. , Dehombreux, P. , and Chiementin, X. Tool wear monitoring by machine learning techniques and singular spectrum analysis. Mechanical Systems and Signal Processing 25(1), pp. 400 - 415 (2011).

[30] Muruganatham, B. , Sanjith, M. , Kumar, B. K. , Murty, S. , and Swaminathan, P. Inner Race Bearing Fault Detection Using Singular Spectrum Analysis. In Communication Control and Computing Technologies (ICCCT), International Conference on 2010 IEEE, pp. 573 - 579 (2010).

[31] Garcia, D. and Trendafilova, I. A multivariate data analysis approach towards vibration analysis and vibration - based damage assessment: Application for delamination detection in a composite beam. Journal of Sound and Vibration 333(25), pp. 7036 - 7050 (2014).

[32] Zabalza, J. , Ren, J. , Zheng, J. , Han, J. , Zhao, H. , Li, S. , and Marshall, S. Novel two - dimensional singular spectrum analysis for effective feature extraction and data classification in hyperspectral imaging. IEEE Transactions on Geoscience and Remote Sensing 53(8), pp. 4418 - 4433 (2015).

[33] Sohn, H. , Czarnecki, J. A. , and Farrar, C. R. Structural health monitoring using statistical process control. Journal of Structural Engineering 126(11), pp. 1356 - 1363 (2000).

[34] Garc'ıa, D., Tcherniak, D., and Trendafilova, I. Damage assessment for wind turbine blades based on a multivariate statistical approach. Journal of Physics: Conference Series 628(1), 012086 (2015).

[35] Al – Bugharbee, H. R. S. Data – driven methodologies for bearing vibration analysis and vibration based fault diagnosis. University of Strathclyde (2016).

[36] Kantz, H. and Schreiber, T. Nonlinear Time Series Analysis. Cambridge University Press, Vol. 7 (2004).

[37] Larsen, G. C., Berring, P., Tcherniak, D., Nielsen, P. H., and Branner, K. Effect of a damage to modal parameters of a wind turbine blade. In EWSHM – 7th European Workshop on Structural Health Monitoring (2014).

[38] CWRUBDCW, The Case Western Reserve University Bearing Data Center Website (2014).

[39] Palazzetti, R., Garcia, D., Trendafilova, I., Fiorini, C., and Zucchelli, A. An investigation in vibration modelling and vibration – based monitoring for composite laminates. In 26th International Conference on Noise and Vibration Engineering (2014).

[40] Tabrizi, A. A., Al – Bugharbee, H., Trendafilova, I., and Garibaldi, L. A cointegration – based monitoring method for rolling bearings working in time – varying operational conditions. Meccanica 52(4), pp. 1201 – 1217 (2017).

第3章 基于统计合理化方法的CFRP片材模态阻尼受脱层效应影响的实验研究

MajidKhazaee [①], Ali Salehzadeh Nobari [①,②,③], M. H. Ferri Aliabadi [②]
① 航天工程系,阿米尔卡比尔理工大学,德黑兰 15875—4413,伊朗
② 航天工程系,帝国理工学院,伦敦 SW7 2AZ,英国
③ a. salehzadeh – nobari@ imperial. ac. uk

摘要:在这一章中,我们将面向复合材料的损伤检测问题进行实验研究,深入考察脱层行为对碳纤维增强塑料(CFRP)振动特性的影响,以期加深认识和理解。实验中我们以人为方式在CFRP片材中引入了不同百分比的脱层缺陷,并进行了实验模态分析,研究了固有频率和模态损耗因子这些参数的变化情况。人们已经熟知,由于低阶模态的固有频率属于全局特性,因而较小的缺陷对于这些模态参数的影响是较小的,由此我们可以说,固有频率通常并不是一个良好的损伤指示特征。与此不同的是,模态损耗因子却可以用来作为一种很好的损伤指标(DI),特别是当健康结构的阻尼较小时更是如此。然而,采用模态损耗因子也会带来一个问题,即,我们不容易识别出可靠的因子值,通常识别出的参数值往往具有高分散性。为了能够获得可靠的模态损耗因子,可以采用阻尼识别精度较高的模态参数提取技术,例如圆拟合(CF)和直线拟合(LF)方法等,据此就能够实现合理化过程的最优化,并可得到扩展的直线拟合方法(ELFM)。借助ELFM,可以发现固有频率和模态损耗因子都会随着脱层的存在而发生改变,不过正如所预期的,固有频率的变化是不明显的,而模态损耗因子则表现出很强的敏感性,即便在初始损伤阶段也会出现较大的变化。此外,本章也将分析和讨论模态阻尼机制及其与模态形状之间的关系,分析结果表明,利用模态损耗因子的变化我们能够检测出脱层的严重程度。

关键词:健康监控;碳纤维增强塑料(CFRP);脱层;固有频率;模态阻尼;统计合理化;实验模态分析;直线拟合方法;损伤诱发的非线性;最优等效线性频响函数(OELF);阻尼机制;复合材料

3.1 引　言

机械系统和结构物的设计越来越追求高效能,这也导致了这些系统或结构变得越来越复杂,而且对负载也越发敏感。正因如此,在各类工业场合中状态监控和健康监测正逐渐成为至关重要的保障手段和工具,特别是对于那些安全性极为重要的领域更是如此。在材料研究方面,纤维增强的复合材料目前已经得到了广泛的应用,其主要原因在于它们具有高刚度和高强度特性。事实上,此类材料还具有黏弹性行为特征,这一点也使得它们很适合于汽车、航空和水下等工程领域的应用[1-2]。然而应当注意的是,人们已经认识到复合材料通常容易受到冲击的影响,在冲击位置处产生脱层行为(即便是低能量的冲击)。这些脱层行为进而会严重影响到此类复合材料的机械性能,并可能导致灾难性的后果。正因如此,对于损伤的类型、严重程度和位置进行检测,以及分析损伤对结构整体性能所可能造成的影响,就显得非常重要了[3],尤其是对于那些安全性非常重要的应用场合更是如此,例如航天工业领域。

在复合材料的损伤检测方面,无损检测(NDT)是相对比较新的技术,这一领域中的相关方法和算法正在快速发展的过程之中。总体上,我们可以把近期出现的一些方法划分为两类,分别是基于中频段的方法和基于超高频率波(即兰姆波)的方法。这里主要关注的是第一类方法,它们主要是针对测得的振动信号(来自于健康结构和损伤结构)进行模态域和频域内的数据分析,显然这属于基于数据的方法,不过有时也可能会借助结构的有限元模型来进行分析,这时也就属于基于模型的方法了。在这一类方法中,我们可以根据损伤敏感性特征参数的不同,将其进一步区分为三种情形,即利用固有频率变化的方法[4-7]、利用阻尼或能量变化的方法[8-14]以及利用模态形状或其曲率变化的方法[15,16]。Kessler针对带有损伤的石墨烯/树脂片材,通过实验研究了模态参数的变化情况[7],结果表明即使是检测较小的损伤,频域方法也是相当可靠的。正如人们所熟知的,由于固有频率是结构物的全局特性,因此除了很高阶的固有频率以外,它们通常不会受到小损伤的显著影响[8]。与此不同的是,模态阻尼却可以作为一个好得多的损伤指标,这是因为由损伤导致的能量耗散的变化要比刚度的变化明显得多,尤其是对于阻尼较小的结构物更是如此。不仅如此,即便是较小的损伤,它们也会导致一些非线性阻尼机制,比如摩擦就是一种。因此,与低阶固有频率相比而言,模态阻尼对于脱层缺陷的敏感性要强得多[8]。

基于固有频率的损伤检测主要考察的是损伤对于结构固有频率的影响。

Cawley 和 Adams[5] 曾经提出过一种用于损伤检测、定位和量化分析的技术方法，他们根据测得的固有频率变化，以及这些频率变化与有限元模型分析结果之间的相关性来确定损伤的位置。Tracy 研究了碳纤维片材在冲击损伤条件下固有频率的变化情况，结果表明跨中脱层对偶数阶模式的影响明显大于奇数阶模式，不仅如此，对于前四阶模式来说，三分之一长度的脱层条件下固有频率受到的影响最大，约为 20%[17]。

Kiral 等人采用非接触式传感器，针对具有不同损伤位置的梁的振动进行了实验研究[11]，结果表明阻尼要比固有频率对损伤更加敏感。他们研究指出，当冲击能量水平增强时，阻尼也会随之增大，并且这一增大与损伤的位置呈现出很强的相关性。Montalvao 曾经提出了一种实验检测方法，可以用来检测复合材料片材中由冲击导致的损伤的位置，该方法主要建立在逆频响函数（FRF）基础上，并将阻尼系数作为主要特征[12]。Keye 也曾给出过一种方法，该方法针对飞机面板用的 CFRP，能够将其损伤位置与阻尼的变化联系起来[10]。

尽管阻尼要比固有频率对损伤更为敏感，然而在将其应用于损伤识别时却存在着一些阻碍，原因在于一般较难得到精度高且可靠性好的阻尼系数值。因此，对于复合材料的损伤检测来说，最基本的也是最重要的一步就是要正确理解阻尼的本性，并设计出一种准确的方法用于模态阻尼的提取或计算。

在本章中，我们将从两个方面来进行阐述。首先将给出一种相对更准确、更系统的模态阻尼合理化计算方法，在此基础上，我们将进一步利用该方法来确定由于脱层而导致的模态参数的变化、脱层尺寸的影响、模态损耗因子与阻尼机制以及模态形状的关系等。

3.2 实验设置和测试样件

这里针对碳纤维编织复合材料（$[0/90]_{4s}$）进行了模态测试，该样件是由八个组分层（尺寸为 200mm × 200mm × 12mm）制备而成的准各向同性片材，每层均由编织预浸料 T300 和环氧树脂 ML－506 以及环氧硬化剂 HA－11 构成。实验中制备了不存在任何缺陷的原始样件，同时也制备了带有不同尺寸脱层缺陷的样件。此处的脱层是以人为方式引入的，即将真空袋放置在该样件中部的第 4 和第 5 层之间，且分别占据了 5%、10% 和 20% 的区域。后面的 3.5.3 节中将指出，之所以选择这些特定的区域引入脱层缺陷，目的是更好地区分出不同阻尼机制的效应。图 3.1 给出了树脂注塑前后的原始样件和带有脱层缺陷的样件情况。为了使制备过程中的随机误差尽可能减小，我们对所有样件的制备过程均进行了严格的控制，并且还制备了三块原始样件供重复性测试使用。

(a)

(b)

图 3.1　原始 CFRP 样件和带有损伤的 CFRP 样件（见彩图）
（a）树脂注塑前；（b）树脂注塑后。

实验测试中，我们借助尼龙绳将这些样件以自由 - 自由方式安装，并利用力锤（Brüel & Kjær 力锤，型号 8202）进行单点激励，采用力传感器（Brüel & Kjær，型号 8200）来测量脉冲力。实验设置和自由 - 自由边界状态如图 3.2 所示。此外,实验过程中我们还有意识地对力锤和脉冲能量进行了控制,以防止造成额外的损伤。

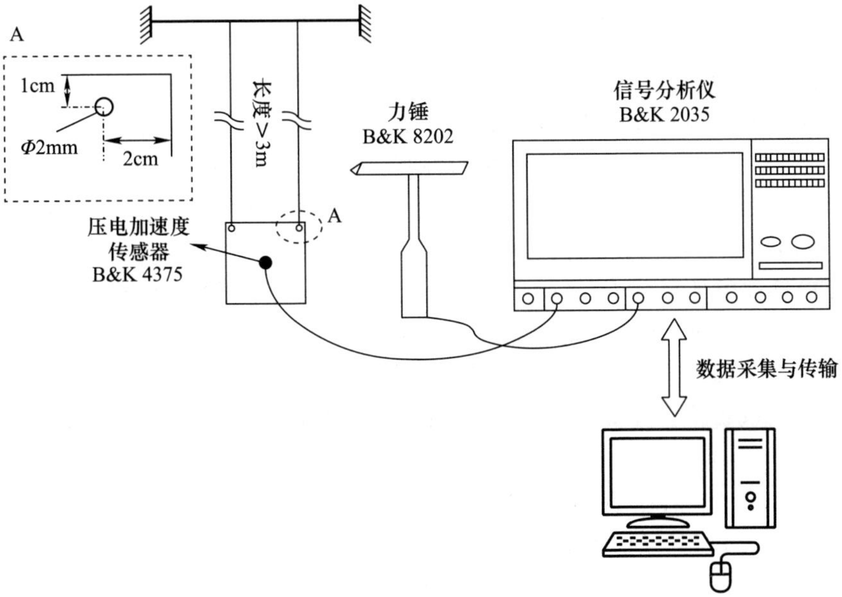

图 3.2　模态实验设置

借助双通道分析仪 B&K2035,实验中在 0～800Hz 范围内(覆盖了五个弯曲模态)对这些复合材料样件的响应进行了测量。为了在模态分析中能够得到平滑的模态形状,我们构建了一个包含 25 个节点的网格(见图 3.3)并据此来记录频响函数情况。在样件中心位置放置了一个 2 克重的加速度传感器,并通过一致性测试检查确保了该传感器的质量不会影响到实验结果。

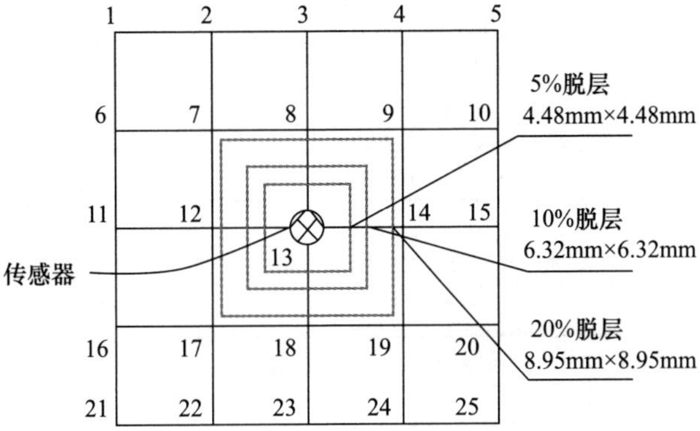

图 3.3　用于模态分析的样件网格点以及传感器位置和脱层区域情况

3.3 新的模态分析方法:扩展的直线拟合方法(ELFM)

应当注意的是,这里的研究需要针对原始样件和损伤样件,从实验模态分析中获得模态参数。实验模态分析主要是根据测得的频响函数数据去提取模态参数,因而实际上就是从响应数据到模态模型的分析过程。然而从测试数据中导出模态参数的准确性却是目前存在的难题,这主要是因为这种准确性取决于模态分析过程中所采用的方法和模型。一般而言,人们认为单自由度模态分析技术要更加准确一些,也更有指导意义[18]。不仅如此,这类单自由度分析技术(SDFT)还能够使得分析人员可以更好地对分析结果做出合理的解释。SDFT 的主要缺点在于比较耗时。在这里,我们将致力于保留 SDFT 的优点,而剔除其缺点,这主要是通过构建一种自动化的统计合理化过程来实现的。

为此,这里将直线拟合方法(在 SDFT 中已得到实际应用,且具有较好的准确性[19])与一些统计合理化分析思想结合起来,我们称为扩展的直线拟合方法(ELFM)。不仅如此,此处也将把 ELFM 的分析结果与扩展的圆拟合方法(ECFM)进行比较。ECFM 跟 ELFM 的处理过程是相同的,只是将直线拟合改成了圆拟合而已。如图 3.4 所示,其中给出了 ELFM 的算法过程,它包括了三个主要步骤。

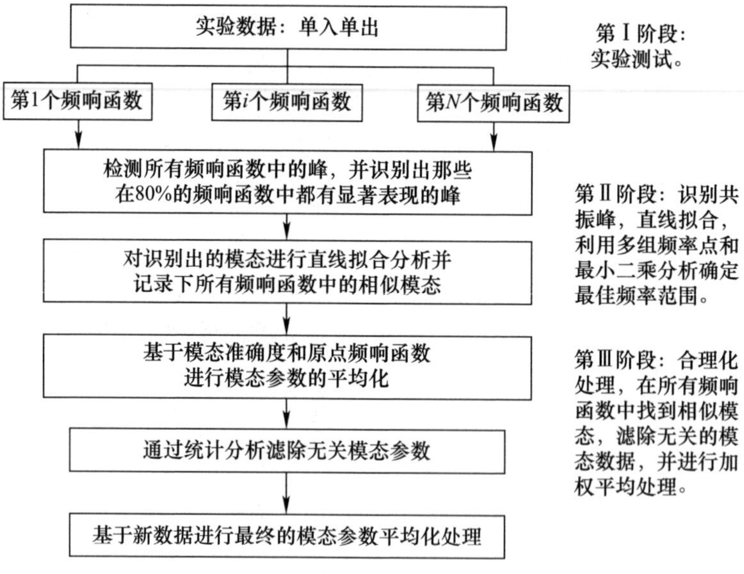

图 3.4　ELFM 算法的三个阶段

第一步处理的是激励，并获取加速度频响函数，在这一步中需要从单输入单输出实验中记录下所有的频响函数信息。第二步用于搜索模态，这里是指那些在80%的频响函数中都有显著表现的模态，并针对每个频响函数的这些模态进行模态分析。

对于考虑结构阻尼的系统模型来说，在靠近第 r 阶模态的一个较小频率范围 $[\omega_L, \omega_U]$ 内，系统的导纳可以表示为

$$\frac{x_i}{F_k} = \alpha_{ij}(\omega) \approx \frac{(A + \mathrm{j}B)_{ik}}{\omega_r^2 - \omega^2 + \omega_r^2 \eta_r \mathrm{j}} + \text{residual} \tag{3.1}$$

式中：x_i 为第 i 个自由度上的位移响应；F_k 为第 k 个自由度上的激励力（来自于力锤的激励）；η_r 为第 r 阶模态的损耗因子；ω_r 为第 r 阶模态的无阻尼固有频率；$A + \mathrm{j}B$ 为第 r 阶模态的复模态常数。

在圆拟合方法中，剩余常数项（residual）是忽略不计的，而在直线拟合方法中则需要考虑进来。为了消除剩余项的影响，可以从式（3.1）中减去某个固定点处（$\omega_L < \Omega < \omega_U$）的 α_{ij} 值，由此可以导得

$$\Delta = \frac{\omega^2 - \Omega^2}{\alpha - \alpha_\Omega} = [m_R \omega^2 + c_R] + \mathrm{j}[m_I \omega^2 + c_I] = \mathrm{Re}(\Delta) + \mathrm{j}\mathrm{Im}(\Delta) \tag{3.2}$$

可以看出，Δ 的实部和虚部都是直线，斜率分别为 m_R 和 m_I，y 轴上的截距则分别为 c_R 和 c_I。如果在靠近共振频率的频带内选择了不同的固定点，那么我们也就能够得到一族这样的直线了，如图3.5所示。关于直线拟合方法的更多细节内容，读者可以参阅文献[19]和[20]。

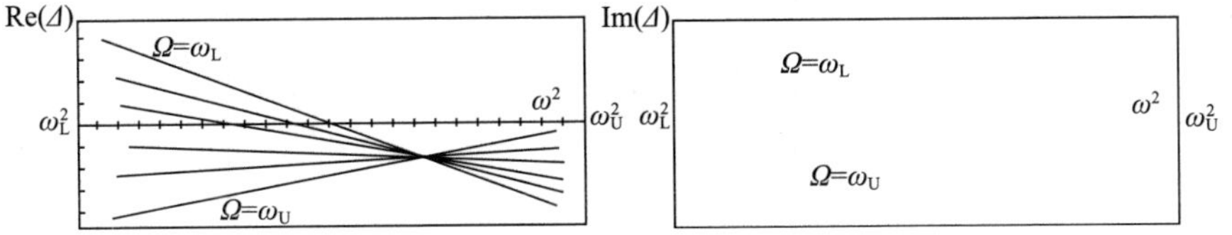

图3.5　不同固定点处 Δ 的实部和虚部

直线拟合方法比圆拟合方法具有更多的优点[19]，这使得它成为了第二步中模态分析的首选。事实上，进行直线拟合要比复杂的圆拟合更为简单方便，很容易找出噪声数据，例如实验噪声、不合适的阻尼模型或者非线性带来的影响等。第二个方面的原因则在于，在采用这种基于逆函数的方法时，我们应该注意到绝大多数重要数据都是远离共振区域的，而共振附近区域的数据通常又是最难以准确获取的，这也就体现出了直线拟合方法的优势。

第三步也是最后一步，我们将来自于多个频率响应的所有模态数据汇聚到

一起，形成一个能够包含所有振动模态的矩阵，然后再进行过滤和加权平均处理。为此，首先需要根据固有频率的相似性来搜索所有频响函数中的相似模态，其次再根据所有的频响函数去建立能够包含所有固有频率的矩阵，即

$$[\omega]_{\text{total}} = \begin{bmatrix} \text{FRF1} & \text{FRF2} & \cdot & \text{FRF}m & \cdot & \text{FRF}N \\ \omega_{11} & \omega_{21} & \cdot & \omega_{m1} & \cdot & 0 \\ 0 & 0 & \cdot & \cdot & \cdot & \omega_{N1} \\ \omega_{1j} & \cdot & \cdot & 0 & \cdot & \cdot \\ \cdot & \omega_{2k} & \cdot & \omega_{mk} & \cdot & \cdot \\ \cdot & \cdot & \cdot & \cdot & \cdot & 0 \\ 0 & \omega_{2l} & \cdot & \omega_{ml} & \cdot & \omega_{Nl} \end{bmatrix} \tag{3.3}$$

式中：$[\omega]_{\text{total}}$为频率矩阵，它包括了根据所有频响函数(FRF)得到的所有固有频率。矩阵中ω_{ij}的下标i代表FRF编号，下标j代表模态编号。于是，整个矩阵的每一列也就对应了来自于单个频率响应的固有频率值，而在矩阵中的零元素则表明在对应的FRF中不存在某阶模态。

第三步中还需要进行加权平均处理，这主要是因为根据不同的频响函数所获得的同一个模态参数的准确度都是不同的。这里我们可以按照下式来进行加权平均计算：

$$[\bar{\omega}]_{\text{total}} = \begin{bmatrix} \dfrac{1}{\sum_{i=1}^{N} W_{1i}} \sum_{i=1}^{N} W_{1i} [\omega_{i1}]_{\text{total}} & \omega_{i1} \neq 0 \\ \dfrac{1}{\sum_{i=1}^{N} W_{2i}} \sum_{i=1}^{N} W_{2i} [\omega_{i2}]_{\text{total}} & \omega_{i2} \neq 0 \\ \vdots & \vdots \\ \dfrac{1}{\sum_{i=1}^{N} W_{Li}} \sum_{i=1}^{N} W_{Li} [\omega_{iL}]_{\text{total}} & \omega_{iL} \neq 0 \end{bmatrix} \tag{3.4}$$

式中：W_{Li}为第i个FRF的第L个模态的权值。

对于每个模态，权值参数的确定主要考虑两个因素：①各个FRF中的模态强度（由模态常数的幅值来体现）；②FRF是否为原点FRF。一般来说，模态常数幅值越大，那么信噪比往往会越好。

在统计分析和平均处理过程中，从原点FRF导出的模态参数一般应占据较大的权值，其原因在于，根据原点FRF所给出的模态损耗因子的估计是最为准

确的。对这一点可以作如下解释，即根据最优等效线性频响函数(OELF)理论可知，对于非线性结构其OELF可以写为

$$H(\omega)=\frac{S_{xf}}{S_{ff}} \tag{3.5}$$

式中：x为该非线性系统在随机激励f作用下产生的随机响应。

与线性系统FRF一样，我们可以利用式(3.5)给出的OELF来估计非线性系统的模态阻尼情况。不过，这一估计仅当式(3.5)中的H是原点FRF的时候才是精确的[18]。考虑到带有损伤的复合材料一般会存在弱非线性行为，因此，采用原点OELF将可以给出比较准确的模态阻尼结果，这也就表明了与原点FRF相关的模态参数需要给予较大的权值。

进一步，我们还需要进行基于统计分析的过滤处理。单个FRF中的模态数据质量较差，这会影响到最终经过合理化处理的模态参数，因此这里需要将无关数据过滤掉。此处的过滤处理是基于数据置信限(CL)来完成的，也就是(从所有频响中导出的)某个模态的某个参数的标准偏差与其均值的比率。对于某模态参数来说，其CL越小则一致性越好，因而这些模态参数也就越准确。图3.6中给出了模态参数的接受域和拒绝域情况，是在CL分析基础上得到的。根据(从各个FRF中导出的某模态的)模态参数的分散性，我们可以给出接受-拒绝域控制参数b的定义，即

$$b=\begin{cases}1 & \sigma_{\omega_i}/\bar{\omega}_i<5\% \\ 2 & 5\%<\sigma_{\omega_i}/\bar{\omega}_i<15\% \\ 3 & 15\%<\sigma_{\omega_i}/\bar{\omega}_i<25\% \\ 0 & 25\%<\sigma_{\omega_i}/\bar{\omega}_i\end{cases} \tag{3.6}$$

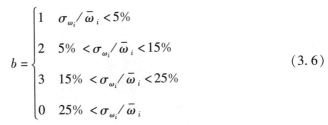

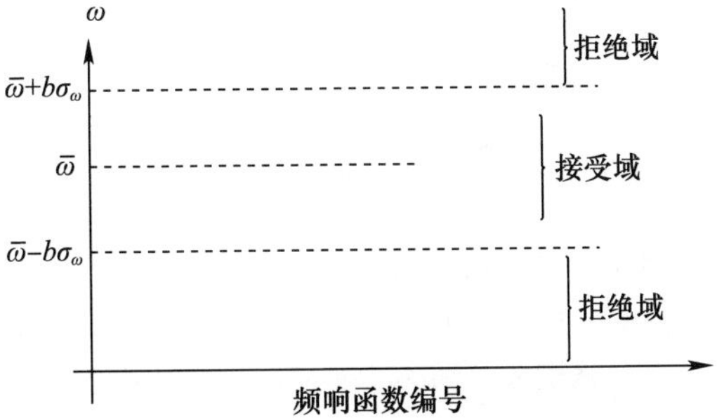

图3.6　基于CL分析的模态参数的过滤处理

总之，ELFM 具有单自由度模态分析方面的一些优势，即较高的曲线拟合精度和较小的计算代价。此外，在利用 ELFM 的过程中，我们还能够过滤掉所有无关的模态数据，这些数据可能来源于测试误差或者较低的信噪比。

3.4 实验结果

3.4.1 原始的碳纤维增强片材与可靠性问题

利用前面给出的实验设置和 ELFM，这里针对三个完全相同的无损伤样件进行了 FRF 测试和模态参数提取。实验中加速度 FRF 的测试分别考虑了前述的 25 个激励点位置，所有这些 FRF 可以绘制到一张图中，如图 3.7 所示，我们可以清晰地观察到各个模态的强弱情况。如果一个模态在所有的 FRF 中都体现得很强，那么我们称之为一个强的可靠模态。

仔细观察图 3.7 不难发现，在大多数 FRF 中，存在一些很容易辨别的振动模态，而有一些模态，例如 400Hz 处的，则很难在大多数 FRF 中观察到。前者一般可以视为强模态，在图 3.7 中有五个振动模态是这种类型的，它们在模态计算中也是比较准确的。

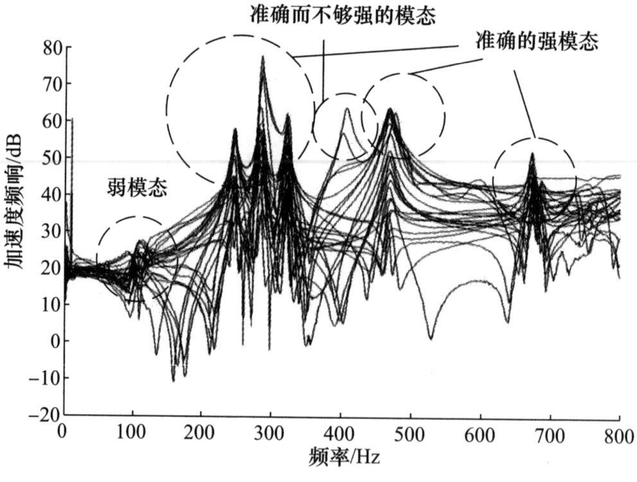

图 3.7　针对无损样件 1 中所有 25 个激励点得到的频响函数（“弱模态”是指相关的频响函数较少；“准确”是指频响函数在振动模态附近比较准确；“强模态”是指相关的频响函数很多）

为了考察实验测试的一致性和可重复性（针对三个完全相同的样件），图 3.8示出了它们的原点 FRF，由此可以看出对于这三个无损样件来说，有三个模态是十分清晰的。不仅如此,这些 FRF 都表现出了较好的相似性,因此,也就表明了这些无损样件的制备过程是受到了有效的控制的,它们的模态测试也是可靠的,由此可以获得可信的确定性行为特性。

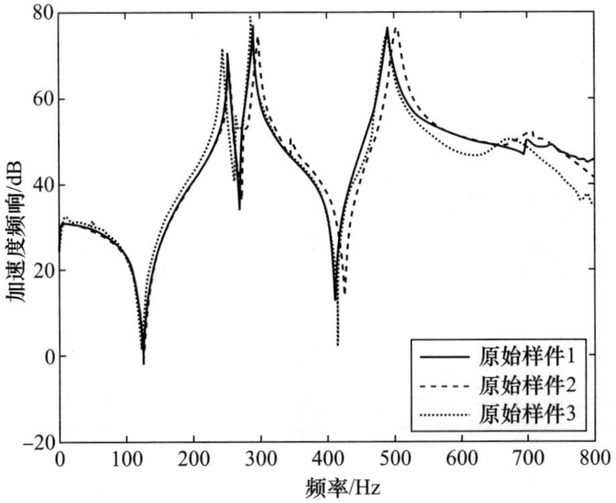

图 3.8　三种无损样件的原点频响函数(激励点和加速度测点均在第 13 号点)

进一步,我们将 ELFM 应用于原始样件的 FRF,所提取出的模态参数如表 3.1所示。对于所分析的这三个原始样件,我们能够以较高的精度识别出四个强模态,分别称为模态Ⅰ、Ⅱ、Ⅲ和Ⅳ。必须注意的是,这些模态的编号并不是它们在 FRF 中的出现顺序。另外,在 340Hz 附近还存在一个模态,该模态比较弱,因而也不太准确。在原始样件 1 中没有检测到这个模态,但是在原始样件 2 和原始样件 3 中能够检测到,只是精度较低。根据表 3.1 我们还可以看出,由这三个原始样件测试得到的固有频率是相当吻合的,不过如同所预期的,阻尼比要比固有频率的分散性大得多。

表 3.1　基于 ELFM 得到的三种无损样件的模态参数

模态编号	原始样件 1(N1)		原始样件 2(N2)		原始样件 3(N3)	
	ω_n/Hz	ξ/%	ω_n/Hz	ξ/%	ω_n/Hz	ξ/%
模态Ⅰ	253.10	1.10	255.05	1.21	246.11	1.09
模态Ⅱ	290.70	0.83	297.91	0.97	289.12	0.76
弱模态	—	—	347.44	1.12	337.66	0.72
模态Ⅲ	491.88	1.42	504.83	1.55	489.96	1.45
模态Ⅳ	698.19	0.54	709.20	0.53	686.14	0.53

图 3.9 给出了模态形状,包括了实验测试的结果和对应的有限元结果。这

里针对原始的 CFRP 样件进行了有限元建模，主要是为了将有限元计算得到的模态形状与实验结果进行比较。建模中原始样件包括了八个理想结合的子层，其材料特性如下：x、y 和 z 方向上的弹性模量为 70GPa，所有方向上的泊松比和剪切模量分别为 0.1 和 5GPa。所建立的网格模型采用了 8 节点实体单元（ANSYS SOLID185 单元），共计 600 个单元。从图 3.9 我们不难看出，实验结果和有限元结果所给出的模态形状是十分相似的。

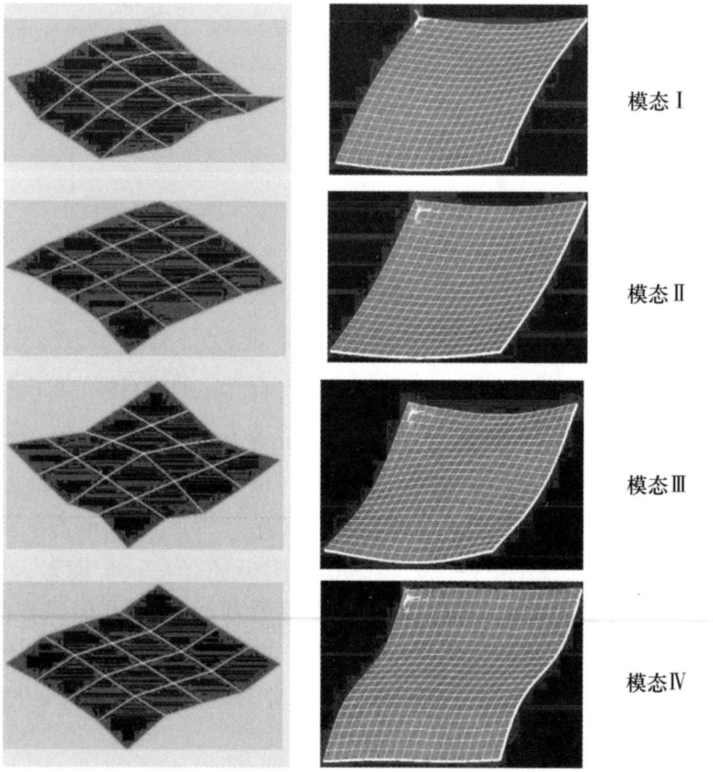

图 3.9　CFRP 样件的四个准确强模态的形状

为了评估所识别出的模态参数的准确性，我们将实验得到的原点 FRF 绘制出来，并与重构的原点 FRF 进行了比较，如图 3.10 所示。根据图 3.10 不难发现，在固有频率附近区域，实验得到的和重构的 FRF 匹配得相当好，因此，所提取出的模态参数的准确性也就是良好的，这也表明了所采用的提取方法的准确性。必须指出的是，在其他频率点处存在着偏差，这主要来自于高阶和低阶模态的影响，此处没有计入。

为了说明 EFLM 中的第三步（即加权平均和过滤处理）的作用，针对原始样

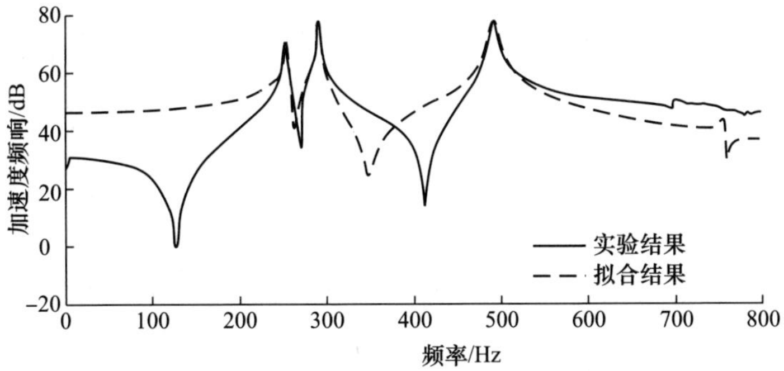

图 3.10　原始样件 1 的加速度频响函数实验结果与拟合结果(基于 ELFM 结果)的比较

件 2 我们给出了模态损耗因子的分布情况,如图 3.11 所示。在所有识别出的模态中,我们滤除了来自于某些 FRF 的部分数据(在接受域以外),并且当所保留的数据点数量低于总数据点的 60% 时则停止过滤处理。

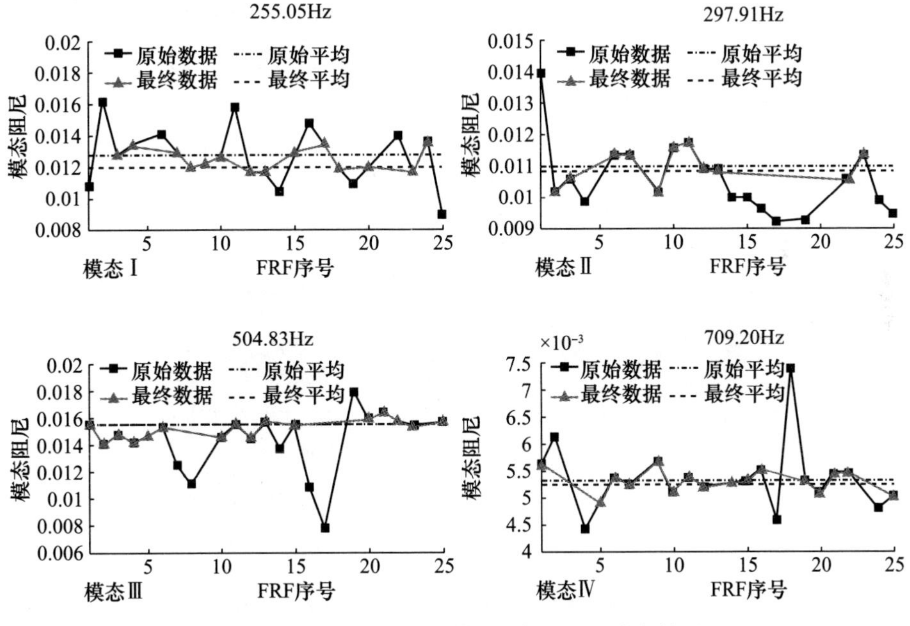

图 3.11　原始样件 2 的模态损耗因子的分布情况

针对不同的原始样件进行平均处理之后,结果如表 3.2 所示,其中也给出了模态损耗因子的 CL 值。该表表明了,原始样件 N1 和 N3 之间存在着最佳的一致性,因为这一组的 CL 值是最小的。由此不难认识到,我们应当选择 N1 和 N3 之间的平均处理结果作为原始样件的最终模态参数。

表 3.2　不同原始样件组的阻尼平均值和 CL 值(基于 ELFM)

	N1 和 N2 的平均			N1 和 N3 的平均			N2 和 N3 的平均		
	ω_n/Hz	ξ/%	CL	ω_n/Hz	ξ/%	CL	ω_n/Hz	ξ/%	CL
模态Ⅰ	251.06	1.16	6.78	249.59	1.09	0.83	250.58	1.15	7.61
模态Ⅱ	294.30	0.96	18.64	289.91	0.80	6.71	293.51	0.92	25.20
模态Ⅲ	498.38	1.48	6.34	490.94	1.43	1.55	497.40	1.50	4.79
模态Ⅳ	703.70	0.53	1.10	692.17	0.53	1.80	697.67	0.53	0.70

3.4.2　损伤样件的模态参数

这一节我们针对带有不同百分比脱层缺陷的损伤样件,介绍其 FRF 和模态参数情况。关于脱层情况,在前文已经做过说明,这里我们将无损样件和损伤样件的原点 FRF 进行对比,以观察所发生的变化,如图 3.12 所示。不难看出,由于脱层的存在,FRF 中的共振峰及其附近的斜率都发生了改变,这意味着固有频率和阻尼比都会受到脱层的影响。初步的观察还表明了,对于损伤样件,其 FRF 中的模态Ⅲ的幅值出现了显著的减小。此外,模态Ⅰ表现出了软化趋势,而模态Ⅱ和Ⅲ则表现出了硬化行为。

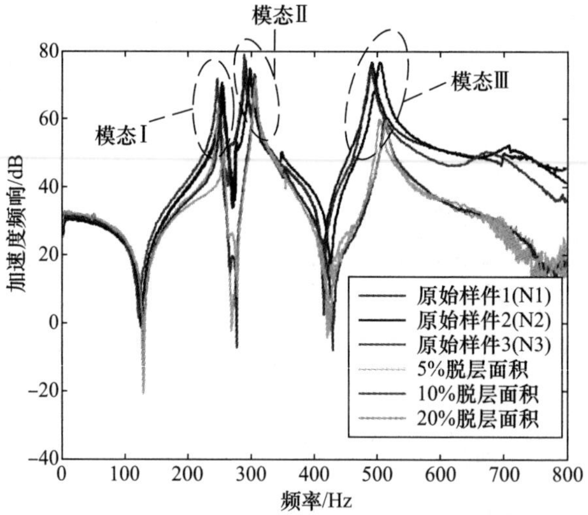

图 3.12　原始样件和损伤样件的原点频响函数比较(见彩图)

表 3.3 针对原始样件和带有不同损伤百分比的损伤样件,给出了对应的模态参数。实验中对每一个损伤样件都进行了五次测试,并选择了五次中最好的三次结果作为表 3.3 所示的最终结果。对于每一个 CFRP 样件的每个特定模

态，我们利用 ELFM 对测得的 25 个 FRF 进行了计算，得到了模态损耗因子。另外，跟原始样件分析类似，在损伤样件的数据过滤处理中也采用了前文给出的 CL 概念，这里分别以 CL_P、CL_{D5}、CL_{D10} 和 CL_{D20} 来代表原始无损、5%、10% 和 20% 脱层区域条件下的 CL。

表 3.3 原始样件和损伤样件(不同的脱层百分比)的模态参数

	模态Ⅰ	模态Ⅱ	模态Ⅲ	模态Ⅳ
原始样件				
ω_n/Hz	251.40	292.67	495.60	697.87
ξ/%	1.14	0.84	1.45	0.52
CL_P/%	0.86	1.34	1.12	1.83
5% 损伤样件				
ω_n/Hz	247.69	305.25	504.10	669.36
ξ/%	0.77	0.88	1.25	0.48
CL_{D5}/%	0.49	2.33	0.46	11.80
10% 损伤样件				
ω_n/Hz	250.31	305.11	512.16	691.33
ξ/%	0.83	0.73	1.39	0.64
CL_{D10}/%	0.99	2.43	0.64	1.53
20% 损伤样件				
ω_n/Hz	256.21	306.00	513.58	690.70
ξ/%	0.71	0.83	1.39	0.62
CL_{D20}/%	0.49	4.59	0.65	1.75

对于每个模态而言，其模态参数受脱层的影响情况是不同的，也可以说这种影响是跟模态形状有关的。由此不难理解，为了有效地预测出损伤对模态参数的影响，我们还必须对模态形状加以分析。

3.5 脱层对模态参数的影响分析

3.5.1 固有频率的变化

图 3.13 中针对完全相同的无损样件以及带有 5%、10% 和 20% 脱层的损伤样件，分别采用 ELFM 和 ECLM，给出了它们的前四阶模态固有频率的变化情况。从中不难发现，根据这两种方法提取出的固有频率是较为一致的。总体而言，所有模态的固有频率变化均位于 -5% ~ +5%，这表明对于低阶模态来说，

脱层对固有频率的影响是较小的。我们必须注意的一点是，只有图中的填充标记才表示有意义的变化，也就是说这种变化才大于原始样件和损伤样件的（模态参数）标准差之和。换言之，如果令 σ_{rp} 和 σ_{rd} 分别代表计算模态参数 ω_{rp} 和 ω_{rd} 时的标准差，其中的 r 为模态阶次，p 和 d 分别指代原始样件和损伤样件，那么 $(\omega_{rp}-\omega_{rd})$ 这个变化量只有当满足如下关系式时才能被视为是有意义的：

$$|\omega_{rp}-\omega_{rd}|>\sigma_{rp}+\sigma_{rd} \tag{3.7}$$

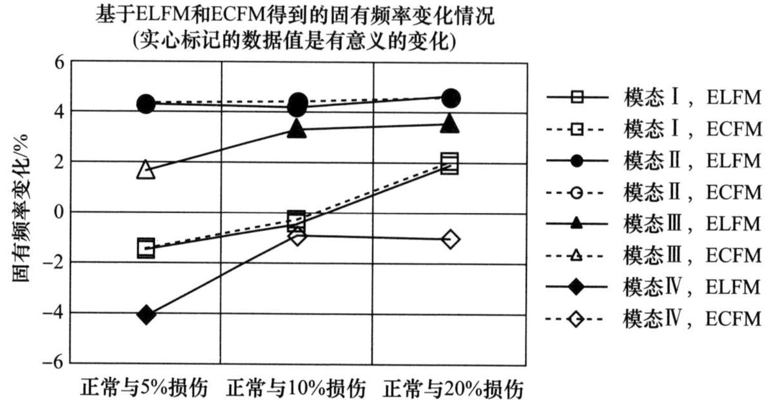

图 3.13　正常样件和损伤样件的前四阶模态固有频率比较（基于 ELFM 和 ECFM）

我们已经认识到，在所考虑的四个模态中，由脱层缺陷导致的固有频率的变化都是小于 5% 的，另外还可发现，在一些模态中固有频率值会发生降低，而在另一些模态中却会增大。这一结果跟 Tracy 和 Pardoen[6] 的研究结论是吻合的，即低阶模态固有频率的改变可以是增大也可以是减小的。根据 Tracy 和 Pardoen[17] 的研究，我们可以进一步认识到脱层并不总是导致刚度的降低，对于发生纯弯曲变形的复合材料，脱层对刚度的影响甚微，甚至没有影响。不仅如此，Cawley 和 Adams[5] 还曾研究指出，对于单/双切口和压碎性损伤（最大的损伤百分比取 3.5%）来说，固有频率的下降不超过 2%。事实上就本质而言，低频模态的固有频率之所以变化较小，是因为固有频率应当属于一类全局特性。最后附带指出的是，在上述结果中我们还可注意到，对于所有三种损伤水平来说，只有模态Ⅱ能够发生有意义的变化，这主要应归因于该模态的形状。

3.5.2　阻尼的变化

正如前面所展现的，固有频率对脱层缺陷的敏感性一般是较低的[10]（尽管在文献[4－6]中，研究人员也提出了一些可能有应用潜力的不同认识），特别是对于本章所讨论的内部脱层这种类型（即在对称铺层的中面处引入脱层缺陷）

更是如此。与此不同的是,脱层对于模态损耗因子的影响却更为显著一些,因而这一特征更具应用价值。图3.14绘出了模态损耗因子的相对变化情况,对原始样件和损伤样件进行了比较。为了说明ELFM能够获得更准确的结果,图3.14中也给出了利用ICATS[22](多FRF、多自由度、全局性方法)所得到的模态损耗因子。

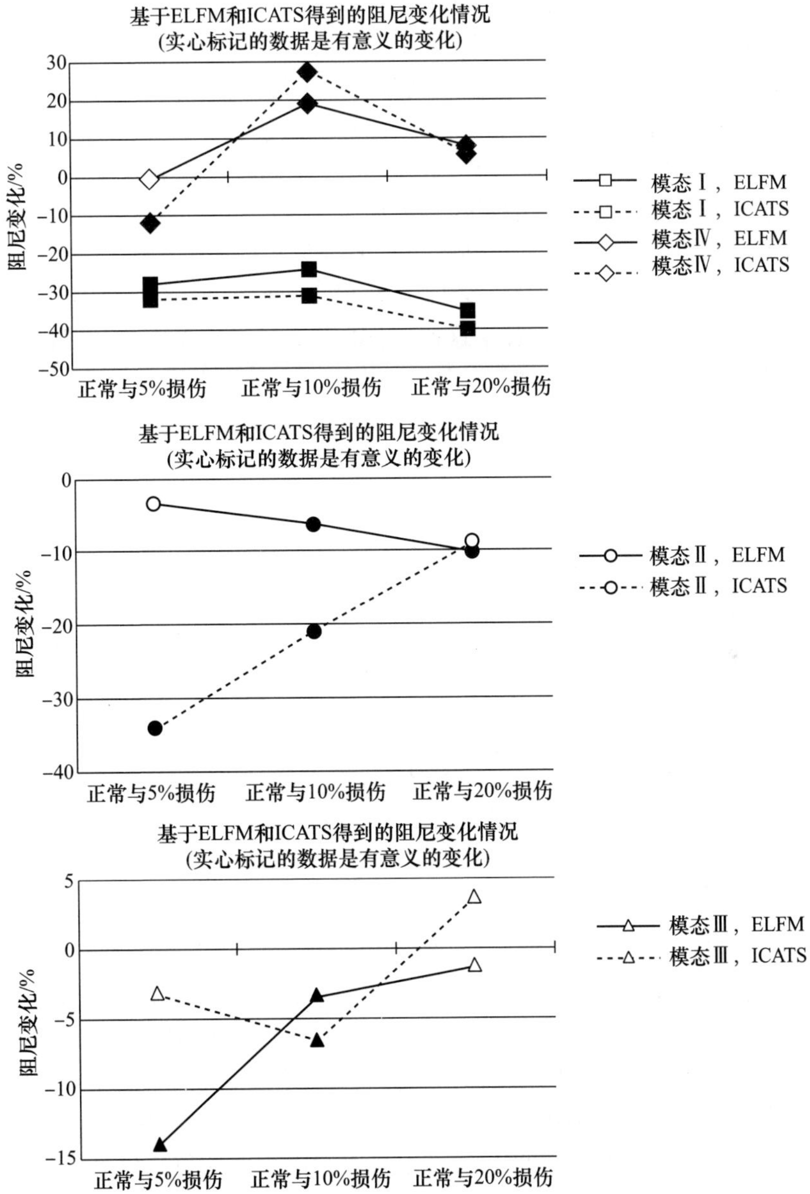

图3.14　原始样件和损伤样件的前四阶模态阻尼比较(基于ELFM和ICATS)

我们可以清晰地观察到，跟固有频率不同的是，对于5%的脱层百分比，模态阻尼可以发生30%的改变。基于两种模态提取方法所得到的模态Ⅰ和Ⅳ的阻尼变化，存在着较小的差别，但是却都具有完全相同的模式。然而，对于模态Ⅱ和Ⅲ的模态损耗因子的变化来说，这两种方法所给出的结果却存在着明显的差异。由于ELFM是一种建立在统计过滤和加权平均上的逻辑合理化处理方法，因此最终应当采用这种方法所给出的结果。

阻尼机制是比较复杂的，因此，模态损耗因子的变化原因和变化方式并不是那么直观，一般需要通过深入的分析以找出影响因素。

根据ELFM分析我们可以发现，对于带有5%的脱层缺陷的损伤样件来说，所有模态的模态损耗因子都出现了下降，而当脱层尺寸增长时，还会出现跟模态形状有关的不同变化模式。通过观察阻尼的变化我们不难认识到，模态损耗因子虽然不会遵从某种规则化模式发生改变，但是它们确实会随着脱层尺度而改变，这一点是非常有意义的。如果这种变化在预先设定的阈值之上，那么就是值得关注的，如图3.15所示，我们可以看出当脱层的百分比从5%增加到10%之后，模态损耗因子也增大了，进一步将脱层的百分比从10%增大到20%，则会使模态损耗因子显著降低。

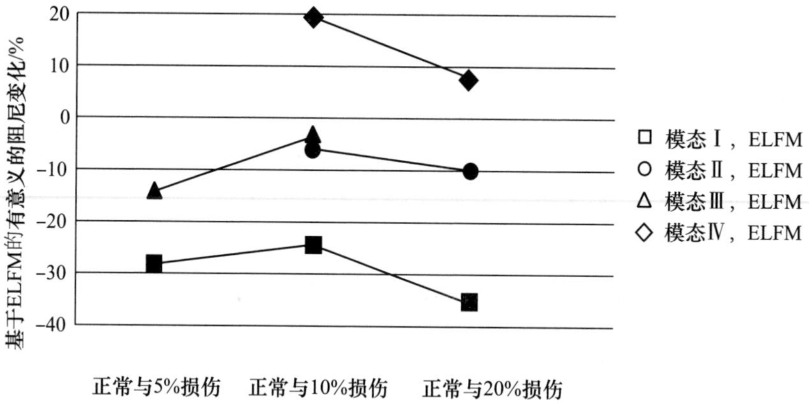

图3.15　基于ELFM得到的有意义的阻尼变化(针对四个弯曲模态)

如果更仔细地进行分析和观察，那么我们还能够发现，模态损耗因子的变化趋势跟对应的模态形状之间是存在着相关性的。对于在脱层区域内模态形状的斜率为零或很小的那些模态来说，例如模态Ⅰ、Ⅱ和Ⅲ，脱层会使得它们的模态损耗因子下降(相对于原始样件而言)，而对于不满足这一条件的模态Ⅳ来说，脱层会导致其模态损耗因子增大，这一般可以归因于剪切效应以及由此带来的摩擦效应。

3.5.3 带有脱层缺陷的复合材料片材的阻尼机制

很多研究人员都已经针对阻尼与脱层增长之间的影响规律进行过实验研究[13-14,23-24]。与金属材料不同的是,复合材料往往表现出较高的阻尼性能,这主要是因为它们通常会带有多种阻尼机制,例如基体的黏弹性和纤维的滞后机制[25]。这里我们将复合材料的阻尼视为任何产生于材料内部的能量耗散现象,因此,这些阻尼就包括但不限于:每种组分材料的内摩擦[2,26];纤维和基体界面处的滑移[2,26,27];黏塑性阻尼[2];热弹性阻尼[2]。

复合材料片材包含了多个弹性层和内嵌其中的黏弹性材料(树脂),基体的黏弹性提供了主要的阻尼成分,当然对于一些纤维和基体强力结合的材料来说它们会表现出弹性行为[27]。图 3.16 和图 3.17 针对原始样件和损伤样件的模态Ⅰ和模态Ⅳ,给出了原点 FRF 和 LF 分析结果。

从图 3.16 可以清晰地观察到,除了脱层会使得模态损耗因子显著下降之外,脱层尺寸的增大将带来两个明显的影响,其一是模态常数的减小,其二是相角的增大(进而导致更复杂的模态)。从图 3.17 也可以观察到类似的现象,只是对于模态Ⅳ来说,脱层会使得模态损耗因子增大(5% 的脱层情况又是个例外,模态损耗因子会稍微减小)。

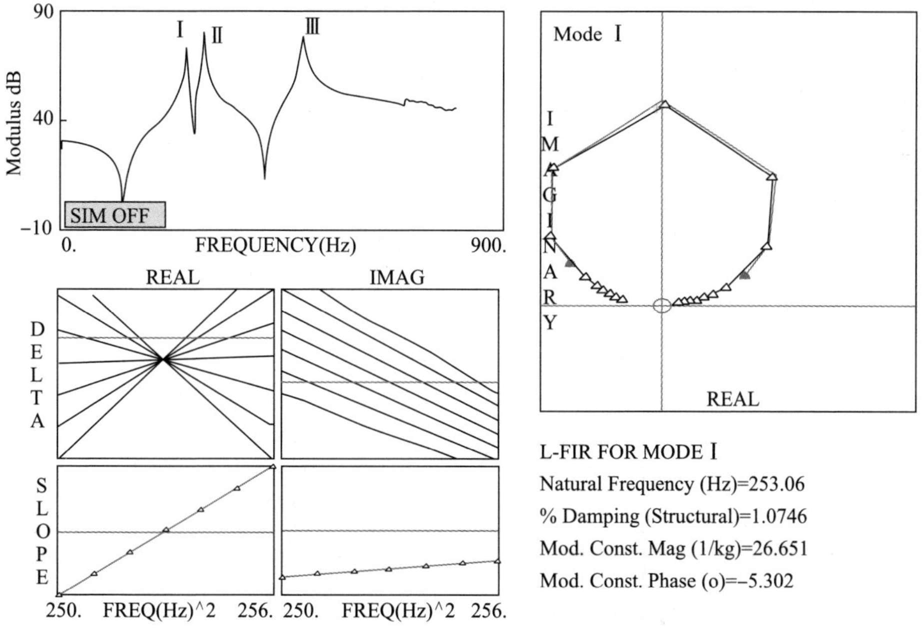

(a)

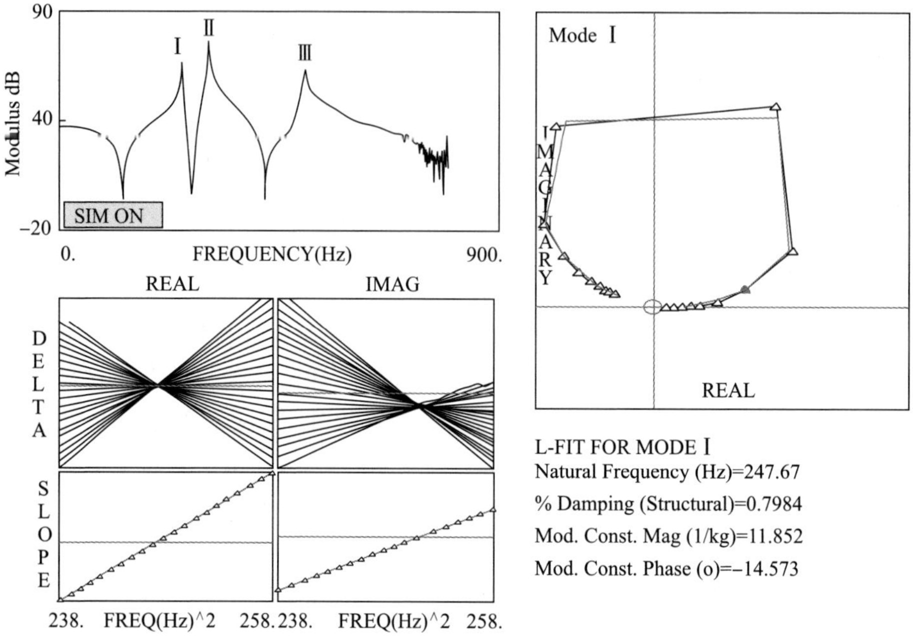

90
40
-20
Modulus dB
I
II
III
SIM ON
0.
FREQUENCY(Hz)
900.
REAL
IMAG
DELTA
SLOPE
238.
FREQ(Hz)^2
258.
238.
FREQ(Hz)^2
258.
Mode I
IMAGINARY
REAL
L-FIT FOR MODE I
Natural Frequency (Hz)=247.67
% Damping (Structural)=0.7984
Mod. Const. Mag (1/kg)=11.852
Mod. Const. Phase (o)=-14.573

(b)

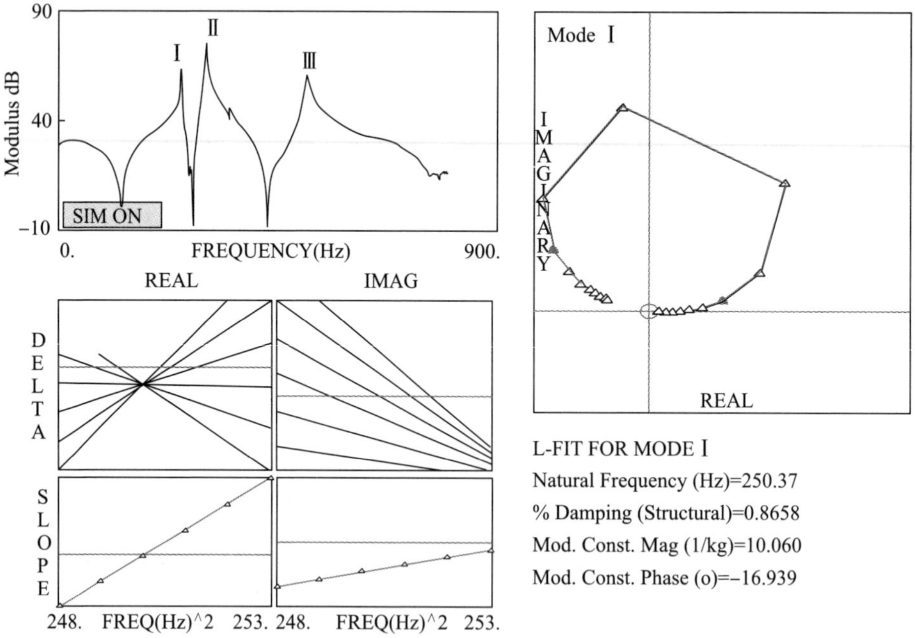

90
40
-10
Modulus dB
I
II
III
SIM ON
0.
FREQUENCY(Hz)
900.
REAL
IMAG
DELTA
SLOPE
248.
FREQ(Hz)^2
253.
248.
FREQ(Hz)^2
253.
Mode I
IMAGINARY
REAL
L-FIT FOR MODE I
Natural Frequency (Hz)=250.37
% Damping (Structural)=0.8658
Mod. Const. Mag (1/kg)=10.060
Mod. Const. Phase (o)=-16.939

(c)

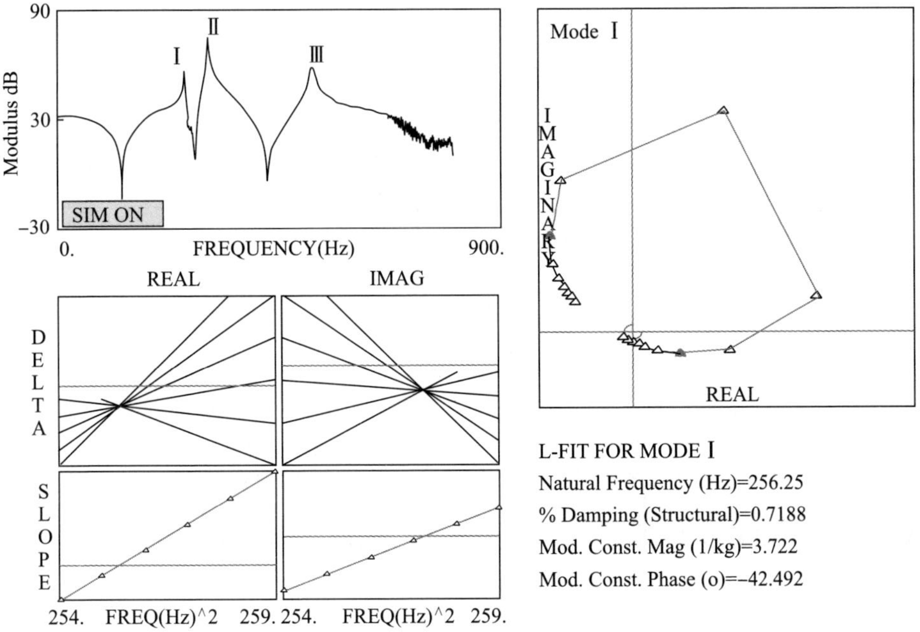

(d)

图 3.16　原点频响函数和模态Ⅰ的 LF 分析结果

(a)原始样件；(b)5% 损伤样件；(c)10% 损伤样件；(d)20% 损伤样件。

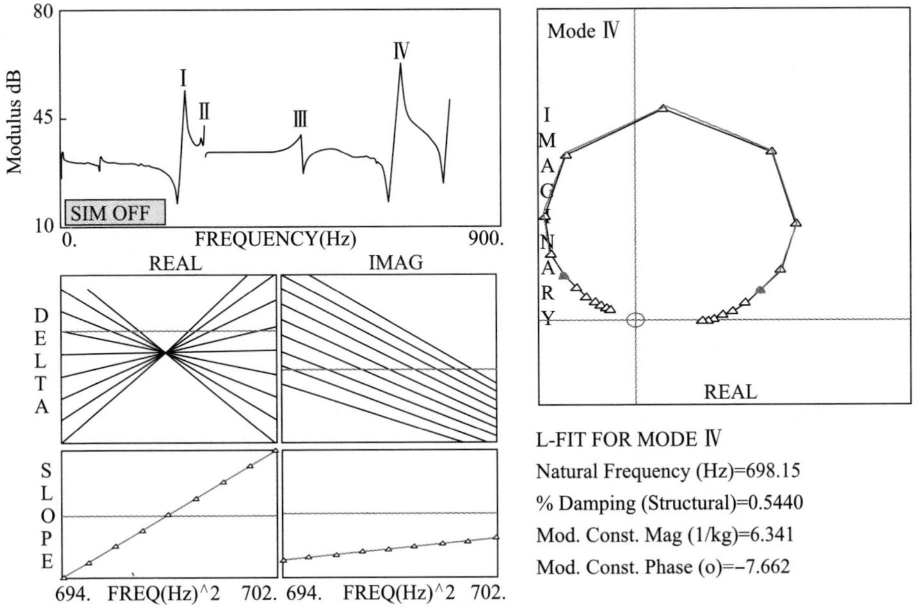

(a)

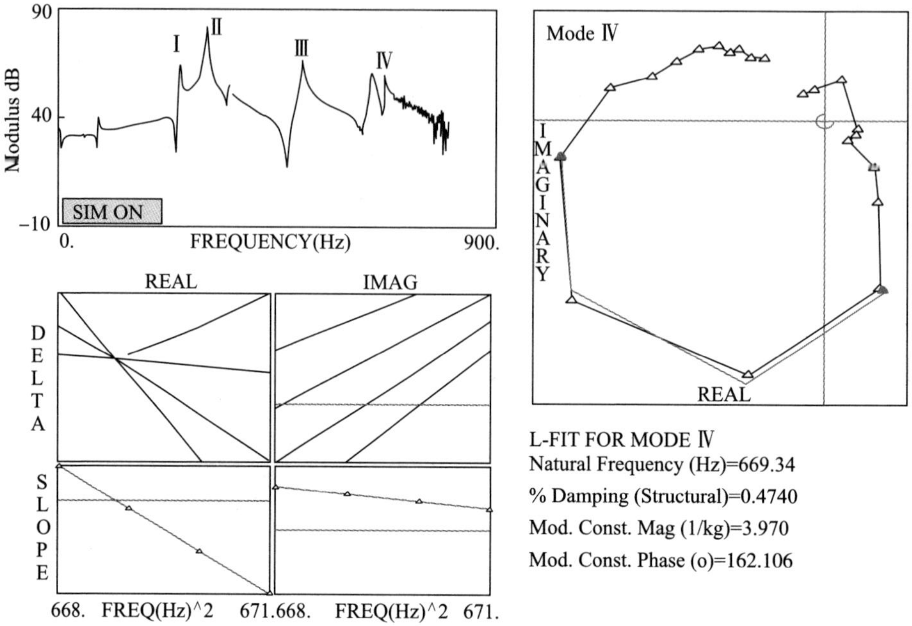
Modulus dB
90
40
-10
I
II
III
IV
SIM ON
0.
FREQUENCY(Hz)
900.
REAL
IMAG
DELTA
SLOPE
668. FREQ(Hz)^2 671.668. FREQ(Hz)^2 671.
Mode IV
IMAGINARY
REAL
L-FIT FOR MODE IV
Natural Frequency (Hz)=669.34
% Damping (Structural)=0.4740
Mod. Const. Mag (1/kg)=3.970
Mod. Const. Phase (o)=162.106

(b)

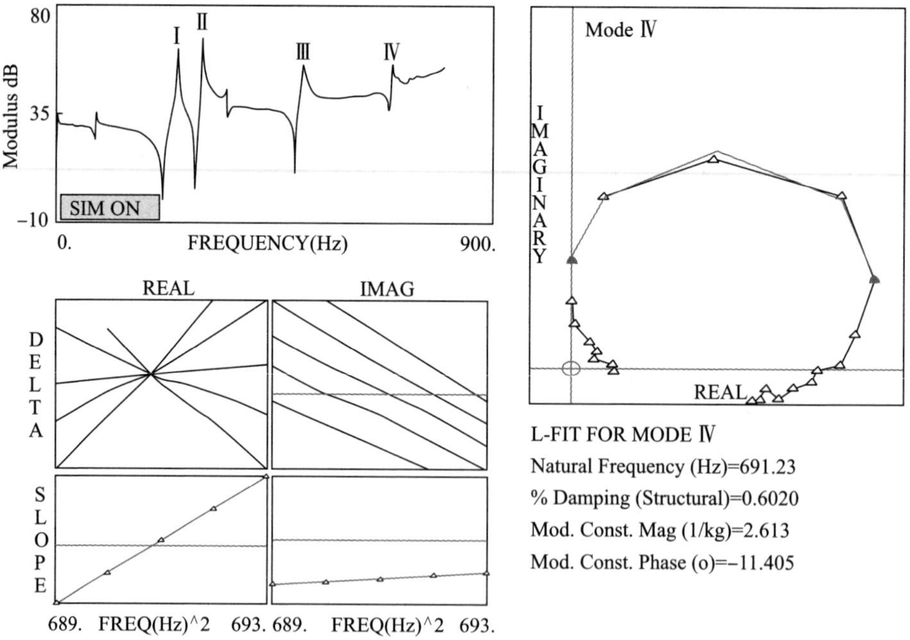
Modulus dB
80
35
-10
I
II
III
IV
SIM ON
0.
FREQUENCY(Hz)
900.
REAL
IMAG
DELTA
SLOPE
689. FREQ(Hz)^2 693. 689. FREQ(Hz)^2 693.
Mode IV
IMAGINARY
REAL
L-FIT FOR MODE IV
Natural Frequency (Hz)=691.23
% Damping (Structural)=0.6020
Mod. Const. Mag (1/kg)=2.613
Mod. Const. Phase (o)=-11.405

(c)

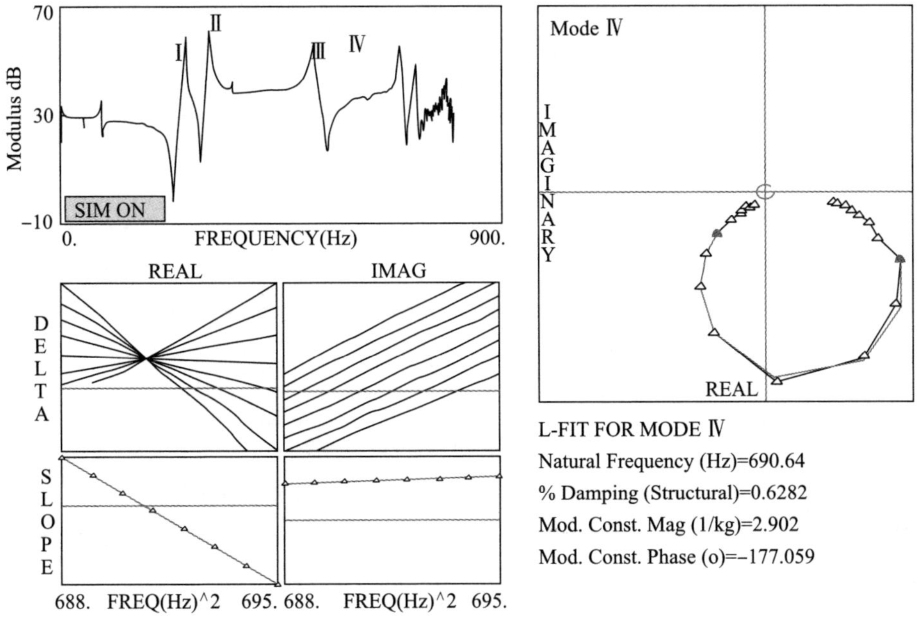

(d)

图 3.17　跨点频响函数和模态Ⅳ的 LF 分析结果

(a)原始样件；(b)5% 损伤样件；(c)10% 损伤样件；(d)20% 损伤样件。

图 3.16 和图 3.17 中所体现出的上述现象主要是由各种阻尼机制所产生的。在认识到阻尼会受损伤的影响这一本质特征之后，一些研究人员从定性层面对此处所涉及的主要阻尼机制做了描述[2-3,23-24]。

Saravanos 和 Hopking 研究指出[23]，脱层会影响到黏弹性层合材料阻尼和界面摩擦阻尼，由此导致了模态阻尼的变化。Chandra 等人[2]也曾指出，损伤带来的阻尼变化包括了两种类型，一种是摩擦阻尼，来自于纤维、基体以及脱层等界面处的滑移，另一种阻尼则来自于基体裂纹、纤维断裂等因素所导致的能量耗散行为。进一步，Yam 等人[24]还总结指出，CFRP 内的能量耗散大多是由脱层位置处的滑移行为以及上下组分层之间的渗透趋势所导致的，如图 3.18 所示。

根据图 3.15 ~ 图 3.17，考虑到脱层位置位于板的中面中心处，因此，模态Ⅰ、Ⅱ和Ⅲ(均为弯曲模态)的模态损耗因子的减小，可以归因于相邻组分层之间在脱层区域内不存在相互渗透作用；而对于模态Ⅳ来说，其模态损耗因子的增大则可归因于相邻组分层彼此之间发生的滑移行为，这种滑移行为是由该模态形状相关的剪切效应所导致的。

值得指出的是，前面已经观察到损伤样件的模态常数会显著地减小，这一现象也是非常令人感兴趣的,还需要人们做进一步的深入研究。

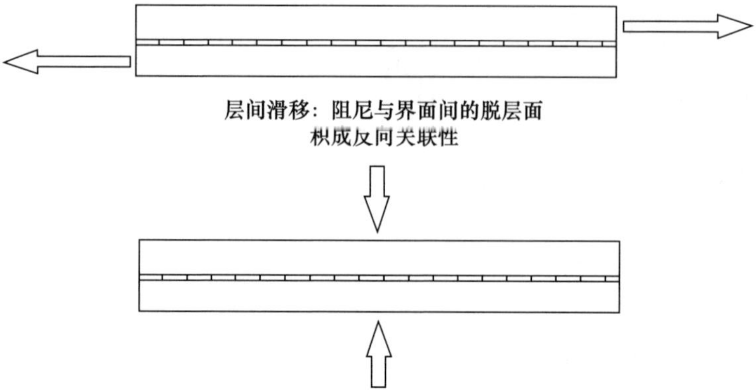

层间滑移：阻尼与界面间的脱层面
积成反向关联性
渗透：阻尼与脱层面积成正向关联性

图 3.18　分层复合材料的阻尼机制:界面滑移和渗透行为

3.6 本章小结

这一章针对脱层对 CFRP 的模态参数的影响问题,给出了较为全面的实验分析。不仅如此,我们还回顾了复合材料中常见的一些阻尼机制,并致力于借助这些机制来说明相关分析结果的正确性。本章给出的模态分析是建立在 ELFM 基础上的,并由此得到了确定性的分析结果,利用这些结果可以有效地实现碳纤维增强复合材料片材的损伤检测(脱层面积最小占比可到 5%)。

本章的分析结果表明,复合材料板(或片材)的低阶模态固有频率是全局特性,因而不太适合用来进行损伤检测;与此不同的是,模态损耗因子是一个很灵敏的指标,即使是在损伤的初级阶段它也会出现明显的变化,因而该指标非常适合于损伤检测及其严重程度预报。除此之外,本章的研究还揭示了模态阻尼变化与对应的模态形状之间存在着内在关联性。根据模态形状可以认识到,界面滑移和(或)黏弹性阻尼这两种机制均可能产生能量耗散。

最后应当指出的是,根据本章所给出的研究结果可知,我们可以通过监测脱层带来的阻尼变化来检测损伤是否存在,并且在一定程度上也可据此揭示出主要的阻尼机制。

参考文献

[1] Amaro, A. , Reis, P. , and De Moura, M. Delamination effect on bending behavior in carbon – epoxy compos-

ites. Strain 47(2),pp. 203 -208 (2011).

[2] Chandra,R. ,Singh,S. ,and Gupta,K. Damping studies in fiber - reinforced composites—A review. Composite Structure 46(1),pp. 41 -51 (1999).

[3] Zou,Y. ,Tong,L. ,and Steven,G. P. Vibration - based model - dependent damage (delamination) identification and health monitoring for composite structures—A Review. Journal of Sound Vibration 230 (2), pp. 357 -378 (2000).

[4] Paolozzi,A. and Peroni,I. Detection of debonding damage in a composite plate through natural frequency variations. Journal Reinforced Plastics and Composites 9(4),pp. 369 -389 (1990).

[5] Cawley, P. and Adams, R. D. The location of defects in structures from measurements of natural frequencies. The Journal of Strain Analysis for Engineering Design 14(2),pp. 49 -57 (2007).

[6] Tracy, J. J. and Pardoen, G. C. Effect of delamination on the natural frequencies ofcomposite laminates. Journal of Composite Materials 23(12),pp. 1200 -1215 (1989).

[7] Kessler,S. S. andCesnik,C. E. S. Damage detection in composite materials using frequency response methods. Composites Part B:Engineering 33(1),pp. 1 -19 (2008).

[8] Cao,M. S. ,Sha,G. G. ,Gao,Y. F. ,and Ostachowicz,W. Structural damage identification using damping:A compendium of uses and features. Smart Materials and Structures 26(4),p. 043001 (2017).

[9] Kyriazoglou,C. ,Le Page,B. H. ,and Guild,F. J. Vibration damping for crack detection in composite laminates. Composites Part A:Applied Science and Manufacturing 35(7 -8),pp. 945 -953 (2004).

[10] Keye,S. ,Rose,M. ,and Sachau,D. Localizing delamination damages in air - craft panels from modal damping parameters. In Proceeding of 19th International Modal Conference (IMAC XIX),2001.

[11] Kiral,Z. ,Murat I,cten,B. ,and G¨ oren Kiral,B. Effect of impact failure on the damping characteristics of beam - like composite structures. Composites Part B:Engineering 43(8),pp. 3053 -3060 (2012).

[12] Montalv˜ ao,D. ,Ribeiro,A. M. R. ,and Duarte - Silva,J. A method for the localization of damage in a CFRP plate using damping. Mechanical Systems Signal Processing 23(6),pp. 1846 -1854 (2009).

[13] Srikanth,N. ,Kurniawan,L. A. ,and Gupta,M. Effect of interconnected reinforcement and its content on the damping capacity of aluminum matrix studied by a new circle - fit approach. Composites Science and Technology 23(6),pp. 839 -849 (2003).

[14] Montalv˜ ao,D. ,Karanatsis,D. ,Ribeiro,A. M. R. ,Arina,J. ,and Baxter,R. ,An experimental study on the evolution of modal damping with damage in carbon fiber laminates. Journal of Composite Materials 49 (19),pp. 2403 -2413 (2014).

[15] Qiao,P. ,Lu,K. ,Lestari,W. ,and Wang,J. Curvature mode shape - based damage detection in composite laminated plates. Composite Structures 80(3),pp. 409 -428 (2007).

[16] Pandey, A. K. , Biswas, M. , and Samman, M. M. Damage detection from changes in curvature mode shapes. Journal of Sound and Vibration 145(2),pp. 321 -332 (1991).

[17] Tracy,J. J. and Pardoen,G. C. Effect of delamination on the flexural stiffness of composite laminates. Thin - Walled Structures 6(5),pp. 1200 -1215 (1988).

[18] Goyder,H. G. D. and Harwell,U. Analysis and Identification of Linear and Nonlinear Systems using Random Excitation. Short Course Notes,University Manchester (1985).

[19] Ewins,D. J. Modal Testing:Theory,Practice and Application,2nd edn. RSP,Philadelphia (2000).

[20] He,J. and Fu,Z. - F. Modal Analysis,1st edn. Butterworth - Heinemann,Linacre House,Jordan Hill,Ox-

ford (2001).

[21] Kashani, H. and Nobari, A. S. Identification of dynamic characteristics of nonlinear joint based on the optimum equivalent linear frequency response function. Journal of Sound and Vibration 329(9), pp. 1460 - 1479 (2010).

[22] ICATS Manual, Imperial College of Science, Technology and Medicine, Mechanical Engineering Department, Exhibition Road, London, SW7 2BX (1994).

[23] Saravanos, D. A. and Hopkins, D. A. Effect of delamination on the damped dynamic characteristics of composite laminates: Analysis and experiments. Journal of Sound and Vibration 192(5), pp. 977 - 993 (1996).

[24] Yam, L. H. Nondestructive detection of internal delamination by vibration - based method for composite plates. Journal of Composite Materials 38(24), pp. 2183 - 2198 (2004).

[25] Treviso, A., Van Genechten, B., Mundo, D., and Tournour, M. Damping in composite materials: Properties and models. Composites Part B: Engineering 78, pp. 144 - 152 (2015).

[26] Bert, C. W. Composite Materials: A Survey of the Damping Capacity of Fiber - Reinforced Composites, Oklahoma, 1980.

[27] Nelson, D. J. and Hancock, J. W. Interfacial slip and damping in fiber reinforced composites. Journal of Materials Science 13(11), pp. 2429 - 2440 (1978).

第4章　基于固有频率变化的损伤检测问题

Gilbert－Rainer Gillich[①,③],Nuno N. N. Maia[②],Ion Cornel Mituletu[①]
① 雷希察卡拉什－塞维林大学机械工程系,P－ta Traian Vuia 1－4,
320085,雷希察,罗马尼亚;
② 里斯本大学高等理工学院机械工程系,IDMEC,Av. Rovisco Pais,
1049－001,里斯本,葡萄牙;
③ gr. gillich@uem. ro

摘要:在损伤检测过程中,获得准确的固有频率是一个重要的方面,这能够帮助我们在早期阶段就可以观测到模态参数的改变。在标准的频率分析中,通过延长分析时间段可以提升频率分辨率,这也是提高准确性的一个关键措施。然而这一措施并不总是可行的,例如对于快速衰减的高阶模态就是如此。在各类文献资料中我们可以找到很多用于提升频率分辨率的方法,比如基于增大谱线密度和基于插值的方法等。这里我们将讨论此类实用方法的局限性,并介绍一种更为先进的方法,该方法利用了来自于三个不同的谱(针对测得的信号进行逐步剪裁得到)的三个峰进行插值。以这种方式进行信号的处理使得我们可以识别出微小的固有频率变化,进而能够在损伤发生的最早期检测到异常。最后,我们还针对真实信号和重构信号测试和验证了这一方法。

关键词:损伤检测;固有频率;数字信号处理;频率分辨率;基于插值的方法;密集的重叠谱

4.1　引　　言

近几十年来,利用振动测试技术来进行损伤检测这一思路受到了大量研究人员和工程技术人员的广泛关注[1-3]。基于振动的损伤检测方法的一个核心观点在于模态参数与物理参数之间存在着确定性的关系,这里的物理参数是需要我们去识别或估计的,而模态参数则是容易通过测量得到的。

在分析评估结构是否完好时,一个通用的方法就是先定义若干模态参数的基准值,它们是根据所测得的完好结构的振动信号识别而来的[4],然后将后续测试结果与这些基准值进行比较[5]。显然,任何模态参数的变化都能反映出结构故障的存在,而如果物理参数变化所产生的效应是已知的,那么我们就有可能据此去分析这些故障的位置和大小了[6]。

大量文献中都给出了很多损伤检测方法,这些方法大多存在着这样或那样的区别,例如损伤评估所达到的性能水平[7]、所考察的结构的复杂性[8]、所涉及的激励系统[9]、监控过程中采用的传感器类型和数量[10]以及用于确定物理参数变化(根据模态参数的变化)的技术手段等。在各类损伤检测方法中,那些仅基于输出数据的方法是最有工程应用潜力的,这主要是因为实际激励数据往往不容易测得。也正是因为这一点,采用此类仅仅利用响应数据而无须激励信息的方法就显得很有优势了[11]。

从实际应用角度出发,损伤检测方法在具备良好性能的同时还应满足若干限制和要求。例如,只能利用有限数量的传感器去获得准确结果,并且这些传感器的安装位置往往也是不能预先确定的。再如,必须能够对模态参数的变化进行正确的区分,分辨出哪些来自于损伤,哪些是由环境变化或测试条件所导致的。还有一个十分重要的要求在于测试的可重复性,较高的置信水平有利于早期损伤的检测。在这一章中,我们将固有频率这个模态参数用于损伤的检测,应当注意的是,由于频率变化对于损伤的敏感性是较低的,因此,对于纯粹基于频率移动的分析方法来说,一般要求进行精细的频率分析。

4.2 基本思想

基于固有频率的变化进行损伤检测的方法,涉及振动信号的采集、处理和解读。所考察的振动信号一般是时域信号,通常需要借助特定的算法将其转换到频域中。对于大多数结构物来说,频谱中谐振成分之间的间隔往往是很宽的,因而我们很容易区分出那些相邻的频率成分。然而,由于早期损伤只会导致很小的频率移动,因此我们往往很难据此观测到初期损伤的发生。之所以如此,是因为在标准频率分析过程中,信号的频率成分一般是由频谱中等距分布的谱线所指示的,其位置依赖于信号的长度,所以当初期损伤发生时,所导致的较小的频率移动在频谱中就很不明显,只有当损伤有了足够的增长之后,产生了显著的频率移动,峰幅才会移动到下一谱线处。考虑到这一点,我们不难认识到应当采用更先进的方法或算法来进行分析,此类方法应能提供谱线间的频率信息,从而提高频率分析的准确性。

4.3 标准频率分析方法的局限性

结构的振动信号一般是通过传感器采集到的,通常是时间的连续函数。如图 4.1 所示,借助压电加速度传感器可以获得跟结构测量位置处的加速度成正比的模拟电学量输出,这个电学输出进一步被传送到 A/D 转换器,即可记录下离散时间区间中的信号幅值了,这一过程也称为采样。正是通过这一方式,原来的连续信号(图 4.2)将变换成以离散时间序列描述的数字信号。图 4.3 显示了计算机得到的最终的采样信号结果,两个相继的时刻所构成的时间区间(称为采样时间或时间分辨率),可以根据采样率 F_S 得到,即

$$\tau = \frac{1}{F_S} \tag{4.1}$$

对于图 4.1 所示的 NI 9233 模块,采样率(单位为 Hz)为[12]

$$F_S = \frac{50000}{m} \tag{4.2}$$

式中:m 为 25 以内的整数。

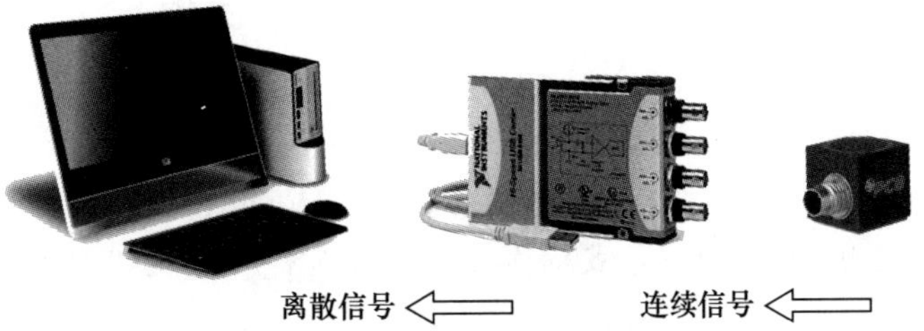

图 4.1　连续信号向离散信号的转换

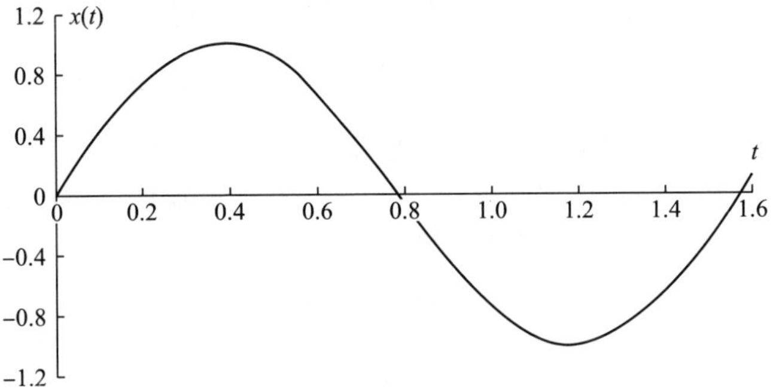

图 4.2　测得的连续信号

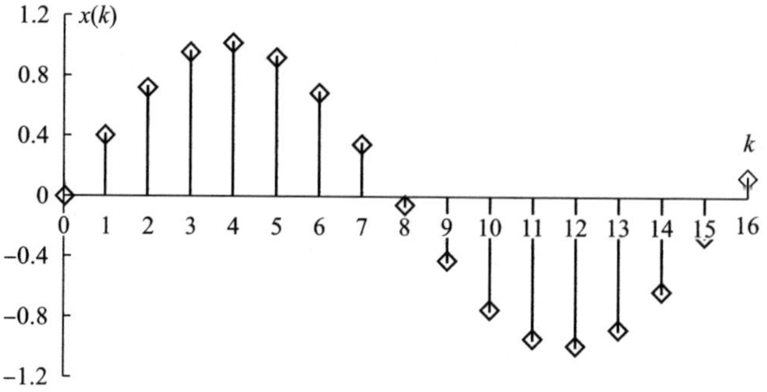

图 4.3　信号转换后得到的等效数字信号

对连续信号 $x(t)$ 进行数字化处理，是指针对每一个离散的时间点 $k\tau(k=0,1,2,\cdots,N-1)$，确定对应的信号幅值 $x[k]=x(k\tau)$。由此也就建立了这个信号 $x(t)$ 的离散描述，即如下所示的序列描述：

$$\{x\}=\{x[0],x[1],\cdots,x[k],\cdots,x[N-1]\} \tag{4.3}$$

这个序列 $\{x\}$ 没有包含跟采样率 F_S 有关的显式信息，不过由于采样时间 τ 和采样数量 N 是已知的，因此信号时间长度就可以表示为

$$T_S=(N-1)\tau=\frac{N-1}{F_S} \tag{4.4}$$

采样率 F_S 或采样时间 τ 决定了 A/D 转换的品质。根据奈奎斯特－香农采样定理，为了正确地重构信号，要求信号的最高频率 f_H 满足如下条件：

$$f_H<\frac{F_S}{2} \tag{4.5}$$

对于一个幅值为 a、频率为 f 的正弦信号来说，将其转换为离散信号时，有

$$x(t)=a\sin(2\pi ft)\rightarrow x[\tau]=x(k\tau)=a\sin(2\pi fk\tau) \tag{4.6}$$

众所周知，任何信号都可以借助一组谐波信号来构造，通常也把这样的信号称为多频信号，我们也可以将其进行分解，以展现出其中的谐波成分。离散傅里叶变换（DFT）是频域内进行函数描述的常用算法，据此我们可以将式（4.3）所给出的序列表示成一组正弦成分之和的形式，即

$$x[k]=\sum_{j=0}^{N-1}a_j e^{i2\pi\frac{k}{N-1}j} \tag{4.7}$$

式中：j 为正弦成分编号；$i^2=-1$。

根据定义，系数 a_j 应为

$$a_j = \frac{1}{N}\sum_{j=0}^{N-1} x[k]\mathrm{e}^{-\mathrm{i}2\pi\frac{k}{N-1}j} \tag{4.8}$$

显然，根据式(4.3)这个序列 $\{x\}$ 去重构信号，那么我们就得到了一个连续的时间函数 $x(k\tau)=\widehat{x}(t)$，这是原始的连续时间函数 $x(t)$ 的近似，并且 F_S/f_H 越大，这个近似越好。

对于离散函数 $x[k]$，与之对应的连续形式应为

$$x(k\tau) = \sum_{j=0}^{N-1} a_j \mathrm{e}^{\mathrm{i}2\pi\frac{k}{N-1}j} \tag{4.9}$$

若 $x \in \mathbf{R}$ 或者时间作为独立参量，则有

$$\widehat{x}(t) = \sum_{j=0}^{N-1} a_j \mathrm{e}^{\mathrm{i}2\pi\frac{j}{N-1}\frac{t}{\tau}} = \sum_{j=0}^{N-1} a_j \mathrm{e}^{\mathrm{i}2\pi f_j t} \tag{4.10}$$

式中：f_j 为第 j 个成分的频率，可由下式给出：

$$f_j = \frac{j}{(N-1)\tau} = \Delta f \cdot j \tag{4.11}$$

根据式(4.11)可直接得到

$$\Delta f = \frac{1}{(N-1)\tau} = \frac{1}{T_S} \tag{4.12}$$

式(4.11)表明了，这些频率 f_j 在频谱中是等距分布的，也就是人们所熟知的谱线，而两个相邻谱线之间的间距 Δf 就是频率分辨率。根据序列 $\{x\}$ 的 DFT 可以看出，在第 j 个频率位置处，信号幅值应为

$$X[f_j] = \sum_{k=0}^{N-1} x[k]\mathrm{e}^{-\mathrm{i}2\pi f_j t} \tag{4.13}$$

若以谱线编号 j 来代表频率 f_j，那么上式还可表示为

$$X[j] = Na_j = \sum_{k=0}^{N-1} x[k]\mathrm{e}^{-\mathrm{i}2\pi\frac{j}{N-1}k} \tag{4.14}$$

显然，对于时域中的带有 N 个采样点的信号来说，在频谱中将对应 N 条谱线，如图 4.4 和图 4.5 所示，其中给出了 $j=0,1,2,\cdots,N-1$ 谱线位置处的幅值 $X[j]=X[f_j]$。

对于 A/D 转换器的输出信号，通过 DFT 得到的谱将是对称的，且具有如下性质：

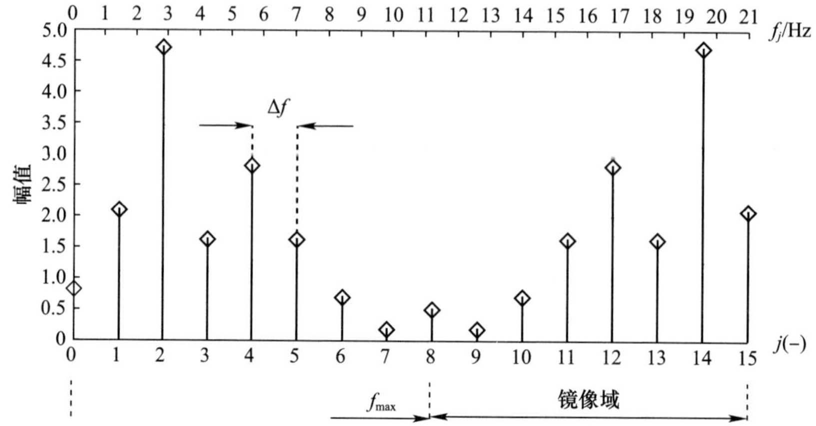

图 4.4　所采集到的信号的 DFT 谱(采样点个数 N 为偶数)

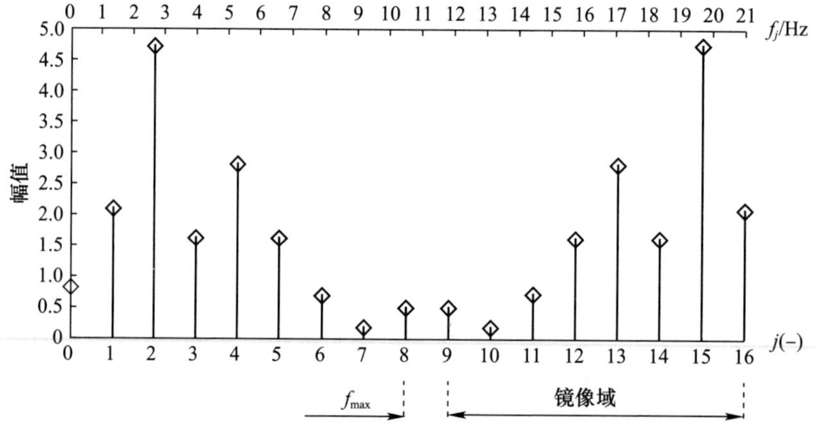

图 4.5　所采集到的信号的 DFT 谱(采样点个数 N 为奇数)

$$|X[j]| = |X[N-j]| \tag{4.15}$$

于是,只有一半的谱线才携带了有用的信息,我们只需对它们进行计算即可,而其他的谱线则对应了冗余的信息(由于对称性)。相应地,在 DFT 中也只需分析 $N/2$ 条谱线,最高频率(即所谓的奈奎斯特频率)应为

$$f_{Ny} = \frac{N}{2}\Delta f \approx \frac{1}{2\tau} = \frac{F_S}{2} \tag{4.16}$$

不过这个奈奎斯特频率 f_{Ny} 并不能精确估计出实际最高频率 f_{max},这取决于 N 是奇数还是偶数。我们可以根据式(4.15)给出的这个性质建立起 f_{max} 的精确估计,所得到的结果如表 4.1 所列,其中给出了谱线分布情况以及相关的频率。

表 4.1 最高频率和谱线分布

指标序号	偶数个采样点（N 为偶数）		奇数个采样点（N 为奇数）	
	指标值 j	频率 f_j	指标值 j	频率 f_j
1	0	DC	0	DC
2	1	Δf	1	Δf
3	2	$2\Delta f$	2	$2\Delta f$
…	…	…	…	…
$j+1$	$\frac{N}{2}$	$\pm\frac{N}{2}\Delta f=f_{\max}$	$\frac{N-1}{2}$	$\frac{N-1}{2}\Delta f=f_{\max}$
…	…	…	$\frac{N-1}{2}+1$	$-\frac{N-1}{2}\Delta f$
…	…	…	…	…
$N-1$	$N-2$	$-2\Delta f$	$N-1$	$-2\Delta f$
N	$N-1$	$-\Delta f$	$N-1$	$-\Delta f$

由于在 DFT 描述中，各个频率都是对应于预先确定好的谱线的，这些谱线位置又是通过所分析的信号时长来设定的，因此，在信号中并不一定会包含所有这些频率值，或者说这些频率未必是该信号所包含的真实频率成分。由此可能出现半个频率分辨率的误差，这也是此类标准频率分析方法的主要缺陷。显然，采用更长的分析时长是能够使得谱线更为密集的，进而也就能够获得令人满意的频率分辨率。反之，对于时长较短的信号来说，例如损伤检测中出现的信号，对应的频率分辨率就会很低了，因而可能导致频率分析时出现较大误差。

下面我们将指出当涉及标准频率分析时，所得到的结果一定是依赖于信号采集策略的。不妨假定测试信号是一个正弦信号，频率为 $f=5\text{Hz}$，幅值为 $A=1\text{mm/s}^2$，该信号是在采样频率为 $F_S=100\text{Hz}$ 条件下获得的，对应的采样时间则为 $\tau=0.01\text{s}$。首先，我们针对一个包含 $N_1=101$ 个采样点的序列（或信号段，对应的时长为 $T_{S1}=1\text{s}$）进行离散傅里叶变换。这个信号段（称为信号 1）包含了整数个周期，最后一个采样点已经用灰色方块标记出，如图 4.6 所示。因此在所得到的 DFT 谱中（图 4.7），黑线位置也就对应了正确的频率值了，而按照预期，这个位置处的幅值应当等于该正弦信号的幅值（1mm/s^2）。在图 4.7 所示的实 DFT 谱中，谱描述是单侧的，只能观察到正的谱线，我们可以看到在 $f=5\text{Hz}$ 这个谱线处，对应的幅值确实为 1mm/s^2。

其次，我们再来考察一个时长为 $T_{S2}=1.1\text{s}$ 的信号段，它包含了 $N_2=111$ 个采样点，其中的最后一个已经在图 4.6 中表示为白色方块了。由于该信号段包

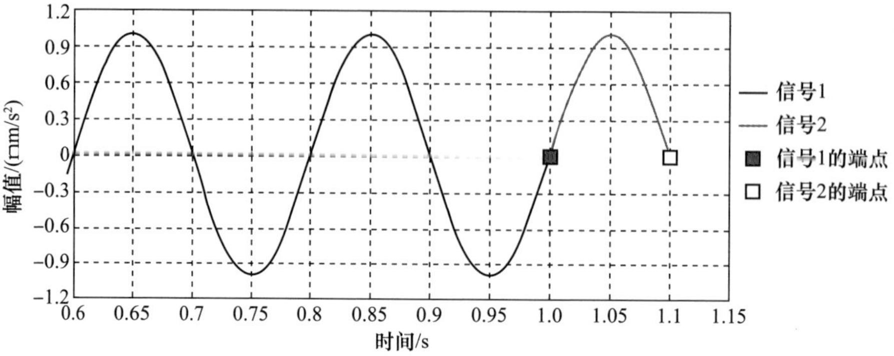

图 4.6　带有整数个周期的谐波信号(灰色方块为最后一个采样点)
与带有非整数个周期的谐波信号(白色方块为最后一个采样点)

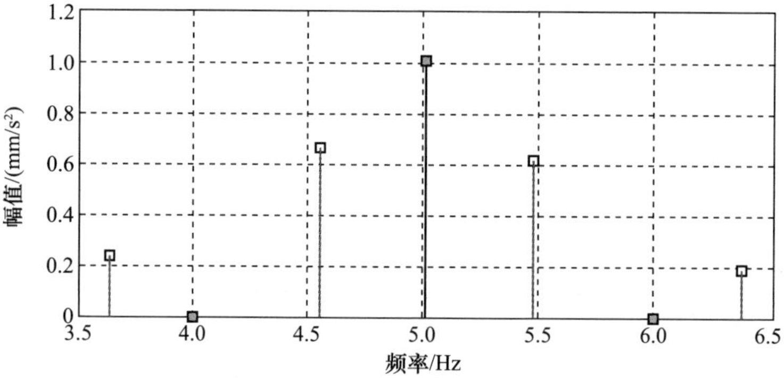

图 4.7　带有整数个周期的正弦信号(灰色方块)与带有非整数个周期的正弦信号(白色方块)的 DFT 谱

含的是非整数个周期,因此图 4.7 所示的 DFT 结果(灰线,顶部标记为白色方块)给出的是错误的频率值(指示的是 4.545Hz,而不是 5Hz)。不仅如此,对应的峰幅值为 0.6659mm/s^2,跟预期的幅值也是不一致的。总之,幅值和频率都未能得到正确的反映,尽管频率分辨率提高了,但是误差也出现了。事实上,谱线的位置是十分重要的,必须跟信号中携带的频率成分正确匹配,否则 DFT 算法会认为信号包含的谐波成分的周期是频率分辨率的整数倍,并在特定谱线处给出其幅值。显然,如果所分析的信号是正弦的,那么分布到各条谱线上的幅值将总是小于原始信号的幅值[13-14],这种情况下,峰幅值所对应的谱线位置将是最靠近真实频率的,这条谱线频率也就是我们找到的频率估计值。在频率估计值与真实频率之间,可能出现的最大偏差等于频率分辨率的一半。虽然我们能够预测到最大可能的误差为 $\varepsilon_{max} = \Delta f/2$,但是实际误差是不能预估的,这是因为它

取决于信号的周期 $T=1/f$,而这显然是难以预知的。

实际上,我们可以借助多种简单方法来改进频域内的可辨性。最简单的做法就是延长观测时间 T_S,这会使得谱线变得更为密集,进而也就得到了更精细的频率分辨率。如图 4.8 所示,其中给出了频率为 $f=5\text{Hz}$、幅值为 $A=1\text{mm/s}^2$ 的谐波信号,该信号是在采样频率为 $F_S=100\text{Hz}$ 的条件下生成的。

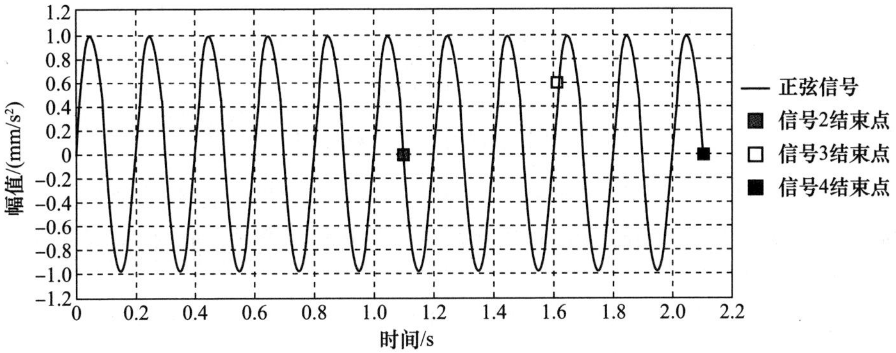

图 4.8　原始信号及其扩展(由于增大观测时间)

原始信号的时长为 $T_{S2}=1.1\text{s}$,而随机选择的延长后的信号为 $T_{S3}=1.62\text{s}$ 和 $T_{S4}=2.1\text{s}$。根据表 4.2 给出的相关设定,利用 DFT 得到的结果如表 4.3 和图 4.9所列。

表 4.2　所分析的信号的生成设置

信号名称	参数			
	T_S/s	N	T_S	Δf/Hz
信号 2	1.1	111	100	0.909091
信号 3	1.62	163	100	0.617284
信号 4	2.1	211	100	0.47619

表 4.3　通过标准分析得到的频率和幅值

信号名称	f/Hz	A_{DFT}/(mm/s²)	ε/Hz	ε/%
信号 2	4.54545	0.66597	0.45455	9.091
信号 3	4.93827	0.97772	0.06173	1.234
信号 4	4.76190	0.65164	0.23810	4.762

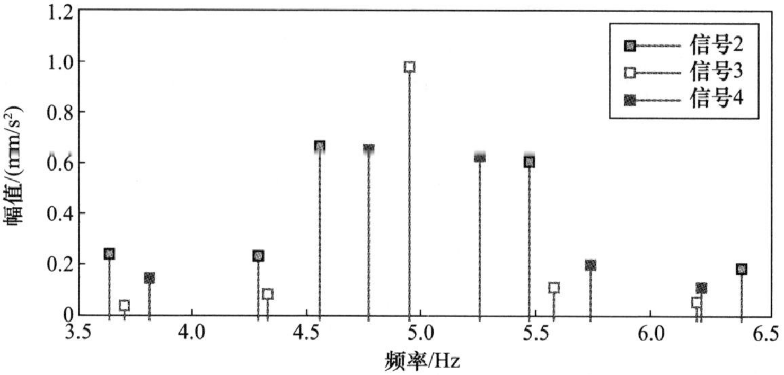

图 4.9　不同观测时长的信号的 DFT 谱

针对原始信号的 DFT 结果显示频率为 $f_2 = 4.54545\text{Hz}$，这跟 $f = 5\text{Hz}$ 是不同的，误差为 $\varepsilon_2 = 0.45455\text{Hz}$。针对延长后的信号进行 DFT 得到的结果表明，频率分别为 $f_3 = 4.98327\text{Hz}$ 和 $f_4 = 4.7619\text{Hz}$，如表 4.3 所示。显然，这两个结果都要更为精确一些了，误差分别减小到 $\varepsilon_3 = 0.06173\text{Hz}$ 和 $\varepsilon_4 = 0.23810\text{Hz}$。可能是超出我们所预期的，这里的最长信号并没有对应于最佳的结果。这一测试表明了，即使增加观测时间可以获得更精细的频率分辨率，进而减小可能出现的最大误差，但是这一做法并不能保证能够改进对频率的估计。

对于从有阻尼系统的自由振动采集到的信号来说，一般是不能够增大观测时间的，为此我们可以采用零填充（zero – padding）方法来进行处理。该方法通过增加大量的采样点（N_{ZP}个）来使信号得以加长，而这些采样点的幅值为零[15]。它不会改变原始的采样率，而且 DFT 结果中的频率范围也不会改变。由于所得到的谱线数量增大了，并且是均匀分布在同一个频率范围中（$0 \sim F_S/2$），因此谱线间距也就减小了，这样才能在同一频率范围内匹配更多的采样点。在经过零填充处理之后，频率分辨率将变大，事实上原始信号的频率分辨率为

$$\Delta f = \frac{F_S}{N-1} \tag{4.17}$$

而经过零填充处理之后的为

$$\Delta f_{ZP} = \frac{F_S}{N + N_{ZP} - 1} \tag{4.18}$$

如图 4.10 所示，其中给出了零填充处理后的信号，其长度为 $T_{S-ZP} = 2.2\text{s}$，它包含了一个长度为 $T_{S2} = 1.1\text{s}$ 的正弦成分以及增补上的一个直流成分，后者的长度跟正弦成分相同，不过幅值为零。用于生成零填充信号的相关设定如表 4.4所列，而由此所得到的分析结果可以参见表 4.5。

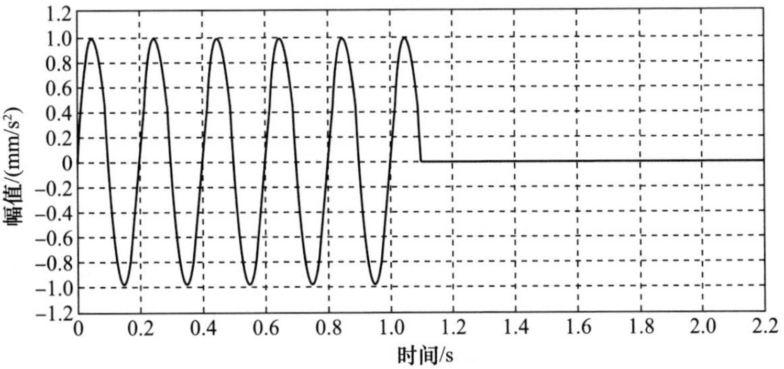

图 4.10　经过零填充延长的原始信号

表 4.4　零填充信号的生成设置

信号名称	参数				
	T_S/s	N	F_S	Δf/Hz	A/(mm/s^2)
信号 2	1.1	111	100	0.909091	1
信号 DC	1.1	111	100	0.909091	0
信号 ZP1	2.2	222	100	0.454545	—

表 4.5　通过标准分析得到的频率和幅值

信号名称	f/Hz	A_{DFT}/(mm/s^2)	ε/Hz	ε/%
信号 2	4.54545	0.66597	0.45455	9.091
信号 ZP1	5	0.5	0	0

图 4.11 将分别基于原始信号和零填充信号的 DFT 结果进行了对比，由此我们不难看出，在人为增加采样点数量之后，谱中的峰幅值降低了。此外，由于谱线数量增多，因而两个相邻谱线间的距离也就减小了，由此最大可能误差 ε_{max} 也随之减小，显然这也就增大了改进频率估计的可能。当然，在本例中能够精确找到实际频率值只是一种偶然。

零填充处理是一种插值方法，由此会得到更密集的谱线，但是真实的频率分辨率并不会得以提升。实际上，零填充既不能减小泄漏，也不能降低主瓣宽度，因此当进行了零填充处理之后，信号中两个靠得较近的频率成分是难以观测到的。这里不妨以表 4.2 给出的信号 4 的 DFT 为例，图 4.12 中以灰色方块标出了这一结果，我们可以看出其谱线间的距离是最大的。当借助零填充方法将时长增大到 $T_{S-ZP2}=1.82$s，谱线变得密集一些了，此时的 DFT 结果在图 4.12 中是以白色方块标记的。如果进一步延长到 $T_{S-ZP3}=15$s，可以看到此时的谱线已经足

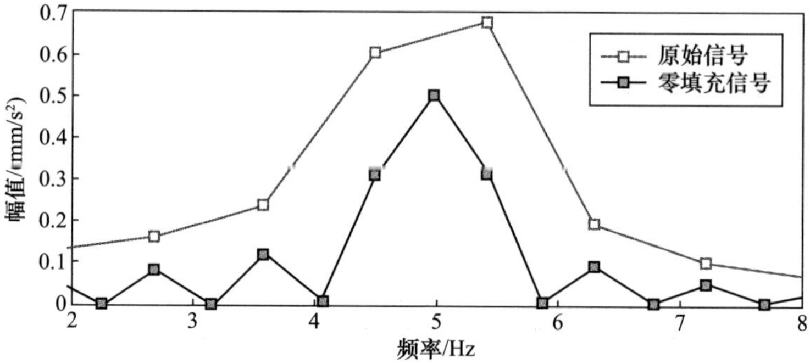

图 4.11　原始信号和零填充信号的 DFT 谱（零填充处理之后能够获得更低的幅值和更高的精度）

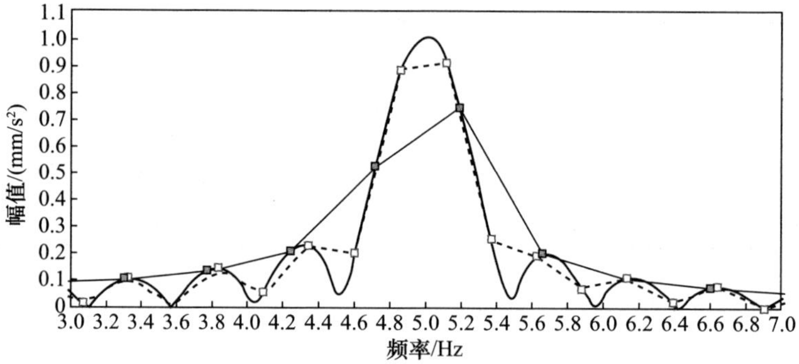

图 4.12　信号的 DFT 谱（灰色方块标记的是信号 4，白色方块和黑色方块标记的是经过零填充处理后的信号，延长时间分别为 1.8s 和 15s；另外，对于零填充信号，图中还进行了尺度缩放，缩放因子分别为 1.87 和 8.14）

够密集了，据此能够观察到包络形式为一个 sinc 函数了。在这一时长情况下，我们有可能更精确地估计出信号的频率。此外，由于零幅值采样点并不会引入任何能量，所以频域内这些信号的幅值会显著下降。为了使图 4.12 中的 DFT 结果更具可比性，我们将零填充后的信号幅值进行了缩放，缩放因子为

$$\eta = \frac{N}{N + N_{ZP}} \tag{4.19}$$

式中：N 为所考察的信号的采样点数量；N_{ZP} 为信号扩展后所包含的采样点数量。

图 4.12 表明，无论将原始信号延长多长时间，各瓣宽度都是保持不变的。采样点数量增多只会使得每瓣内的点数增加，而不会提升实际的频率分辨率。这一点在图 4.13 中是很容易观察到的，该图中给出了来自于两个信号的 DFT 结果。第一个信号是两个正弦波的叠加，它们的频率分别为 f_1 = 5Hz 和 f_2 =

5.2Hz，幅值均为 $A = 1\text{mm/s}^2$，采样点数量为 $N = 2100$，采样率为 $F_S = 100\text{Hz}$；第二个信号是对第一个信号的精简，只包含了 $N_R = 210$ 个采样点，不过我们对其进行了零填充处理，增补了 $N_{ZP} = 1890$ 个采样点，从而使其长度跟第一个信号相同。通过这一处理方式可以发现，虽然两个谱之间存在着显著的差异，但是最终得到的谱线分布却是相同的。

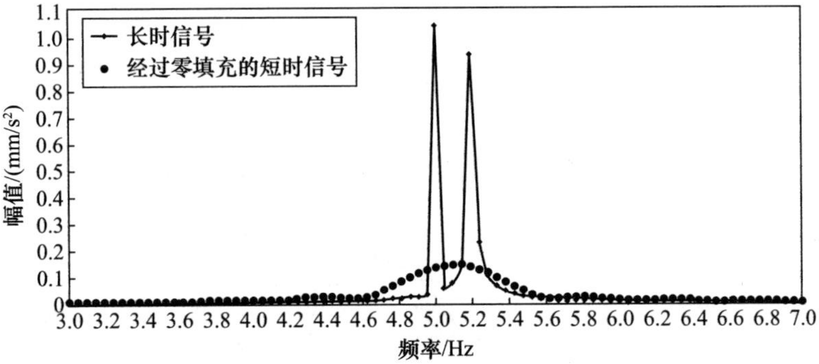

图 4.13　通过标准分析得到的包含 2 个正弦成分的信号的 DFT 谱
（实线针对的是长时信号；虚线针对的是经过零填充处理的短时信号）

根据图 4.13 可以清晰地看出，对于在较大时间区间内生成（或采集）的信号，其 DFT 结果（图中的连续曲线）将具有更精细的频率分辨率，进而能够据此识别出靠得很近的频率成分。在这一实例中，频率 $f_1 = 5\text{Hz}$ 和 $f_2 = 5.2\text{Hz}$ 都对应了彼此分离的瓣，因此是很容易观察的。然而在经过零填充处理的信号情况中却并不是如此，如图 4.13 中的虚线所示，尽管也能够获得良好的频率分辨率，但是有一个瓣覆盖了两条谱线，这使得我们很难识别出这两种频率成分。正因如此，由此估计出的频率将是错误的（位于两个实际频率之间），另外峰幅值也出现了显著的降低。

信号加窗也是一种能够用于改进频率可辨性的方式，即，当针对有限时长的信号（包含非整数个周期）进行谱分析时，通过乘以一个窗函数来减小端点附近的信号幅值，使得它们逐渐降低到零[16-17]。如图 4.14 所示，线性描述的 DFT 没有体现出任何改进，不过信号边缘的不连续性得到了抑制，进而在以 dB 表示的 DFT 中（图 4.15）减小了谱泄漏。显然，由于频率分辨率没有提升，谱线也没有重新分布，因此我们也就不可能据此改进对频率的估计了。

根据前面给出的这些实验分析，我们不难认识到，对于包含一个或多个频率成分的信号来说，延长观测时间是唯一能够实现精确的频率估计的方法。由于这一方法并不总是可行，因而我们也可以采用在原始信号中人为地增加观测时间（通过增补一系列的零值）这一途径。借助这一途径，由于谱线间距减小了，

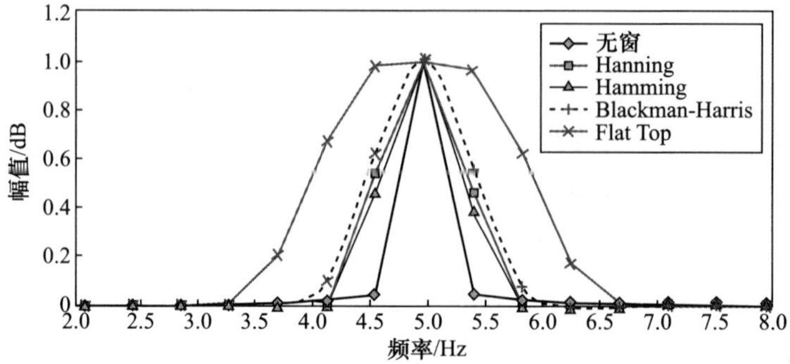

图 4.14　经过各种加窗处理后的 5Hz 正弦信号的线性 DFT 谱

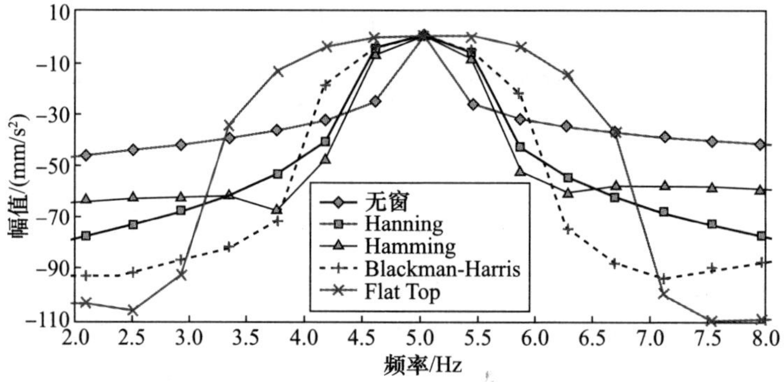

图 4.15　经过各种加窗处理后的 5Hz 正弦信号的对数 DFT 谱

因此可能出现的最大误差会降低，不过主瓣宽度不会减小，进而也就不能识别出彼此靠得很近的频率成分。针对加窗处理的信号，在以 dB 表达的 DFT 结果中可以观察到可能存在的彼此靠得很近的频率成分，但是这一方式并不能改进频率估计。可以说，前述各种方法都不能保证对短时信号给出足够精确的频率估计，而这类信号却经常出现在损伤检测过程之中，这也使得我们有必要去进一步研究其他的方法。

4.4　用于改进频率可辨性的基于插值的方法

在损伤检测问题中，为了改进频率可辨性，插值方法是比较适合的，这是因为此类方法比较简单而且占用的计算资源也比较少。另外，除了板结构以外，一般而言结构的固有频率很少是密集分布的。实用的插值方法通常是针对测得的振动信号谱中的两个或三个点进行分析。这一节我们将把若干方法跟一种先进的方法进行分析比较,后者考虑了三个独立的谱中的三个点,而这三个谱又是从一个信号中逐步剪裁得到的。

4.4.1 基于单个谱分析的插值方法

利用标准方法进行频率分析时得到的结果是跟谱线位置直接联系在一起的,从图 4.16 中就可以观察到这一点。要想找到位于谱线之间位置的实际频率,一般要依靠最佳曲线拟合手段,即绘制出能够跟 DFT 中若干个点形成最佳拟合的曲线。我们不妨考虑三个点,其中对应于最大幅值的那个点的幅值为 A_j,相关联的谱线编号为 j,而与之相邻的两条谱线编号分别为 $j-1$ 和 $j+1$,对应的幅值分别为 A_{j-1} 和 A_{j+1}。真实频率应当位于最大点附近,设为谱线间的某个位置 j_{real},并且简谐信号的幅值 A 应当也位于该位置。为此,一个基本思想就是去寻找一个修正量 δ,它是最大点位置 j 与谱线间位置 j_{corr} 之间的距离,这里的位置 j_{corr} 的涵义是指插值曲线能够在该位置达到最大幅值 A_{max}。很明显,j_{real} 和 j_{corr} 应当尽可能地靠近。

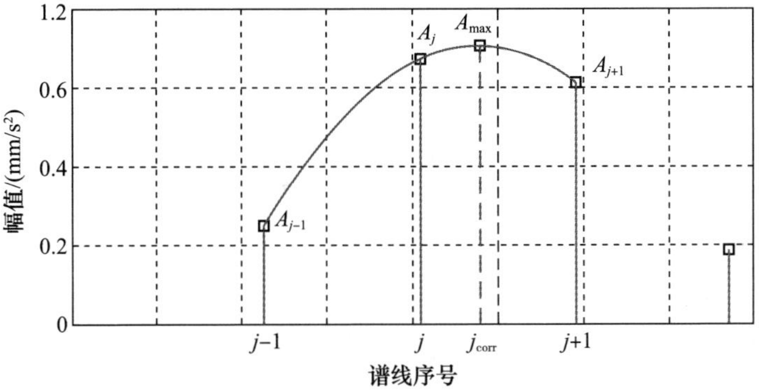

图 4.16 通过标准分析得到的正弦信号(频率为 $f=5\text{Hz}$)的 DFT 谱

一旦这个修正量已知了,那么通过对读数频率 $f_j=j\Delta f$ 引入调整量 $\Lambda f=\delta\Delta f$(频率分辨率的百分数),也就得到了修正频率 f_{corr}。对于修正量 δ 的估计通常称为频率精估计,它对应于基于 DFT 的最大点的频率粗估计[18]。

Grandke 曾经提出过一种有效的计算方法[19],其中考虑了 DFT 结果中的峰 A_j 及其最大的临近位置,并且所考察的 DFT 是针对时域信号进行汉宁窗处理之后得到的。如果在谱描述中最大临近位置的幅值为 A_{j-1},那么修正量 δ 就可以根据如下比值计算得到,即

$$\alpha=\frac{A_{j-1}}{A_j} \tag{4.20}$$

$$\delta = \frac{2\alpha - 1}{\alpha + 1} \tag{4.21}$$

进而修正后的频率结果也就变为

$$f_{\text{corr}} = (j + \delta)\Delta f \tag{4.22}$$

如果最大临近位置的幅值为 A_{j+1}，如图 4.16 所示，那么修正量的计算应采用如下比值：

$$\alpha = \frac{A_{j+1}}{A_j} \tag{4.23}$$

而此时得到的修正频率则为

$$f_{\text{corr}} = (j + 1 + \delta)\Delta f \tag{4.24}$$

Quinn 也曾经给出过一种类似的方法，其中采用了 DFT 结果中的最大点及其相邻的两个幅值信息[20]。不过，该方法进行了两次插值，每次仅涉及两个幅值。由于在 DFT 之前不需要对信号进行加窗处理，因而这种方法是比较快速的。Quinn 给出的修正量计算是根据如下比值得到的，即

$$\alpha_1 = \frac{A_{j-1}}{A_j} \tag{4.25}$$

$$\delta_1 = \frac{\alpha_1}{1 - \alpha_1} \tag{4.26}$$

$$\alpha_2 = \frac{A_{j+1}}{A_j} \tag{4.27}$$

$$\delta_2 = \frac{-\alpha_2}{1 - \alpha_2} \tag{4.28}$$

修正频率 f_{corr} 可以根据式(4.22)计算，其中的修正量应按如下规则确定：

① 如果 $|\delta_1| > |\delta_2|$，那么 $\delta = \delta_2$；②否则 $\delta = \delta_1$。

还有一种类似的插值方法[21]是 Jain 等人提出的，该方法也利用了谱中最大点相邻的谱线幅值信息，用以确定频率修正量，即，如果 $A_{j-1} > A_{j+1}$，则令

$$\alpha_1 = \frac{A_j}{A_{j-1}} \tag{4.29}$$

$$\delta_1 = \frac{\alpha_1}{1 + \alpha_1} \tag{4.30}$$

进而由此可得修正频率为

$$f_{\text{corr}} = (j - 1 + \delta_1)\Delta f \tag{4.31}$$

否则，修正量应按下式计算：

$$\alpha_2 = \frac{A_{j+1}}{A_j} \tag{4.32}$$

$$\delta_2 = \frac{-\alpha_2}{1-\alpha_2} \tag{4.33}$$

而修正频率则根据式(4.22)计算。

下面将要介绍的插值算法的特点在于一次利用三个幅值信息。Ding 提出过一种重心法[22]，其中的修正量 δ 是按照下式计算，即

$$\delta = \frac{A_{j+1} - A_{j-1}}{A_{j-1} + A_j + A_{j+1}} \tag{4.34}$$

Voglewede 还给出过另一种修正量计算方式[23]，其中采用了二次插值方法，计算公式如下：

$$\delta = \frac{A_{j+1} - A_{j-1}}{2(2A_j - A_{j-1} - A_{j+1})} \tag{4.35}$$

除了上面这种二次插值方法之外，Jacobsen 也曾提出过另一种基于二次插值得到的修正量计算式[24]，可以表示为

$$\delta_{\mathrm{Jac}} = \frac{A_{j+1} - A_{j-1}}{2A_j - A_{j-1} - A_{j+1}} \tag{4.36}$$

Candan[25] 对 Jaconsen 提出的修正量表达式做了进一步改进，即

$$\delta = \frac{\tan(\pi/N)}{(\pi/N)}\delta_{\mathrm{Jac}} \tag{4.37}$$

最后需要指出的是，对于由式(4.32)~式(4.37)所给出的修正量，计算修正频率时仍然需要利用式(4.22)。

4.4.2 基于三谱分析的插值方法

上述基于插值的频率计算方法的不足之处在于需要进行加窗处理，因此对时间和计算资源是有要求的。在进行 DFT 之前进行信号加窗处理是必要的，否则谱中将只有两个点隶属于主瓣(图 4.14 和图 4.15)，利用三点进行插值也就无从谈起了。在插值之前对原来的信号进行零填充处理，也是一个可行的做法，虽然在现有文献中很少有人提及。通过零填充使得采样点数量加倍，将可确保主瓣内具有四个点，由此也就能够进行有效的插值了。如图 4.17 所示，其中展示了针对原始信号和经过零填充处理之后的信号得到的 DFT 结果。

接下来我们再来介绍一种先进的频率估计方法，它不需要加窗处理或者零

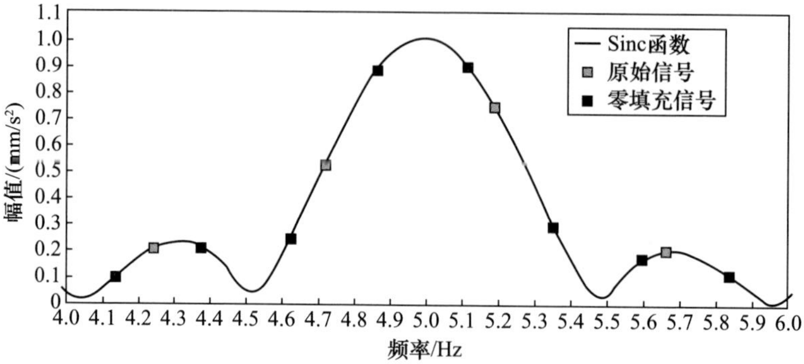

图 4.17 原始信号和零填充信号的 DFT 谱(灰色方块标记对应的是原始信号,黑色方块标记对应的是经过 1:2 零填充得到的信号,主瓣和旁瓣是利用 sinc 函数绘制的)

填充处理。这种方法的构建源于如下观测结果,即,当采用不同的分析时长时,在真实频率 f_R 附近会出现不同的峰幅值。于是,我们可以利用隶属于三个不同的谱(同一个信号)的三个峰幅值信息,去进行插值计算以找到真实频率。这三个谱可以借助时域信号的逐步裁剪方式得到。下面列出了这一算法的主要步骤。

(1) 进行一次频率粗估计,可以采用基于 DFT 的标准分析方法,由此得到频率估计值 f_{E-prim};

(2) 计算跟频率粗估计值对应的周期,即

$$T_{E-prim}=\frac{1}{f_{E-prim}} \tag{4.38}$$

(3) 设定初始分析时长为

$$T_{S-prim}=(n+0.45)T_{E-prim} \tag{4.39}$$

式中:n 为初始分析时长中所包含的整数个周期 T_{E-prim} 的个数。

(4) 计算分析中采用的最短信号的长度:

$$T_{S-fin}=(n-0.45)T_{E-prim} \tag{4.40}$$

(5) 计算时间分辨率:

$$\tau=\frac{T_S}{N_S-1} \tag{4.41}$$

式中:T_S 为采样时间;N_S 为采集到的信号中包含的采样点数量。

(6) 计算初始信号和最终信号中包含的采样点数量,即

$$N_{S-prim}=\frac{T_{S-prim}}{\tau}+1,N_{S-fin}=\frac{T_{S-fin}}{\tau}+1 \tag{4.42}$$

(7) 计算需要通过信号裁剪减少的采样点总数量，即

$$N_{S-red} = N_{S-prim} - N_{S-fin} \tag{4.43}$$

(8) 确定迭代次数 μ；

(9) 计算一次迭代需要减少的采样点数量，即

$$N_{S-it} = \frac{N_{S-prim} - N_{S-fin}}{\mu - 1} \tag{4.44}$$

(10) 对 N_{S-it} 向下取整；

(11) 通过对采集到的原始信号进行裁剪以得到初始信号，使之包含 N_{S-prim} 个采样点；

(12) 迭代裁剪初始信号，使之减少 N_{S-it} 个点；

(13) 针对 $\mu+1$ 个信号进行 DFT；

(14) 对获得的频谱进行重叠处理；

(15) 选择最大点及其临近点的幅值。

上面这个算法看上去似乎应用起来比较困难，不过实际上并不是如此，其中只需要设定两个参数即可，即迭代次数和频率范围（能够覆盖待分析的谐波成分的频率），而其他的操作都是由计算机去完成的。

图 4.18 示出了一个重叠谱的实例。如果迭代次数很多，那么插值是不必要的，这是因为在这个重叠谱中，峰幅值 A_{max} 所在的谱线（即 f_{corr}）是很接近真实频率值的[26]。当然，这里的不足在于需要反复运行 DFT，进而对计算资源提出了要求，不过对于目前计算机的性能而言这并不是问题。需要注意的一点是，采集

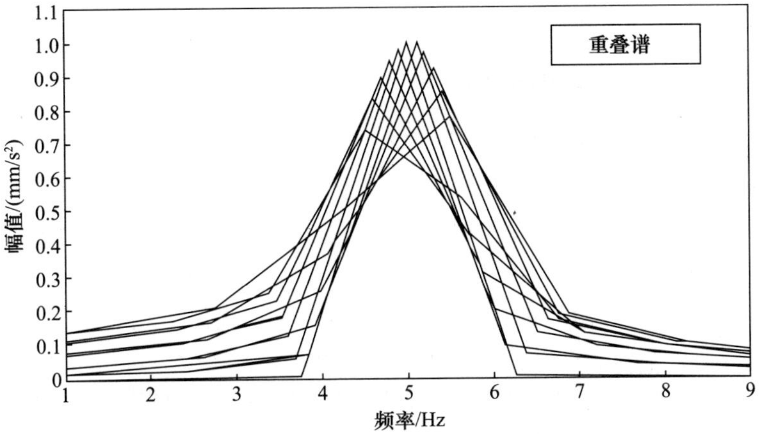

图 4.18　将若干个 DFT 谱绘制到一起形成重叠谱

到的信号中所包含的采样点总数量 N_S 对频率分辨率是没有影响的，不过应确保在一个时间周期 T_E 内具有大量的采样点。由于需要从初始信号中裁剪掉的采样点数量 N_{S-red} 是跟周期 T_E 相关的，因此 N_{S-red} 越大，可能的迭代次数就越多，进而频率估计的精度也就会更高。

还有一种可行途径是将这一算法应用到少量 DFT 上，通常是五个或六个，进而找出各个谱中的峰。进一步，通过回归分析对这些点进行函数拟合处理，该函数的最大值信息（通过求导确定）将可给出横坐标上的频率值和纵坐标上的幅值。如图 4.19 所示，其中给出了重叠谱峰的放大视图，从中可以观察到回归分析中可采用的那些点。

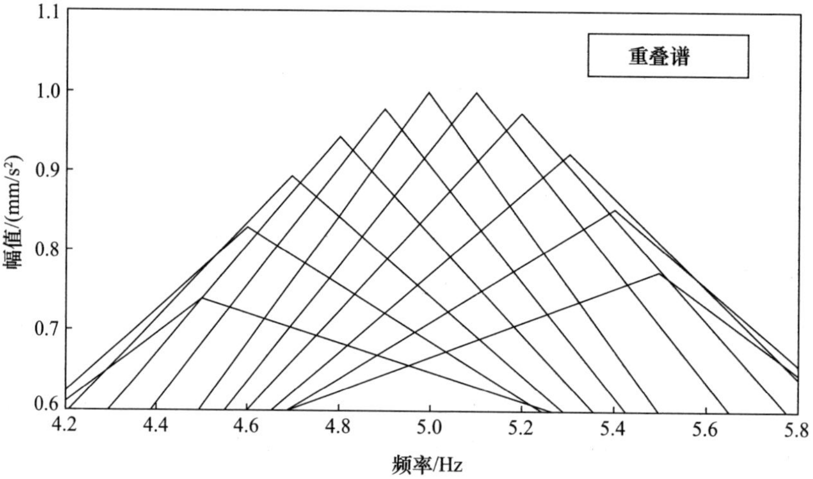

图 4.19　重叠谱峰值附近的放大视图

4.4.3　所述方法的数值比较

这里所进行的测试采用了频率为 $f=5\text{Hz}$、时长为 $T_S=1.1\text{s}$ 的简谐信号，该信号包含了 $N_S=11000$ 个采样点，采样率为 $F_S=10000\text{Hz}$。为了检验插值方法的有效性，我们考察了关于分析时长的 11 种情况。分析中，以迭代的方式每次从原始信号中去除 $N_{S-it}=200$ 个点，对应的时间步长为 $T_{S-it}=0.2\text{s}$。然后，我们针对所构造的每一种信号进行 DFT 处理，表 4.6 中列出了相关结果，其中包括了信号时长、频率分辨率以及三个相关的幅值及其频率值。进一步，我们还将上述过程再一次应用于经过加窗处理（汉宁窗）的信号，这主要是为了实现 Grandke 方法所要求满足的相关条件。为了简洁起见，这里没有直接列出与此相关的详细结果，不过稍后会介绍其峰幅值相关图像。

表 4.6　最大幅值点及其相邻两点的坐标(11 次观测结果)

T_S/s	Δf/Hz	f_{j-1}/Hz	A_{j-1}/(mm/s^2)	f_j/Hz	A_j/(mm/s^2)	f_{j+1}/Hz	A_{j+1}/(mm/s^2)
1.1	0.909091	3.636364	0.245713	4.545455	0.666935	5.454545	0.608941
1.08	0.925926	3.703704	0.242976	4.62963	0.780512	5.555556	0.483371
1.06	0.943396	3.773585	0.20824	4.716981	0.866372	5.660377	0.36156
1.04	0.961538	3.846154	0.150813	4.807692	0.92993	5.769231	0.239611
1.02	0.980392	3.921569	0.080904	4.901961	0.975751	5.882353	0.116593
1	1	4	0	5	1	6	0
0.98	1.020408	4.081633	0.100583	5.102041	0.991669	6.122449	0.096852
0.96	1.041667	4.166667	0.228265	5.208333	0.941507	6.25	0.162058
0.94	1.06383	4.255319	0.378165	5.319149	0.850485	6.382979	0.191949
0.92	1.086957	4.347826	0.533492	5.434783	0.73149	6.521739	0.193801
0.9	1.111111	4.444444	0.674068	5.555556	0.603114	6.666667	0.181891

利用 4.4.1 节给出的关系式,我们可以计算出比值 α,进而也就能够计算出频率修正量 δ 了。这些结果已经列在表 4.7 中,它们对应于两点插值的方法,而对于三点插值的方法这些结果如表 4.8 所列,不仅如此,在这些表中我们也同时列出了修正后的频率值。另外,图 4.20 ~ 图 4.22 还针对分析时长变化时频率的变化情况进行了比较。

表 4.7　修正量和修正频率值(针对采用两点插值的方法)

T_S/s	Grandke		Quinn		Jain	
	δ	f_{corr}/Hz	δ	f_{corr}/Hz	δ	f_{corr}/Hz
1.1	0.431819	5.608941	0.583334	5.075758	0.730769	4.3007
1.08	0.147347	5.743285	0.452018	5.048165	0.7626	4.409815
1.06	−0.11666	5.667997	0.316411	5.015481	0.806218	4.534167
1.04	−0.38537	5.588791	0.193569	4.993814	0.860454	4.673512
1.02	−0.67979	5.507212	0.090411	4.990598	0.923434	4.826895
1	−1	5.425926	0	5	0	5
0.98	0.471654	5.348458	0.112877	4.991594	−0.10824	4.991594
0.96	0.245568	5.278022	0.320039	4.991758	−0.20791	4.991758
0.94	0.010056	5.216292	0.800654	5.009067	−0.29148	5.009067
0.92	−0.20059	5.163114	2.694431	5.04301	−0.36043	5.04301
0.9	0.416667	4.812744	0.607143	5.119047	−0.43182	5.075759

表 4.8　修正量和修正频率值(针对采用三点插值的方法)

T_S/s	Jacobsen		Ding		Voglewede	
	δ	f_{corr}/Hz	δ	f_{corr}/Hz	δ	f_{corr}/Hz
1.1	0.75796	5.30341	0.23871	4.78417	0.37898	4.92443
1.08	0.28801	4.91764	0.15953	4.78916	0.14400	4.77363
1.06	0.13183	4.84881	0.10675	4.82373	0.06591	4.7829
1.04	0.06043	4.86812	0.06725	4.87494	0.03021	4.83790
1.02	0.02034	4.92230	0.03041	4.93238	0.01017	4.91213
1	0	5	0	5	0	5
0.98	-0.00209	5.09995	-0.0031	5.09890	-0.0010	5.10099
0.96	-0.04435	5.16397	-0.0497	5.15862	-0.0221	5.18615
0.94	-0.16467	5.15448	-0.1310	5.18806	-0.0823	5.23681
0.92	-0.46173	4.97305	-0.2328	5.20192	-0.2308	5.20391
0.9	-1.40514	4.15041	-0.3373	5.21823	-0.7025	4.85298

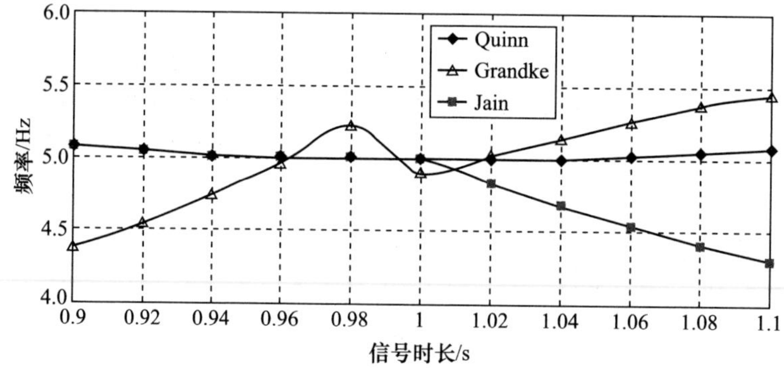

图 4.20　基于两条谱线的频率分析方法的精度

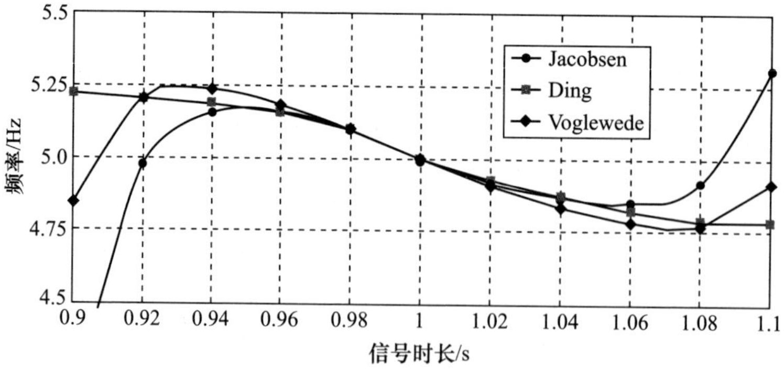

图 4.21　基于三条谱线的频率分析方法的精度

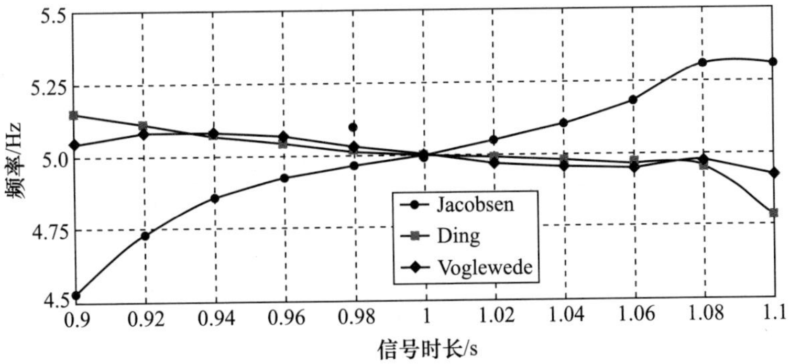

图 4.22 基于三条谱线的频率分析方法的精度(对信号进行了加窗处理)

当分析时长为 1s 时,采用标准频率分析方法得到的频率估计值的最大可能误差是 0.5Hz。从图 4.20 ~ 图 4.22 我们不难观察到,这些插值方法改善了频率可辨性,所有方法的计算结果都具有较小的误差。如同所预期的,最差的结果对应于分析时长为 0.9s 和 1.1s 的信号情况。这两个时长对于 5Hz 正弦信号而言都是特殊的,对应于 $T_S=(n+0.5)T$,在谱中可以观察到两个类似的幅值。

另一个能够观察到的现象是误差的变化,这种变化是周期性的,并且跟简谐频率成分的周期 T 相同。一般来说,如果信号包含了整数个周期,即 $T_S=nT$,那么误差是最小的,而如果 $T_S=(n+0.5)T$,那么误差将达到最大。从误差范围来看,Quinn 给出的方法应当是最为理想的了,当然,Voglewede 和 Ding 所提出的方法也能取得较好的结果。其他一些方法则在特定情况下能够给出良好的频率估计。

对于基于三点插值的方法来说,在进行 DFT 之前对信号作加窗处理,是能够改进频率估计值的,通过对比图 4.21 和图 4.22 是不难观察到这一改进的。

最后,对于 Candan 给出的方法,我们可以注意到仅当信号包含的采样点少于 150 个时它才是有效的,而这种情况在振动测试中并不常见。当采样点很多时,该方法给出的结果跟原始的 Jacobsen 方法的结果是相同的。

实际上,为了确保用于插值的三个点都属于主瓣,一个可行措施是从不同的谱中提取这些点,这些谱可以通过信号截断得到。4.4.2 节给出的算法正是利用了这一性质。我们已经针对表 4.7 给出的数据对该算法进行了实现,其中对原始信号进行了迭代截断处理,原始信号长度为 $T_{S-prim}=1.1s$,包含的采样点数量为 $N_{S-prim}=11000$,每次迭代减少的采样点数量为 $N_{S-it}=200$,或者说 $T_{S-it}=0.2s$,迭代次数为 $\mu=10$,最终的序列包含了 $N_{S-fin}=9000$ 个采样点(时长 $T_{S-fin}=0.9s$),所得到的谱峰值情况如图 4.23 所示,其中也给出了加窗处理(汉宁窗)情况下的峰值情况。需要注意的是,一般来说这个算法只需进行少量次数的迭代即可,这里为了演示而进行了 10 次迭代。

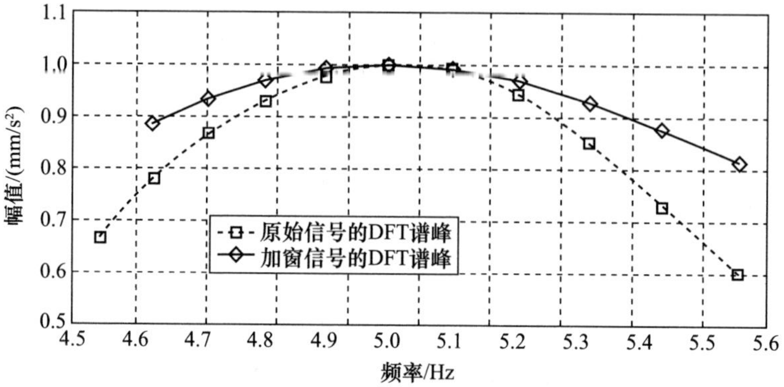

图 4.23　各个 DFT 谱中的峰(位于重叠谱的中部)

我们选择了六种情况进行了分析,这主要是为了涵盖一些可能的特殊情形。表 4.9 中已经给出了所选择的点的坐标。对于前三种情况,这些点是从不进行加窗处理的信号的 DFT 中提取的,而后三种情况则针对的是加窗处理的情况。我们通过回归分析对这些点集进行了函数拟合,并通过求导确定了最大值点的横坐标,它也就代表了所估计的频率值,参见表 4.9 中的最后一列。另外,关于情况 1 和情况 4,图 4.24 中还给出了回归函数的图像与数学表达式。

从表 4.9 中不难看出,采用这种算法所获得的精度得到了显著的提升,所有误差均小于 0.5%。对于所有时长的组合情况而言这一误差限都是成立的,不过要注意这些幅值应当属于同一个主瓣,实际上这一条件当设定了 $T_{S-prim}=(n+0.45)T_{E-prim}$ 和 $T_{S-fin}=(n-0.45)T_{E-prim}$ 时也就满足了,这里的周期 $T_{E-prim}=1/f_{E-prim}$ 来自于频率粗估计。此外,从频率估计的改进角度来看,这个算法对于是否加窗处理是不敏感的。

表 4.9　六种仿真情况中采用的点坐标以及最终得到的修正频率

情况序号	f_{j-1}/Hz	A_{j-1}/(mm/s^2)	f_j/Hz	A_j/(mm/s^2)	f_{j+1}/Hz	A_{j+1}/(mm/s^2)	f_{corr}/Hz
1	4.807692	0.92993	5.102041	0.991669	5.434783	0.73149	5.02118
2	4.807692	0.92993	5.208333	0.941507	5.555556	0.603114	5.01863
3	4.716981	0.866372	5.208333	0.941507	5.555556	0.603114	5.01971
4	4.807692	0.967896	5.102041	0.993213	5.434783	0.876081	5.01653
5	4.807692	0.967896	5.208333	0.969509	5.555556	0.812744	5.01116
6	4.716981	0.93179	5.208333	0.969509	5.555556	0.812744	5.02389

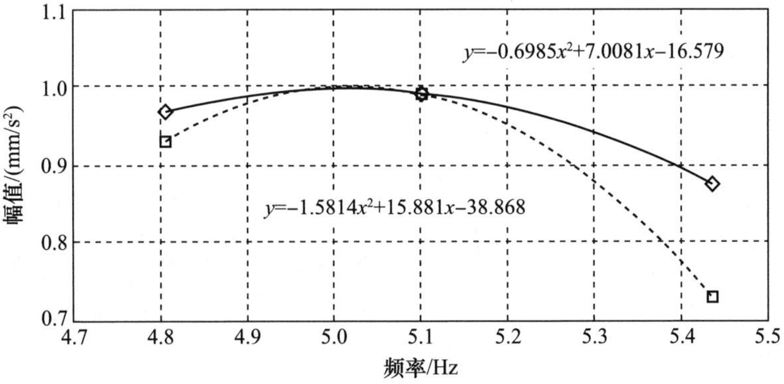

图 4.24　情况 1 和情况 4 的回归函数

总之，通过比较各种基于插值思想的频率估计方法，我们能够清晰地认识到，最可靠的方法应当采用重叠谱，它具有较窄的误差限，这就意味着我们可以将这种方法应用于结构变化的早期观测中，损伤检测就是重要的应用场合。

4.5　针对实际信号的测试

正如前面提及的，上述这种算法应当是适合于损伤检测的，因此，我们希望它能够在实际情况下发挥应有的作用。为此，这里针对一根实际制备的钢梁进行了实验测试，该梁的长度为 $L=0.89\mathrm{m}$，宽度为 $B=0.05\mathrm{m}$，厚度为 $H=0.05\mathrm{m}$，由此可得横截面面积为 $A=250\times10^{-6}\mathrm{m}^2$，惯性矩为 $I=520.833\times10^{-12}\mathrm{m}^4$。实验设置如图 4.25 所示，钢梁一端固定，另一端处于自由状态，测试仪器包括了一台笔记本计算机、一台 NI cDAQ－9171 紧凑型机箱、一个 NI 9234 四通道动态信号采集模块以及一个 Kistler 8772 加速度传感器。该算法是在 LabVIEW 中通过创建两个 VI 来实现的，一个用于采集和储存，另一个用于信号的分析。此外，这里所采用的损伤检测方法需要对梁的若干弱轴弯曲振动模态[27－30]进行测量。通过这一测试实例，我们希望证实相关频率成分是能够被较精确地估计出的，而且识别较小的频率变化也是可能的，进一步也将指出泄漏效应不会扩展到临近的频率成分。

首先测试的是一根完好的梁，为了容许进行大量的迭代处理，此处将采样频率设定为 $F_S=25000\mathrm{Hz}$。所选择的观测时长为 $T_S=2\mathrm{s}$，这就要求离散信号包括 $N_S=50000$ 个采样点。对于一阶模态，DFT 结果表明粗略估计出的频率值为 $f_{E-prim}=5\mathrm{Hz}$，因而该模态的周期估计值为 $T_{E-prim}=0.2\mathrm{s}$。我们设定 $n=8$ 和 $\mu=50$，利用 VI 中实现的算法计算了所需的参数，得到了峰幅值和频率估计值。由

图 4.25　实验设置

于在重叠谱中已经保证了谱线的密集性，因此算法输出的频率可以视为修正频率。

如图 4.26 所示，在所得频率值（5.03999Hz）附近形成了一个主瓣。不仅如此，我们还可以从图中的右下方看出泄漏没有延伸到其他模态中。由于每个频率成分必须单独进行分析，因此应当施加合适的激励以增大所考察的振动模态的幅值。借助这一方式，我们就可以忽略不计来自于其他振动模态的泄漏效应对所考察的成分的影响。

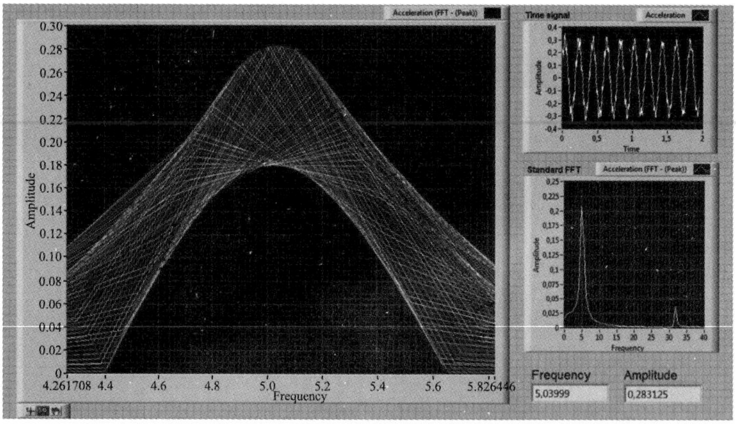

图 4.26　密集的重叠谱（VI 自动指示出峰幅值和相关频率）

如果将迭代次数减少，即令 $\mu = 5$，那么此时得到的重叠谱中存在六条频率 - 幅值曲线，如图 4.27 所示。应当注意的是，不能认为图中的最大值点对应于修正频率，不过该点及其临近的两个点将被用于回归分析中。我们选择了六个幅值进行了分析，如图 4.28 所示，其中的实线及其上方的表达式对应于完好的梁的情况。由此得到的结果表明,修正频率值为$f_{corr}=5.03748Hz$。

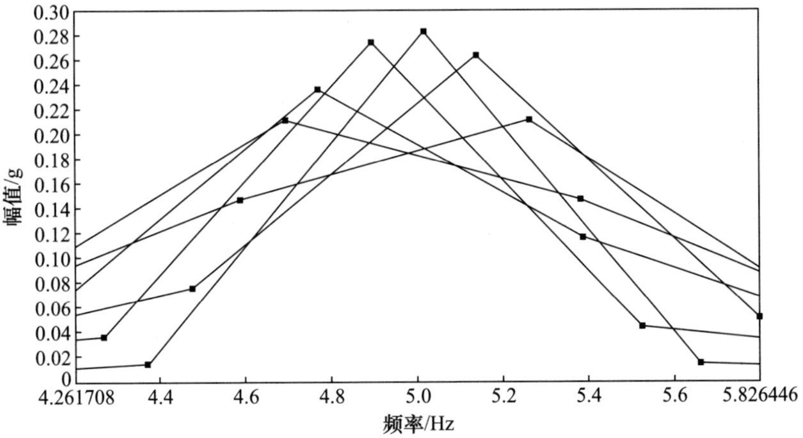

图 4.27　完好梁的重叠谱(五次迭代)(VI 自动提取出频率幅值对)

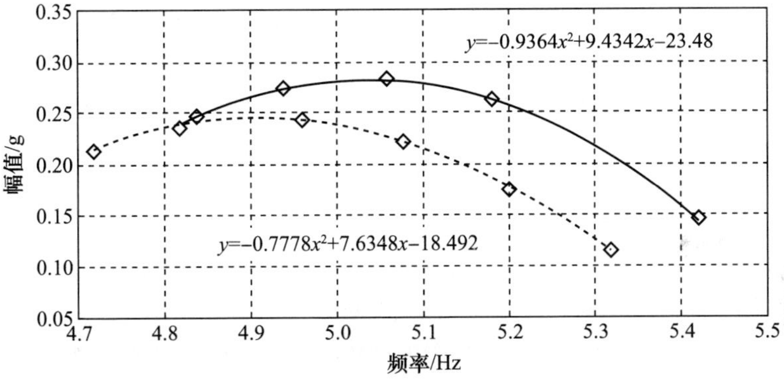

图 4.28　针对从重叠谱中提取出的幅值的回归分析(六条相关谱线)
(实线对应于完好梁,虚线对应于损伤梁)

我们在梁上距离固定端$x_D=0.19m$的位置引入一个锯切损伤,深度和宽度分别为1mm和2mm,然后再重复前述的测试过程。当谱线比较密集的时候,我们获得的修正频率值为$f_{corr}=4.88993Hz$,而如果迭代次数较少,那么有$f_{corr}=4.90829Hz$。在图4.28中,我们针对这根带有损伤的梁,绘制了回归函数图像(虚线),同时也给出了数学表达式。根据图4.28,我们很容易观察到相对较小的频率移动现象。应当注意的是,对于这两种情形(完好的梁与带有损伤的梁)来说,采用该方法的上述两种不同方式所得到的结果之间都不存在明显差异,而且这种差异要小于损伤所带来的频率移动量。借助这种频率估计方法我们能够获得较高的精度,所观察到的频率读数可以精确到小数点后若干位。

4.6 本章小结

通过分析频率的移动来进行损伤检测,这一途径要求我们能够较为精确地进行频率估计。由于采集时间较短,可能产生的误差将与损伤导致的频率移动量相当,因此在早期阶段就观测到损伤的发生往往是不可能的。一些简单的实用方法,如零填充、信号加窗或者插值等,都不能改进实际频率的可辨性。根据所进行的数值仿真,我们可以发现误差是依赖于采样时间的,甚至可达 10% 。

可用于替代插值方法的手段是,从同一个信号的不同谱中提取出频率 - 幅值对,当将这些谱重叠起来之后,谱线的间距会显著减小,从而使得我们能够获得较高精度的频率读数。

我们针对所提出的方法进行了测试,考察了给定频率的生成信号,也分析了从健康结构和损伤结构采集到的信号,在所有情况中都准确地识别了频率值。一般地,如果采用标准频率分析方式,那么对于采集时间超过 5s 仍可观测的损伤来说,是很容易识别的。然而如果采用本章给出的这一方法将会更具优势,特别是对于高阶振动模态更是如此,因为它们的快速衰减限制了信号的长度。

参考文献

[1] Doebling, S. W. , Farrar C. R. , and Prime, M. B. A summary review of vibration based damage identification methods. Shock and Vibration Digest 30(2), pp. 91 - 105 (1998).

[2] Salawu, O. S. Detection of structural damage through changes in frequency: A review. Engineering Structures 19(9), pp. 18 - 723 (1997).

[3] Morassi, A. and Vestroni, F. Dynamic Methods for Damage Detection in Structures, Vol. 499, CISM Courses and Lectures, Springer (2008).

[4] Gillich, G. R. and Praisach, Z. I. Modal identification and damage detection in beam - like structures using the power spectrum and time - frequency analysis. Signal Process 96(Part A), pp. 29 - 44 (2014).

[5] Friswell, M. I. Damage identification using inverse methods. Philosophical Transactions of the Royal Society A 365, pp. 393 - 410 (2007).

[6] Gillich, G. R. , Praisach, Z. I. , Abdel Wahab, M. , and Vasile, O. Localization of transversal cracks in sandwich beams and evaluation of their severity. Shock and Vibration 2014, 607125, pp. 10 (2014).

[7] Rytter, A. Vibration Based Inspection of Civil Engineering Structures. Ph. D. Thesis, Aalborg University, Denmark (1993).

[8] Almeida, R. Urgueira, A. , and Maia, N. M. M. Further developments on the estimation of rigid body properties from experimental data. Mechanical System and Signal Processing 24(5), pp. 1391 - 1408 (2010).

[9] Hutin, C. Modal analysis using appropriated excitation techniques. Sound Vibrations 34 (10), pp. 18 - 25 (2000).

[10] Sakaris, C., Sakellariou J. S., and Fassois, S. How many vibration response sensors for damage detection & localization on a structural topology? An experimental exploratory study. Key Engineering Materials 569 - 570, pp. 791 - 798 (2013).

[11] Gillich, G. R., Praisach, Z. I., and Iavornic, C. M. Reliable method to detect and assess damages in beams based on frequency changes. In Proceeding of the ASME International Design Engineering Technical Conferences and Computers and Information in Engineering Conference (IDETC/CIE 2012), Vol. 1, pp. 129 - 137, Chicago, USA (Aug, 2012).

[12] National Instruments. LabVIEW Analysis Concepts, Part Number 370192C - 01 (Mar, 2004).

[13] Minda, A. A., Gillich, N., Mituletu, I. C., Ntakpe, J. L., Manescu, T., and Negru, I. Accurate frequency evaluation of vibration signals bymulti - windowing analysis. Applied Mechanics and Materials 801, pp. 328 - 332 (2015).

[14] Chioncel, C. P., Gillich, N., Tirian, G. O., and Ntakpe, J. L. Limits of the discrete fourier transform in exact identifying of the vibrations frequency. Romanian Journal of Acoustics and Vibration 12 (1), pp. 16 - 19 (2015).

[15] Donciu, C. and Temneanu, M. An alternative method to zero - padded DFT. Measurement 70, pp. 14 - 20 (2015).

[16] Andria, G., Savino, M., and Trotta, A. Windows and interpolation algorithms to improve electrical measurement accuracy. IEEE Transactions on Instrumentation and Measurements 38(4), pp. 856 - 863 (1989).

[17] Abed, S. T., Dallalbashi, Z. E., and Taha, F. A. Studying the effect of window type on power spectrum based on MatLab. Tikrit Journal of Engineering Science 19(2), pp. 63 - 70 (2012).

[18] Djukanovi' c, S., Popovi' c, T., and Mitrovi'c, A. Precise sinusoid frequency estimation based on parabolic interpolation. In Proceeding of the 24th Telecommunications Forum TELFOR, pp. 1 - 4, Belgrade, Serbia (2016).

[19] Grandke, T. Interpolation algorithms for discrete fourier transforms of weighted signals. IEEE Transactions on Instrumentation and Measurements 32, pp. 350 - 355 (1983).

[20] Quinn, B. G. Estimating frequency by interpolation usingfourier coefficients. IEEE Transactions on Signal Processing 42, pp. 1264 - 1268 (1994).

[21] Jain, V. K., Collins, W. L., and Davis, D. C. High - accuracy analog measurements via interpolated FFT. IEEE Transactions on Instrumentation and Measurements 28, pp. 113 - 122 (1979).

[22] Ding, K., Zheng, C., and Yang, Z. Frequency estimation accuracy analysis and improvement of energy barycenter correction method for discrete spectrum. Journal of Mechanical Engineering 46 (5), pp. 43 - 48 (2010).

[23] Voglewede, P. Parabola approximation for peak determination. Global DSP Magazine 3 (5), pp. 13 - 17 (2004).

[24] Jacobsen, E. andKootsookos, P. Fast, accurate frequency estimators. IEEE Signal Processing Magazine 24 (3), pp. 123 - 125 (2007).

[25] C, andan, C. A method for fine resolution frequency estimation from three DFT samples. IEEE Signal Processing Letters 18(6), pp. 351 - 354 (2011).

[26] Mituletu, I. C. , Gillich, N. , Nitescu, C. N. , and Chioncel, C. P. A multi – resolution based method to precise identify the natural frequencies of beams with application in damage detection. Journal of Physics: Conference Series 628(1), 012020 (2015).

[27] Gillich, G. R. and Praisach, Z. I. Detection and quantitative Assessment of Damages in Beam Structures Using Frequency and Stiffness Changes. Key Engineering Materials 569, pp. 1013 – 1020 (2013).

[28] Gillich, G. R. and Praisach, Z. I. , Robust method to identify damages in beams based on frequency shift analysis. In Proceeding SPIE 8348, Health Monitoring of Structural and Biological Systems 2012, 83481D, San Diego, USA (Mar, 2012).

[29] Gillich, G. R. , Maia, N. M. M. , Mituletu, I. C. , Praisach, Z. I. , Tufoi, M. , and Negru, I. Early structural damage assessment by using an improved frequency evaluation algorithm. Latin American Journal of Solids and Structures 12(12), pp. 2311 – 2329 (2015).

[30] Gillich, G. R. , Praisach, Z. I. , and Negru, I. Damages influence on dynamic behaviour of composite structures reinforced with continuous fibers. Materials and Plastics 49(3), pp. 186 – 191 (2012).

第 5 章　基于剪切散斑干涉技术测得的模态响应的损伤定位

J. V. Araújo dos Santos[1,3], H. Lopes[2,4]
① 里斯本大学高等理工学院 IDMEC, 葡萄牙, 里斯本,
Av. Rovisco Pais, 1049 – 001
② 波尔图理工大学工程学院, 葡萄牙, 波尔图,
Rua Dr. António Bernardino de Almeida 431, 4249 – 015
③ viriato@ tecnico. ulisboa. pt
④ hml@ isep. ipp. pt

摘要: 本章将介绍剪切散斑干涉技术这种非接触式、全场高分辨率光学方法, 在梁板结构物模态响应测试以及后续的损伤定位方面的应用。此外, 我们也对剪切散斑干涉技术以及其他面向振动分析的相关干涉技术进行了文献回顾。由于剪切散斑干涉技术建立在斑点干涉测量基础上, 因此也介绍了与散斑现象和波干涉现象相关的一些物理和数学方面的基础知识。我们针对从散斑模式中得到的相位图阐述了一些可行的主要分析手段, 并对相位图的滤波和解包裹处理过程做了介绍, 这些处理对于获得模态位移场的梯度(进而得到模态转动场)是必需的, 而且将给出有关损伤定位问题的实例分析与讨论, 其中利用了两种不同的剪切散斑干涉系统进行了模态响应的测试, 并考虑了带有单个损伤和多个损伤的铝梁结构, 这些结构是通过锯切或铣床加工制备的。为了检验该损伤定位方法的准确性和有效性, 我们还考察了若干不同程度的损伤。分析结果表明, 利用模态形状的高阶(四阶)导数信息是能够对非常小的损伤予以定位的。

关键词: 损伤定位; 模态响应; 剪切散斑干涉; 散斑干涉; 模态转动场; 无接触测量; 电子散斑干涉技术(ESPI); 模态曲率场; 相位图; 时域相移

5.1 引　　言

近年来, 人们针对一些较成熟的基于振动数据的损伤定位方法, 例如Pandey

等人提出的曲率模态振型法[1]和类似的一些技术方法[2-4]，进行了大量的改进研究工作。在绝大多数的改进研究中，人们在利用响应数据的导数信息时引入或采用了更为复杂的近似。例如，在 Sazonov 和 Klinkhachorn[5]提出的方法中采用了最优采样间隔（在梁的模态形状离散过程中）；Guan 和 Karbhari[6]提出了利用四阶中心差分方法来代替二阶方法以区分稀疏和噪声测试；Chandrashekhar 和 Ganguli[7]指出了，通过将模糊逻辑方法与基于曲率的损伤指标结合起来，是可以降低几何和测试中的不确定性的影响的；为了抑制测量噪声的影响，Rucevskis 和 Wesolowski[8]还提出了基于振型曲率平方和（针对所有感兴趣的模态）的损伤指标；Tomaszewska[9]则给出了另一种损伤指标，它将确定性和随机性结合了起来。Radzienski[10]研究指出小波变换是较好的改进手段，它更为有效而且具有噪声无关性和多功能性；Solis 等人[11]也采用了基于小波变换的方法，其中包括了一个曲线拟合过程，也能够起到平滑的目的；Cao 等人[12]将 Teager 能量算子和小波变换应用于梁的模态形状上；Xu 等人[13]考虑了导数区间的宽度和导数的分辨率，对二阶中心有限差分进行了修正；Yang 等人[14]通过引入加窗傅里叶脊线算法提取了振型曲率（采用数值插值进行了预处理）。我们应当注意的是，除了通过采用更有效的数值技术来进行改进之外，也有必要采用更可靠和更有效的实验技术（而不是那些常用的方法）来对模态响应进行测试。例如，如果我们采用的是传统的实验模态分析技术，将力换能器和加速度传感器分别作为作动器和传感器附着在振动结构上，那么它们所带来的影响有可能显著改变动力学行为特性。为了尽量消除这一问题，我们就可以考虑采用更有效的实验技术手段，例如以非接触的方式对该结构进行激励和拾取响应。

在各类非接触式测量技术中，光学测试方法是最为灵敏的，近年来其应用已经有了显著的增长[15]。针对面向损伤定位的模态响应测试，文献[16-19]中给出了一些光学测试方法的应用实例，这些工作中所测量的模态响应是指模态位移场，它们反映了模态形状（即振型）。由于基于曲率的损伤定位方法需要这些物理场的二阶导数信息，因此剪切散斑干涉技术逐渐受到了人们的关注。该技术直接测量位移梯度（在选定的方向上），可以视为一种通过光学手段实现的微分过程。剪切散斑干涉技术建立在散斑现象这一基础上，当粗糙的漫反射表面被相干光照亮时就会出现散斑现象。在剪切散斑干涉技术的绝大多数应用中，所采用的相干光通常是一个或多个激光束。这一技术的起源可以追溯到 20 世纪 70 年代早期出现的散斑干涉的研究[20-22]。散斑干涉类似于全息干涉技术，实际上人们最早就是在利用全息技术重构影像时观察到散斑的（也是人们不希望出现的）[23]，后来，进一步的研究又发现了这些散斑携带了与表面有关的一些信息。关于散斑现象的研究历史可以参阅文献[24-26]，文献[27]还对与散斑干涉有关的研究进展进行了回顾和总结。

本章首先将对一些相关文献进行回顾,主要关心的是采用剪切散斑干涉技术以及相关的散斑干涉技术对振动物体进行测试。随后,我们将介绍散斑干涉的基本原理及其与剪切散斑干涉之间的关系,并着重阐明能够用于分析散斑相位图的各种技术方法,同时也将讨论用于确定连续位移场梯度的相位图滤波和解包裹方法。最后,本章还将给出若干损伤定位的实例分析和讨论,在模态响应测试中借助的是剪切散斑干涉技术。这些实例分析表明了,这种测试方法是灵敏的,能够用于实现较小的多损伤情况的定位。

5.2 振动分析中的剪切散斑干涉技术概述

早在 1968 年人们就已经采用散斑效应来测量静态位移和等高线[27],后来这一效应也很快被用于振动物体的分析中。Archbold 等人[28]搭建了一台仪器,其机理在于当一个表面处于振动状态时,节点区域一定是视觉可观测到的,因为在这些区域中散斑要比其他区域的对比度更高。他们考察了一块处于振动状态的方板,把带有高对比度斑点的可视区域跟记录到的全息图进行了比较。尽管该方法只能确定出节点区域,基本上只是一种视觉测量法,但是它不涉及摄影过程,也无须保证漂移稳定性(在全息记录中是重要的)。Archbold 等人所搭建的实验设置也被 Ek 和 Molin[29]用来检测振幅情况。Tiziani[30]成功地将散斑现象应用到电子表音叉的机械振动幅值计算之中。Fernelius 和 Tome[31]也将散斑效应用于振动分析并得到了类似的结论,他们考察的是受到不同频率声学激励的镀锡钢手套箱端盖结构。由于所分析的表面是平面,因而是能够将散斑图样跟克拉尼散沙图案进行比较的,并且他们也观察到了二者之间具有非常显著的相似性。不仅如此,这些研究人员还分析了一块固支条件下的钢制方板结构,结果表明在不同结构中散斑效应也是存在的。最后,他们还研究了一个带有曲面的铝制啤酒罐,识别出了与罐子周向上的驻波相关的模态。值得指出的是,在Fernelius和 Tome[31]给出的结论中,有一条就是关于所提出的方法的优势,即它是一种非接触式的方法,无须在振动物体上附加额外的质量,因而不会改变共振频率。Butters 和 Leendertz[23]是利用电视监控器直接获得一块圆盘的典型振动模式的,在这种方法中由于进行了实时处理(不同于频闪实时干涉,这里不需要进行频率同步,不存在开关频率限制),因此随着频率的改变我们能够观察到振动模式的变化情况。上面提及的这些研究工作只是一部分而已,不过它们应当是较早采用光学测试方式的,可以说当前电子散斑干涉技术(ESPI)或 TV 全息技术就是来源于此的。

剪切散斑干涉技术与 ESPI 类似，只是它能够使振型斜率或振幅导数变得可视化，而不是振型或振幅自身。与 ESPI 相比，剪切散斑干涉技术中的干涉仪对于外部扰动（如对流或振动）的敏感性更低一些，因此，在实验室这种受控环境以外的场合中也是适用的。关于 ESPI 和剪切散斑干涉技术之间的区别，读者可以参阅文献[32]，其中给出了较为全面的介绍。最早利用剪切散斑干涉技术进行振动特性测试的工作之一是 Hung 和 Taylor[22] 所报道的，他们针对一块四边固支的矩形板，在两个不同频率处进行了分析，得到了能够反映模态幅值的斜率（即 x 方向上的一阶导数）的条纹图案。对于以基本模态进行振动的板，其模态幅值的斜率所对应的条纹图案也可在文献[33]中找到，并且在其中还针对文献[22]所给出的散斑剪切干涉测量方法进行了改进。Chiang 和 Juang[34] 曾提出过一种不同的光学构型来获取局部斜率等值线条纹，他们针对一块方板考察了不同振动频率下的局部反节点和斜率等值线的条纹情况，并且还将这一方法应用于薄圆柱壳的振动分析。虽然利用这种方法可以在完成记录之后改变导数方向和灵敏度，但是它对刚体转动行为的容忍度是较小的，所产生的条纹质量较差[35]。

上述这些工作以及其他相关的采用剪切散斑干涉技术进行振动分析[36-38]的研究都是具有深远影响的，在此基础上人们又持续地推进和深入，在数字记录与图像处理技术方面取得了显著的进展，从而使得我们在表面振动可视化方面能够获得更好的品质。当前，数字记录媒介通常依赖的是视频传感器，因而可以避免消耗品的使用（在基于照相记录或热塑记录的剪切散斑干涉测量中需要使用消耗品），进而能够实现实时测试[39]。将数字图像处理技术应用于采集到的散斑图样也是非常有意义的。Nakadate 等人[40]的研究指出，在计算机上针对散斑图样进行数字处理能够改进条纹图案的质量，同时还可计算出表面应变分量。除了针对中心受载的圆板给出了位移场横向斜率的条纹图案以外，他们还得到了该板法向振幅的横向斜率。Ng 和 Chau[41] 进行了另一个实例研究，将数字剪切散斑干涉技术应用于四边固支的薄方板的模态分析中，得到了前五阶模态的振型斜率，分析表明由剪切散斑得到的振型斜率（以视频帧速率观察）与理论结果是一致的。Yang 等人[42]也探讨了数字剪切散斑干涉技术在振动分析中的可行性，他们提出了一种将连续和频闪照明相结合的方法。连续照明比较适合于定性的振动分析和无损检测（动态激励下），如果我们希望进一步分析某个特定频率下的剪切干涉图像，那么就可以通过控制器的调节来选择频闪照明，从而得到更精确的相位图。这些研究人员考虑了一块受到不同频率激励作用的矩形钢板（通过背面上的四个槽实现四边固支），利用连续照明进行了实时观测，结果表明了所有的槽都能显示出来，因而也就证实了数字剪切散斑干涉技术是一种可行的无损检测(定性)工具。Yang 等人还针对一端固支、另一端受到压电晶体简谐激励的透平叶片进行了研究,给出了相位图、解包裹后的相位分布以及位移导数场的三维图等。通过对解包裹后的相位图进行积分和微分处理,他们还分别得到了位移场和弯曲应变场。Wong 和 Chan[43] 利用剪切散斑干涉技术对一根受到微型激振器激励的悬臂梁进行了模态阻尼测试,他们采用了基于加速度传感器的模态分析方法对该测试技术的有效性进行了验证,结果表明误差约为 0.7% 左右。Casillas 等人[44] 分析了一个由电动激振器施加简谐激励的圆柱,他们在频闪剪切散斑干涉技术中提出了一种相位恢复措施,使得较小的面内和面外振幅都可以得到更加准确的估计,并且实验结果与有限元仿真得到的结果取得了很好的一致性。Bhadury 等人[45] 进一步提出了一种双功能系统,他们将数字散斑干涉技术与数字剪切散斑干涉综合到了一个系统中,进而在条纹图样层面上来观察模态形状。这些研究人员针对以不同的共振频率作正弦振动的底边固支的铝板和压电作动的无阀微型泵,将这一系统应用于这些结构的振动模态形状的分析中。

前面介绍的大多数研究工作所描述的相关技术仅仅只是针对振幅的测试,而有时我们也需要去确定振动的时域特性和特定光学配置下的相位情况,还包括图像的后处理等方面的工作。例如,Valera 和 Jones[46] 提出了一种可用于确定振动相位和导数符号的技术,他们在时间平均的面外振动分析中采用了一种基于光纤的剪切散斑干涉仪(带正弦相位调制),考察了一块直径为 14cm 的受到两种不同频率激励的圆形铝板的振动。对于振动周期内各种状态下的相位分布,我们也可借助 Somers 等人[47] 所提出的方法来得到,进而也就能够从时间和空间两个方面对简谐振动加以描述了。这些研究者考虑了一块 240 × 240mm 的铝板,板的厚度为 0.5mm,以弹性方式支撑在角点位置处的四个弹簧上,且受到了激振器的激励,激励频率为该板的某个共振频率,他们利用所提出的方法对此进行了分析,结果表明了一个振动周期内前半段和后半段的相位是倒置的。通过针对所有测试时间段(或某个选定时间段)进行相位差的累积,我们就能够直接观察到在解包裹之后振动周期内的正负部分了。

由于剪切散斑干涉技术测量的是位移场的梯度,因而应变是可以直接获得的。如果测得的应变表现出某些变化,那么我们就能够马上将这种变化跟材料中的缺陷关联起来。这正是剪切散斑干涉技术自提出以来就已经用于无损检测场合的一个重要原因。除了前面提及的一些研究工作,我们还可以找到数字剪切散斑干涉技术在复合材料无损检测中的更多应用,参见文献[48 - 49]。近年来,针对解包裹后的相位图进行后处理以获得模态曲率场,这一方法也已经被用于各向同性材料[50] 和复合材料[51 - 53] 的损伤定位了。

除了可以用来对振动结构进行测试以外,剪切散斑干涉技术还能够用于测量受到热载荷或压力载荷(或真空)等各种激励情况下的结构位移梯度场。关于这一技术的发展现状和历史回顾,以及在各种测试场合中的应用,读者可以参阅文献[54-55],从中可以了解到这些年来人们所实现的各种技术进步。除了介绍了不同类型的实验设置和图像后处理方法之外,这两篇文献还提到了剪切散斑干涉技术在瞬态振动分析中的应用。在这种情况中,我们可以利用高速摄影机或脉冲激光器来分析时变的位移导数场[54]。另外,值得提及的还有针对无损检测将剪切散斑干涉技术与其他技术进行对比分析的一些研究工作[56-59]。

5.3 散斑干涉和剪切散斑干涉技术的基本原理

这一节将对散斑干涉技术的基本原理做一介绍。首先阐明了散斑特性、干涉现象以及跟剪切散斑干涉之间的关系,进一步对基于散斑图样后处理的相位图分析技术做了介绍。为了确定连续位移场梯度,一般需要对相位图进行滤波和解包裹处理,为此本节也将对这一方面的若干方法进行讨论。

5.3.1 散斑干涉

5.3.1.1 散斑特性

当粗糙表面受到一束合适的光的照射时,由于多个反射球面波前的干涉效应,我们会得到散斑图案。这里光的波长应当小于或等于表面粗糙度,而且必须是相干光,这也是为什么大多数应用中都采用激光的原因。散斑的空间形状是椭球形的[60],其尺寸随着到反射表面的距离而变,这些散斑会形成一种随机图案,虽然在时域内它们是稳定的,不过在空间上却存在着显著的变化[61],因而这种图案往往表现为一种颗粒状集合,如图 5.1 所示。一般来说有两种类型的散斑,分别称为客观散斑和主观散斑[62-63]。对于客观散斑来说,不存在成像系统,散斑尺寸取决于观测平面以及表面照射是如何进行的。与此不同的是,主观散斑是通过成像系统形成的,因此它取决于该系统的衍射极限。观测平面上的像是利用透镜和光圈生成的,散斑的尺寸可以通过控制光圈来调节,这就有利于我们根据光电传感器的尺寸去恰当地调整散斑的直径,后面会对此做更详细的介绍。

根据惠更斯原理,在受到光束照射的粗糙表面上,每一个点都可以视为一个次级球面波源。在给定瞬时,电场可由下式给出[61]

$$E_n(r_n)=\frac{A_n}{r_n}\mathrm{e}^{\mathrm{j}(kr_n+\phi_n)}\quad n=1,2,\cdots,N \tag{5.1}$$

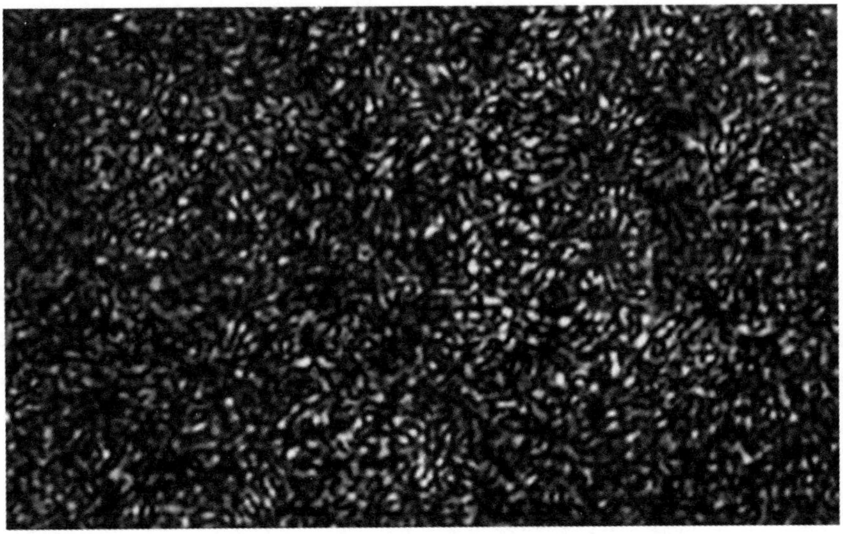

图 5.1　干涉仪得到的散斑图案

式中：n 为表面上的某个点；N 为这些点的总数量；A_n 为幅值；r_n 为该点到观测平面的距离；k 为传播方向；ϕ_n 为相位。

所有这些源点都将对到达观测平面某点 $P(x,y)$ 的入射光束强度产生贡献，于是有[61]

$$E(x,y) = \sum_{n=1}^{N} \frac{A_n}{r_n} \mathrm{e}^{\mathrm{j}(kr_n+\phi_n)} \tag{5.2}$$

式(5.2)可以视为二维随机游走问题，因而可以采用中心极限定理，于是对于第 n 个波我们可以得到

$$E_n(r_n) = \frac{|A_n|}{\sqrt{N}} \mathrm{e}^{\mathrm{j}\phi_n} \tag{5.3}$$

式中：$\frac{|A_n|}{\sqrt{N}}$和 ϕ_n 分别为幅值和相位。

因为表面是由大量面元随机分布而构成的，所以散斑的幅值和相位将具有统计独立性。可以认为相位服从如下均匀分布[61]

$$P_\phi(\phi) = \begin{cases} \frac{1}{2\pi} & -\pi \leqslant \phi < \pi \\ 0 & \phi \geqslant \pi \text{ 或 } \phi < -\pi \end{cases} \tag{5.4}$$

而强度或幅值服从负指数概率分布[61]

$$P_I(I)=\begin{cases}\dfrac{1}{2\sigma^2}\mathrm{e}^{-\frac{1}{2\sigma^2}} & I>0\\ 0 & I\leqslant 0\end{cases} \tag{5.5}$$

式中：σ^2 为联合概率函数的方差。

如果强度的均值等于 $2\sigma^2$，且强度方差 $2\sigma_I^2$ 等于平均强度，那么散斑的对比度就始终等于 1[61]。

散斑的尺寸是一个重要参数，它跟 CCD 或 CMOS 传感器的像素数是直接相关的，也就是与所采用的测试技术的分辨率有关。在实际应用中为了解决散斑问题，一般需要调整其平均尺寸使之适应于采集系统的分辨率。散斑的平均尺寸可以根据观测平面内的强度自相关函数求出。根据惠更斯－菲涅尔原理，并考虑成像系统的衍射极限，这个自相关函数可以表示为[61]

$$R(r)=\langle I\rangle^2\left\{1+\left|\frac{2J_1\left(\dfrac{\pi D_1 r}{\lambda z}\right)}{\dfrac{\pi D_1 r}{\lambda z}}\right|^2\right\} \tag{5.6}$$

式中：$\langle I\rangle$ 为平均强度；D_1 为透镜瞳孔直径；J_1 是第一类一阶贝塞尔函数；λ 为波长；z 为观测平面到透镜光瞳平面的距离；$r=\sqrt{\Delta x^2+\Delta y^2}$，其中的 Δx 和 Δy 分别为观测平面内的 x 和 y 方向上的散斑尺寸。

根据贝塞尔函数 $J_1\left(\dfrac{\pi D_1 r}{\lambda z}\right)$ 的第一个极小值点可以得到主观散斑的平均尺寸 d_s 为

$$d_s=1.22\,\frac{\lambda z}{D_1} \tag{5.7}$$

另外，我们也可以将平均尺寸定义为光学系统的数值孔径 NA 和波长 λ 的函数形式，即

$$d_s=0.61\,\frac{\lambda}{NA} \tag{5.8}$$

式(5.8)对于较小的光圈是成立的，这是因为在这种情形下，数值孔径可以近似为 $D_1/2f$，f 为焦距（等于 z）。数值孔径和透镜与观测平面之间的距离决定了散斑图像的最大空间频率，我们可以通过这一距离、波长以及透镜瞳孔直径来计算，即

$$f_{\max}=2\,\frac{D_1}{\lambda z} \tag{5.9}$$

综上所述，我们就能够确定光学系统的理想特性，从而帮助我们建立起散斑尺寸与 CCD 或 CIMO 传感器（用于采集散斑强度）的像素尺寸之间的关系。

5.3.1.2 干涉现象

到达光电传感器的光强可以通过单位时间内入射到某个面积上的能通量来定义。对于定态波而言，光强可以表示为

$$I(r)=\langle E(r,t)E^*(r,t)\rangle=\lim_{T_m\to+\infty}\frac{1}{T_m}\int_{-\frac{T_m}{2}}^{+\frac{T_m}{2}}E(r,t')E^*(r,t')\mathrm{d}t' \quad (5.10)$$

式中：星号代表的是复共轭，且有

$$E(r,t)=A_0\mathrm{e}^{\mathrm{j}(kr-\omega t+\phi)} \quad (5.11)$$

式(5.11)描述的是光波的空间和时间分布。实际应用中，光束作用时间 T_m 是远大于周期的，即 $T_m\gg 2\pi/\omega$，因此略去比例系数以后光强就可以简化表示为 $I=|A_0|^2$。

当两个或更多个相干光波相互叠加时，将会形成干涉现象。下面我们来考虑从同一个波源发出的两个相干的平面波前，分别记为 $E_1(r,t)$ 和 $E_2(r,t)$，它们具有相同的幅值 A_0 和频率 ω，不过传播路径不同，相位可分别记为 ϕ_1 和 ϕ_2。这两个波产生干涉之后将形成一个幅值依赖于相位差的波，即[61]

$$\begin{aligned}&(E_1+E_2)(r,t)\\&=2A_0\cos\left[\frac{2\pi}{\lambda}\sin\left(\frac{\theta}{2}\right)r+\frac{\phi_1-\phi_2}{2}\right]\mathrm{e}^{\mathrm{j}\left[\frac{2\pi}{\lambda}\cos\left(\frac{\theta}{2}\right)r-\omega t+\frac{\phi_1+\phi_2}{2}\right]}\end{aligned} \quad (5.12)$$

式中：θ 为这两个波的传播路径向量形成的夹角；λ 为波长。

根据式(5.10)给出的定义，干涉波的强度应为

$$I(r)=(E_1+E_2)(E_1+E_2)^*=4A_0^2\cos^2\left[\frac{2\pi}{\lambda}\sin\left(\frac{\theta}{2}\right)r+\frac{\phi_1-\phi_2}{2}\right] \quad (5.13)$$

由此可以看出，当分别满足式(5.14)和式(5.15)时，将会出现干涉光强的最小值和最大值，即

$$\frac{2\pi}{\lambda}\sin\left(\frac{\theta}{2}\right)r+\frac{\phi_1-\phi_2}{2}=\frac{(2n+1)\pi}{2},\quad n\in Z \quad (5.14)$$

$$\frac{2\pi}{\lambda}\sin\left(\frac{\theta}{2}\right)r+\frac{\phi_1-\phi_2}{2}=n\pi,\quad n\in Z \quad (5.15)$$

式(5.14)对应于相消干涉，两列波处于反相位状态，而式(5.15)则对应于

相长干涉,两列波处于同相位状态。一般我们将由一系列点处的光强分布所形成的图像称为干涉图样,从中我们可以观察到明亮的条纹,可称为干涉条纹,这就是相长干涉的结果。如图 5.2 所示,其中给出了两个波前以及所形成的干涉图样,从中不难清晰地观察到干涉条纹。

图 5.2 两个波前发生干涉而产生的图案

5.3.2 相位图

在剪切散斑干涉技术中,根据散斑图样得到的相位图将包含表面位移导数方面的信息,因此,如果我们能够对这一信息加以量化的话,那么就可以直接获得位移导数值了。这些散斑图样通常是借助激光器发出的激光对粗糙表面进行照射所形成的,我们可以利用数码相机和 CCD 或 CMOS 传感器对其进行记录。

为了将相位图与表面的位移导数关联起来,我们需要建立剪切散斑干涉的基本方程,一般是根据向量理论[26]推导得到的。在笛卡儿坐标系中,表面位移场可以通过向量 $\boldsymbol{u}(x,y)$、$\boldsymbol{v}(x,y)$ 和 $\boldsymbol{w}(x,y)$ 来描述,它们分别代表的是 x、y 和 z 方向上的位移。不妨考虑在 x 方向上存在一个剪切量 Δx,可由任意两点($P_1(x,y)$ 和 $P_2(x+\Delta x,y)$)间的距离来描述,而灵敏度向量 $\boldsymbol{k}$ 的方向由 $\theta_{xz}/2$ 这个角度来表征,如图 5.3 所示。分析表明此时的相位图 $\Delta\phi_{xx}(x,y)$(定义于$[-\pi,\pi]$范围内)可由下式给出[26]

$$\Delta\phi_{xx}(x,y)=\frac{2\pi\Delta x}{\lambda}\left\{\sin(\theta_{xz})\frac{\partial u(x,y)}{\partial x}+[1+\cos(\theta_{xz})]\frac{\partial w(x,y)}{\partial x}\right\} \quad (5.16)$$

如果剪切发生在 y 方向上,那么将得到不同的相位图,即

$$\Delta\phi_{yy}(x,y)=\frac{2\pi\Delta y}{\lambda}\left\{\sin(\theta_{xz})\frac{\partial u(x,y)}{\partial y}+[1+\cos(\theta_{xz})]\frac{\partial w(x,y)}{\partial y}\right\} \quad (5.17)$$

如果是在 yz 面内进行照射的,那么也可以得到类似的表达式,此时的灵敏度向量应由 $\theta_{yz}/2$ 来描述,它反映了系统对 yz 面内的运动的敏感性。相位图的表达式分别为

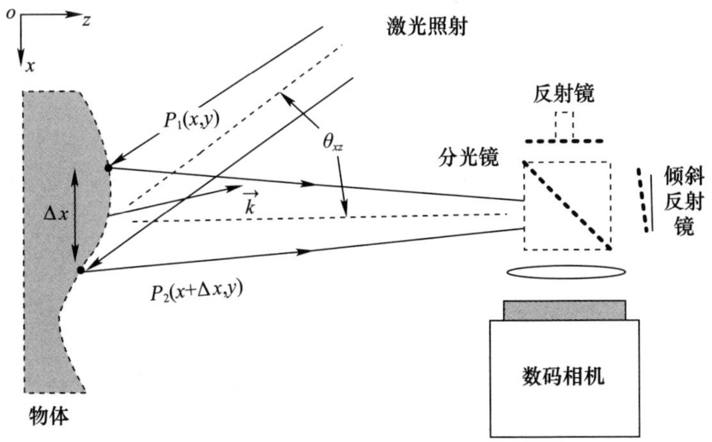

图 5.3　利用迈克耳孙干涉仪进行剪切散斑干涉测量时的几何关系

$$\Delta\phi_{xx}(x,y)=\frac{2\pi\Delta x}{\lambda}\left\{\sin(\theta_{yz})\frac{\partial v(x,y)}{\partial x}+[1+\cos(\theta_{yz})]\frac{\partial w(x,y)}{\partial x}\right\}\tag{5.18}$$

$$\Delta\phi_{yy}(x,y)=\frac{2\pi\Delta y}{\lambda}\left\{\sin(\theta_{yz})\frac{\partial v(x,y)}{\partial y}+[1+\cos(\theta_{yz})]\frac{\partial w(x,y)}{\partial y}\right\}\tag{5.19}$$

不难发现,式(5.16)~式(5.19)都表明了相位图包含了面内分量(u 或 v)信息和面外分量(w)信息。当照射方向使得 $\theta_{xz}=0$ 或者 $\theta_{yz}=0$ 时,面内分量将会消失,式(5.16)和式(5.17)或者式(5.18)和式(5.19)将会分别变为

$$\Delta\phi_{xx}(x,y)=\frac{4\pi\Delta x}{\lambda}\frac{\partial w(x,y)}{\partial x}\tag{5.20}$$

$$\Delta\phi_{yy}(x,y)=\frac{4\pi\Delta y}{\lambda}\frac{\partial w(x,y)}{\partial y}\tag{5.21}$$

式(5.20)、式(5.21)非常清晰地说明了,根据相位图是可以测得面外分量的导数的,而相位图又可以借助多种不同技术手段得到,下面几节将对这些技术方法进行介绍。

5.3.2.1　时域相移

干涉仪是借助两个波前的干涉效应获得散斑图样的,这两个波前是横向错开的且都直接来自于所考察的物体表面。为了构造出相互错开的波前,我们可以采用带有一个稍微倾斜的反射镜的迈克耳孙干涉仪,这种类型的干涉仪能够允许我们轻松地对波前的横向错动进行调节,借此可以利用相移技术或相位步进技术来得到相位图。在这一技术的第一阶段中,我们需要分别得到物体表面的参考状态与变形状态的干涉相位,分别记为 $\Phi_{\mathrm{R}}(x,y)$ 和 $\Phi_{\mathrm{D}}(x,y)$,对于每个状态来说,这至少需要三个散斑图样。一般地,这个参考状态对应的是物体不受激励的情况,而变形状态则指的是模态分析意义上的最大振幅情况。之所以需要至少三个散斑图样,则是与必须从光强中提取出的未知参量的个数相关的。最为常用的一种处理方式建立在四个图样上,各个图样之间的相移为 π/2,于是 $\Phi_{\mathrm{R}}(x,y)$ 和 $\Phi_{\mathrm{D}}(x,y)$ 就分别可以表示为

$$\Phi_{\mathrm{R}}(x,y) = \arctan \frac{I_{\mathrm{R},4}(x,y) - I_{\mathrm{R},2}(x,y)}{I_{\mathrm{R},1}(x,y) - I_{\mathrm{R},3}(x,y)} \tag{5.22}$$

$$\Phi_{\mathrm{D}}(x,y) = \arctan \frac{I_{\mathrm{D},4}(x,y) - I_{\mathrm{D},2}(x,y)}{I_{\mathrm{D},1}(x,y) - I_{\mathrm{D},3}(x,y)} \tag{5.23}$$

式(5.22)和式(5.23)中的第一个下标代表的是不同的状态(参考状态或变形状态),而第二个下标指的是所记录下的光强的相移序号。

第二阶段也是最后一步,主要是计算相位图 $\Delta\varphi(x,y)$,也就是将前面得到的两种状态的干涉相位相减,于是可得

$$\Delta\phi(x,y) = \begin{cases} \Phi_{\mathrm{D}}(x,y) - \Phi_{\mathrm{R}}(x,y) - \pi & \Phi_{\mathrm{D}} \geqslant \Phi_{\mathrm{R}}(x,y) \\ \Phi_{\mathrm{D}}(x,y) - \Phi_{\mathrm{R}}(x,y) + \pi & \Phi_{\mathrm{D}} < \Phi_{\mathrm{R}}(x,y) \end{cases} \tag{5.24}$$

虽然文献[61]中也曾较为全面地介绍其他一些时域相移方法,不过这里的方法的优点在于能够有效解决光学系统的标定不准确问题,并且在计算代价上也更优越一些。利用式(5.22)~式(5.24)所给出的这种时域相移法(四个相移,或者说步长为 π/2),我们分析了一块四边固支的受到均匀压力作用的板结构,在图 5.4 中给出了其相位图的生成过程。

5.3.2.2 空间载波

即使只能获得每种状态的一个光强分布,我们也是可以提取出相位图的,这种情况下一般需要在光强分布中引入空间载波。通过在 Mach - Zehnder 干涉测量光路中使得某个反射镜稍微倾斜,即可构造出这种空间载波。进一步,通过分离空间载波附近的光谱信息我们将可得到参考状态与变形状态的干涉相位,即 $\Phi_{\mathrm{R}}(x,y)$ 和 $\Phi_{\mathrm{D}}(x,y)$,这一般需要顺序进行一个快速傅里叶变换(FFT)和一个快速傅里叶反变换(IFFT)[65]。不妨令参考状态的干涉图样的光强为 $\hat{I}_R(u,v)$,在波数域它可以表示为背景强度 $\hat{A}_{\mathrm{R}}(u,v)$ 和载波强度 $\hat{C}_R(u,v)$ 的函数形式,即

$$\hat{I}_{\mathrm{R}}(u,v) = \hat{A}_{\mathrm{R}}(u,v) + \hat{C}_{\mathrm{R}}(u,v) + \hat{C}_{\mathrm{R}}^{*}(u,v) \tag{5.25}$$

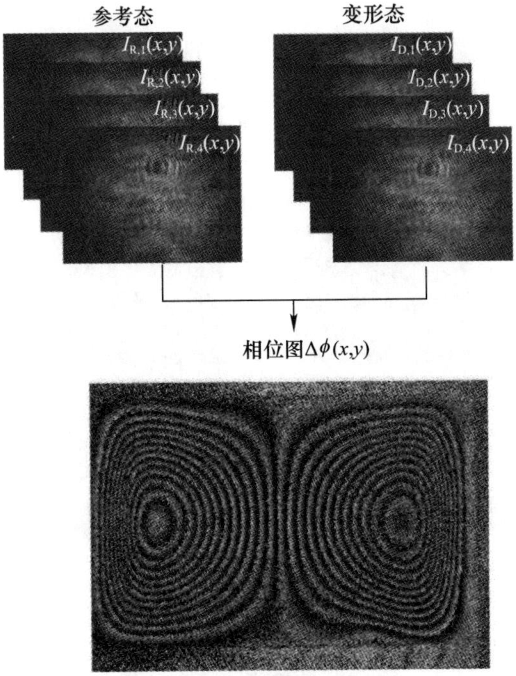

图 5.4　根据散斑图案强度(时域相移)进行相位图提取的过程

式中:u 和 v 分别为水平和垂直方向上的波数阶;星号为复共轭符号。

利用窗口滤波器可以将相位干涉强度从背景强度中分离出来。通过控制光学系统中的某个反射镜的角度,可以实现空间载波的调节,而窗口滤波器则可以通过控制其光圈来进行调整。在对空间载波解调之后,我们就能够计算出干涉相位 $\boldsymbol{\Phi}_{\mathrm{R}}(x,y)$,它是 $c_{\mathrm{R}}(x,y)$($\hat{C}_{\mathrm{R}}(u,v)$的傅里叶反变换)的函数,即

$$\boldsymbol{\Phi}_{\mathrm{R}}(x,y)=\arctan\frac{\mathrm{Im}[c_{\mathrm{R}}(x,y)]}{\mathrm{Re}[c_{\mathrm{R}}(x,y)]} \tag{5.26}$$

变形状态的干涉强度 $\hat{I}_{\mathrm{D}}(u,v)$ 也可以通过类似的方式得到,因而该状态的干涉相位就可以表示为

$$\boldsymbol{\Phi}_{\mathrm{D}}(x,y)=\arctan\frac{\mathrm{Im}[c_{\mathrm{D}}(x,y)]}{\mathrm{Re}[c_{\mathrm{D}}(x,y)]} \tag{5.27}$$

如图 5.5 所示,其中给出了为了利用上述空间调制技术获得最终的相位图所需进行的步骤。这个实例考察的是一块完全自由的复合材料板的模态形状。图中的最后一步与时域相移技术的最后一步是相同的,也就是说我们也需要根据式(5.24)计算相位图。

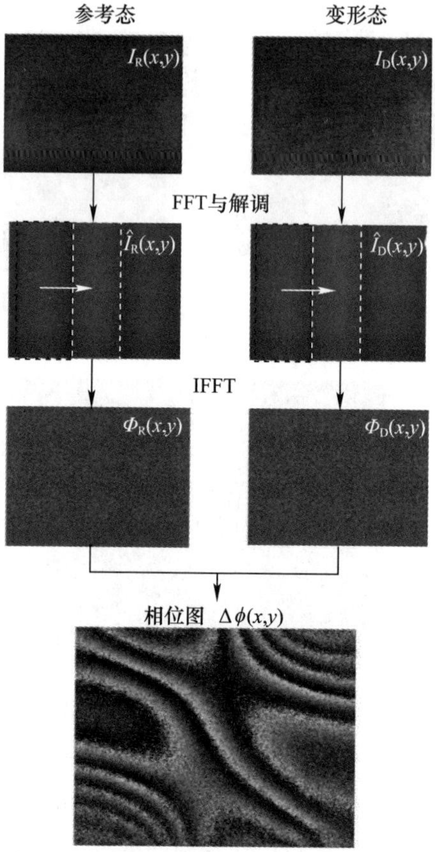

图 5.5 根据散斑图案强度(空间载波调制)进行相位图提取的过程

5.3.3 相位图的后处理

5.3.3.1 滤波

从图 5.4 和图 5.5 中不难看出,这些相位图都存在着较高水平的高频噪声,因此我们一般需要对其进行滤波处理。尽管很多比较复杂和先进的滤波器能够更有效地抑制噪声,不过最常用的还是均值低通滤波器这种类型。文献[66-67]中对九种不同的滤波技术进行了介绍和比较。一般而言,基于加窗傅里叶变换和短时傅里叶变换的滤波技术(应用于波数域)的性能是最佳的,不过其计算代价也是非常高的,例如利用加窗傅里叶变换来处理相位图时需要的计算时间几乎是利用均值滤波器的 15 倍[66]。在图 5.6(a)中,我们示出了针对图 5.5 中的最后一幅图像进行滤波处理之后的结果。

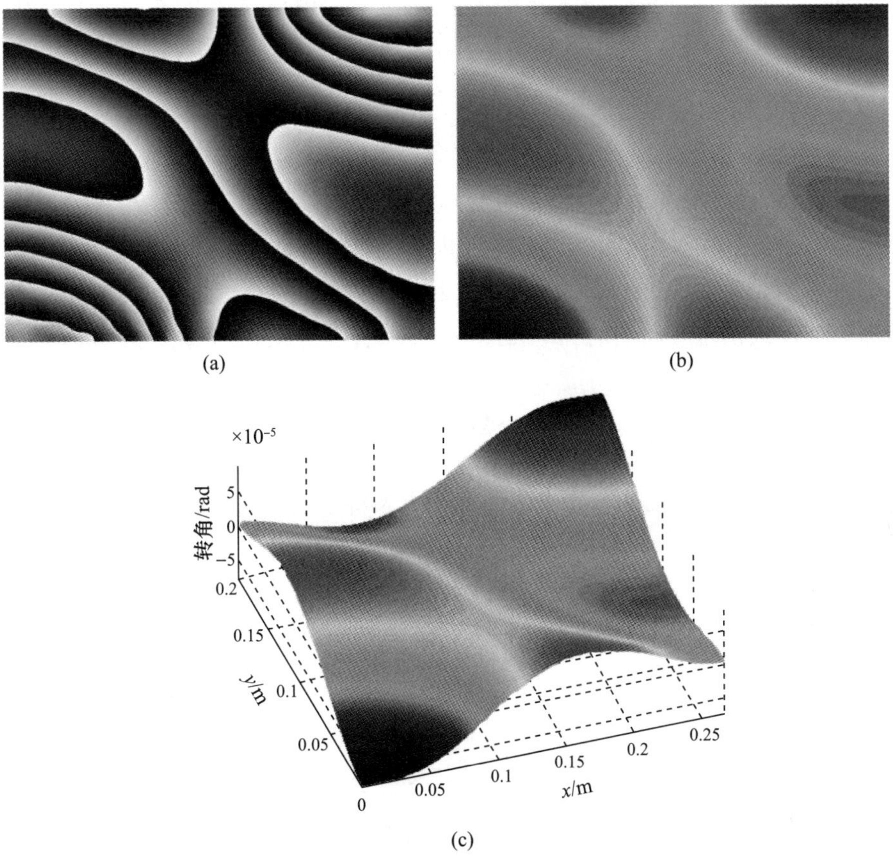

图 5.6　相位图后处理过程(见彩图)

(a)滤波；(b)解包裹；(c)模态形状梯度或模态转动场的三维描述。

5.3.3.2　解包裹

相位图计算过程的本性使得它们都是不连续的,实际上它们都只分布在区间[$-\pi,\pi$]上,因而我们称这些相位图是包裹的(或截断的)。为了消除不连续性,进而获得感兴趣的连续场,我们必须采用一些解包裹方法进行处理。这些方法要求我们能够正确地识别相位的不连续性,而这一点已经在前面的相位图滤波处理中得以完成。

解包裹方法的基本思想是针对低于或高于 $-\pi$ 和 π 的相位值分别加上或减去 2π。然而,由于相位图存在着模糊性和(或)不一致性,因而这种简单的处理可能会失效,我们有必要采用更为复杂一些的解包裹方法。目前存在着两种主要方法,分别称为路径跟踪方法和最小范数方法[68]。路径跟踪方法是通过在一条路径上积分得到连续相位,例如枝切线。最小范数方法是建立在误差范数最小的基础上的,这个误差指的是连续场和测得的不连续的相位图之间的差值。文献[66,67]介绍了八种不同的解包裹方法的性能,分析表明了路径跟踪方法在处理相位不连续性方面要更有效,而在处理不一致性方面最小范数方法则更具优势。文献[68]针对不同类型的干涉测量技术全面阐述了相位解包裹的重要性,同时也给出了若干算法及其计算实现。

针对图 5.5 中给出的相位图,图 5.6 展示了经过后处理得到的结果,图 5.6(a)为滤波后的相位图,图 5.6(b)将解包裹相位图以云图表示,而图 5.6(c)则示出了振型梯度或模态转动场的三维云图。

5.4 损伤定位

这里我们考虑一根处于固支-固支边界条件下的铝梁,其长度为 351mm,宽度为 40mm,厚度为 2.1mm,并考虑三种损伤情况。每种损伤都是通过沿着整个宽度方向进行锯切得到的,如图 5.7 所示,损伤位置为 $x = (x_1 + x_2)/2 = 90\text{mm}$,长度均为 $c = 1\text{mm}$,不过深度是不同的,分别为 $p = 0.3\text{mm}$、0.5mm 和 1.0mm。

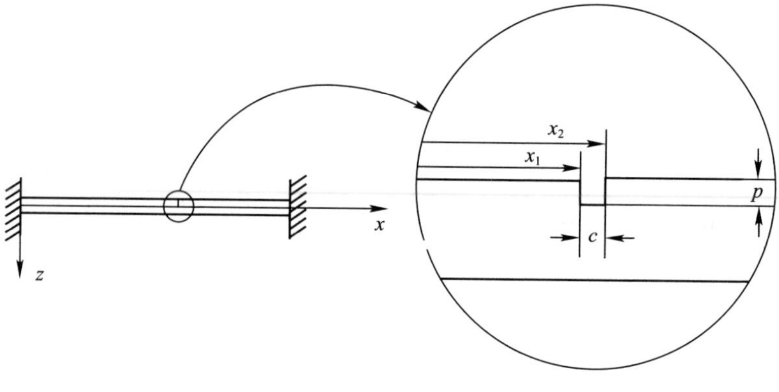

图 5.7　两端固支梁的损伤尺寸和位置

针对上述铝梁,在其前三阶固有频率处施加声学激励,利用剪切散斑干涉测量技术(迈克耳孙干涉仪和频闪照明)我们可以获得对应的三个模态转动场。频闪照明可以通过一个声光调制器来实现,后者能够根据激励频率来切断连续激光器发出的光[26]。采用时域相移法对相位图进行分析,并进一步进行滤波和解包裹处理,从而获得连续场,如图 5.8 所示。根据所得到的连续场,我们可以建立模态转动量的一维图像($\theta(x)$),该参数反映的是梁宽度方向上横截面中点位置的转角。这些模态转动量图像将在后面用于损伤分析。这里我们选择的损伤指标是，前三阶模态的修正曲率差绝对值（MCD）或者一种修正的损伤指标（MDI）的总和，MCD 和 MDI 的表达式分别为

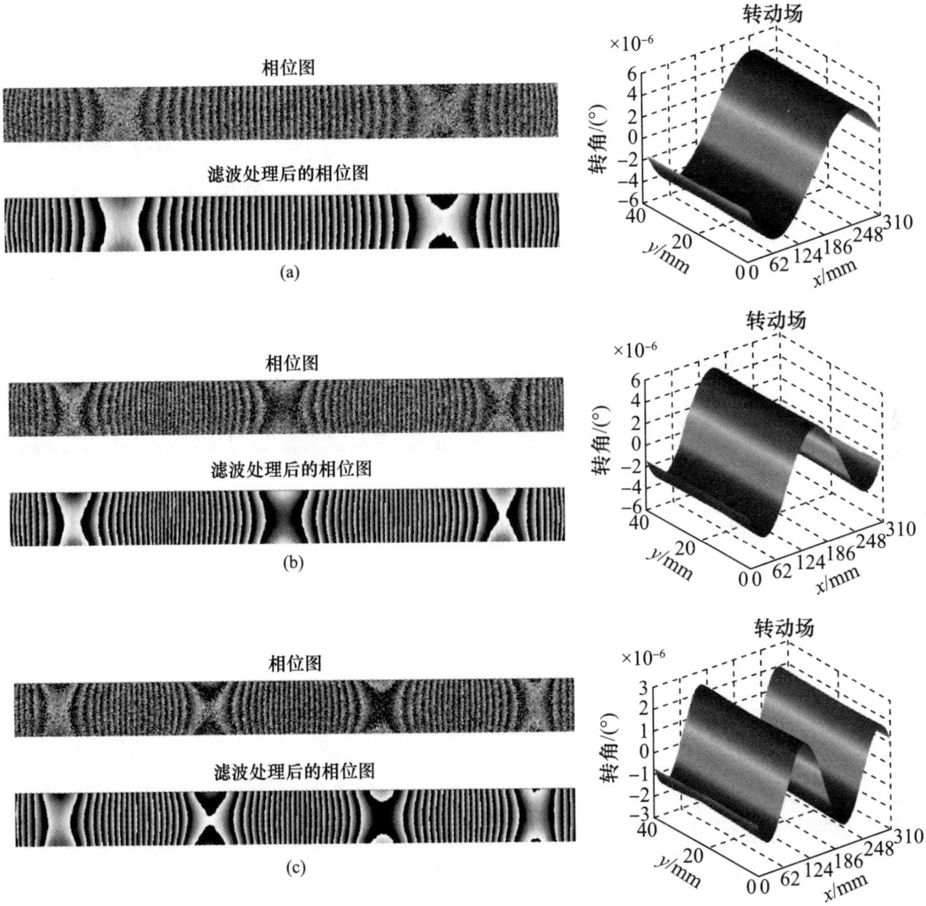

图 5.8　铝梁的前三阶模态的相位图、滤波后的相位图以及模态转动场的三维描述
（a）一阶模态；（b）二阶模态；（c）三阶模态。

$$\mathrm{MCD}(i,x_l)=\left|\frac{\mathrm{d}\,\tilde{\theta}_i(x_l)}{\mathrm{d}x}-\frac{\mathrm{d}\theta_i(x_l)}{\mathrm{d}x}\right| \tag{5.28}$$

$$\mathrm{MDI}(i,x_l)=\frac{\left[\left(\frac{\mathrm{d}\,\tilde{\theta}_i(x_l)}{\mathrm{d}x}\right)^2+\sum_{k=1}^{NP}\left(\frac{\mathrm{d}\,\tilde{\theta}_i(x_k)}{\mathrm{d}x}\right)^2\right]\sum_{k=1}^{NP}\left(\frac{\mathrm{d}\theta_i(x_k)}{\mathrm{d}x}\right)^2}{\left[\left(\frac{\mathrm{d}\theta_i(x_l)}{\mathrm{d}x}\right)^2+\sum_{k=1}^{NP}\left(\frac{\mathrm{d}\theta_i(x_k)}{\mathrm{d}x}\right)^2\right]\sum_{k=1}^{NP}\left(\frac{\mathrm{d}\,\tilde{\theta}_i(x_k)}{\mathrm{d}x}\right)^2} \tag{5.29}$$

式中：i 为模态编号或阶次；$\theta(x)$ 和 $\tilde{\theta}(x)$ 分别为损伤前后的转角；NP 为测点数量。

这里所选择的测点数为2158，也就是 x 方向上的像素数。损伤前的转角可以通过里兹法和铁摩辛柯理论来计算[69,70]。

式(5.28)和式(5.29)分别是对 Pandey 等人[1]提出的曲率差和 Stubbs 等人[2]提出的损伤指标的修正，之所以进行这样的修正，是因为在此处所考察的问题中，我们将只对转角进行一次微分，而不是对位移进行两次微分处理。

尽管对于不带损伤的梁来说，其转动(转角)可以很容易通过里兹法中的假设函数的微分求解得到，然而对于带有损伤的梁，我们需要进行实验数据和一维一阶高斯导数之间的图像卷积处理，即

$$\frac{\partial\tilde{\theta}(x)}{\partial x}=\frac{\tilde{\theta}(x)\otimes\bar{\partial}\bar{G}(i)}{\Delta x}=\frac{\mathrm{F}^{-1}[F(\tilde{\theta}(x))\times\mathrm{F}(\bar{\partial}\bar{G}(i))]}{\Delta x} \tag{5.30}$$

式中：⊗为卷积符号；F 和 F^{-1} 分别为快速傅里叶变换及其逆变换；Δx 为相邻两点间的距离，而高斯一阶导数卷积核 $\bar{\partial}\bar{G}(i)$ 可通过零填充处理加以扩展。归一化的高斯一阶导数卷积核(九个点的宽度)可以按照如下表达式计算[71]：

$$\bar{d}\bar{G}(i)=\frac{dG(i)}{\sum_{j=-4}^{4}jdG(j)}=\frac{-i}{\sqrt{2\pi}}\mathrm{e}^{-i^2/2}\quad i=-4,-3,\cdots,3,4 \tag{5.31}$$

图5.9给出了 x 方向上的损伤指标情况。在该梁的两端点附近，所有损伤情况中的损伤指标都会表现出极大值或极小值，因此这一现象并不能证明损伤的存在，实际上这主要是由该梁指定的理想固支条件所导致的。我们可以观察到，当切口损伤深度最小(0.3mm)时，在 $x=0.09$m 处损伤指标并不会呈现出很显著的大值，不过当深度为0.5mm和1.0mm时，这些曲线会在该坐标位置呈现出非常明显的峰值现象。

文献[50]研究指出，对于带有多个损伤的铝梁来说，利用脉冲剪切散斑干涉系统也可以较成功地实现损伤定位。该项研究借助的是 Mach - Zehnder 干涉仪，并通过空间相位调制来获得相位图，所考察的损伤是通过锯切引入的，其深度超过梁厚度的1/10。近期，人们还针对迈克耳孙干涉仪提出了一种新的光学配置，借助频闪照明和时域相移，能够获得更为精确的测量结果[53]。为了测试该系统在多损伤定位方面的有效性，研究人员将其应用到了一根自由 - 自由边界条件下的铝梁上。该铝梁的尺寸为400mm×40mm×3mm，并通过铣床的加工

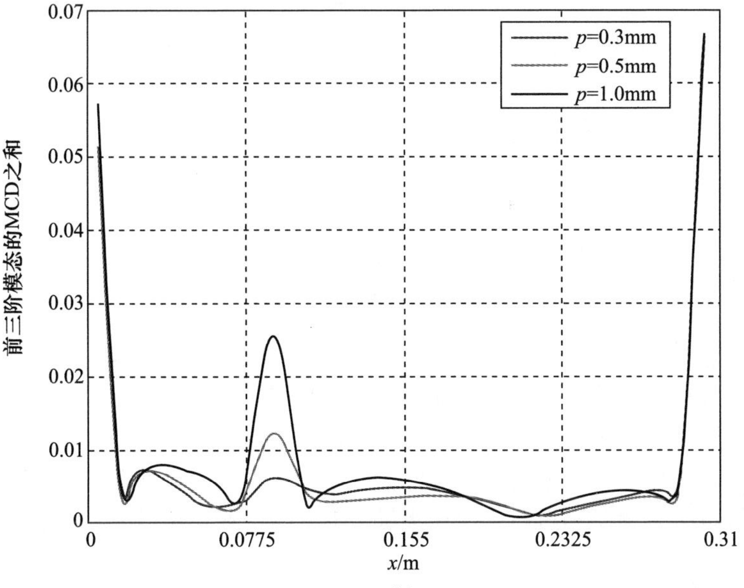

(a)

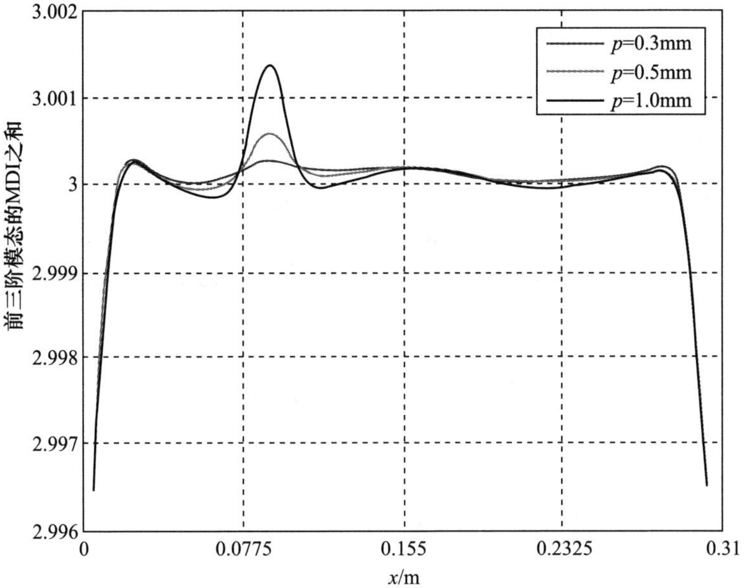

(b)

图 5.9 (a)前三阶模态的 MCD 之和;(b)前三阶模态的 MDI 之和。(见彩图)

引入了损伤,这些损伤(槽口)分别位于梁的中点和距左端 284mm 处,参见表 5.1。为了验证结果的可重复性,进一步考虑了两种损伤情况。第一种损伤情况中,梁的中点位置存在一个非常小的槽口,其深度为梁厚度的 1/100;第二种损伤情况中,梁上的这两个槽口深度至少都是梁厚度的 1/10,因而代表了一种相对小的损伤。

表 5.1 两种损伤情况中槽口的位置和尺寸

损伤情况序号	槽口编号	位置/mm	宽度/mm	深度/mm
1	1	200	3	0.03
	2	284	5	0.41
2	1	200	3	0.30
	2	284	5	0.41

解析计算和实验得到的三阶模态的转动场(转角)图像,以及对应的一阶、二阶和三阶导数图像如图 5.10 所示。为计算出实验数据中的导数信息,利用了前面提及的图像卷积技术(式(5.30))对基于剪切散斑干涉测得的数据进行了处理。解析图像则是通过对作自由振动的均匀梁(不带槽口,厚度为常数)进行解析求解得到的。

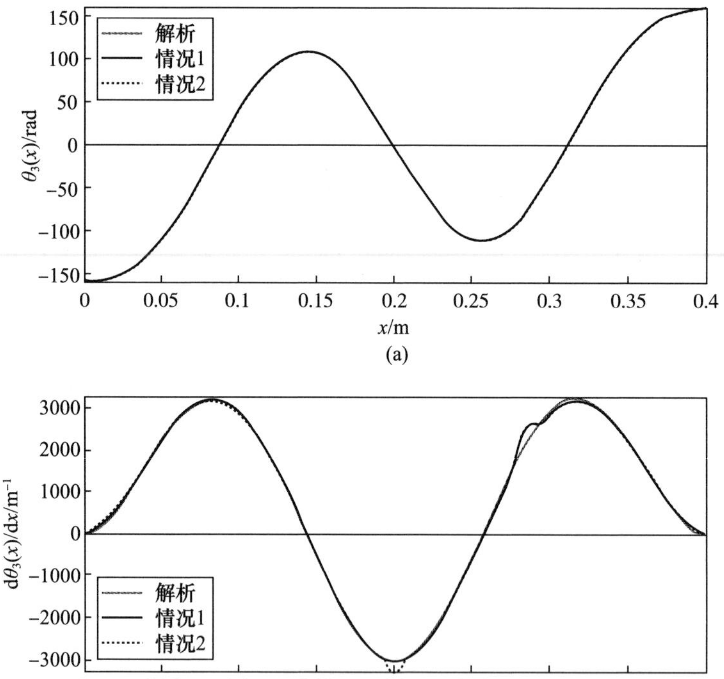

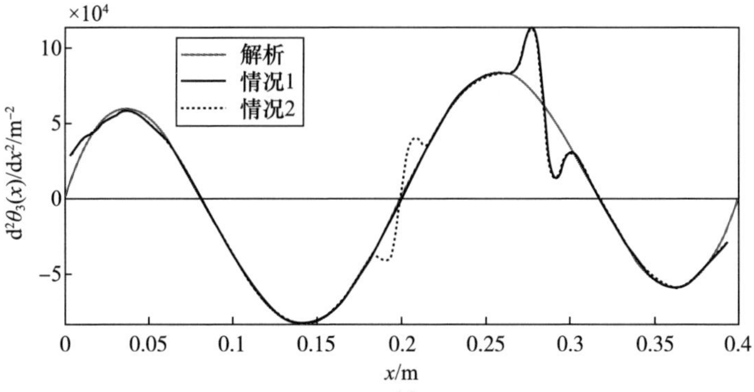

(c)

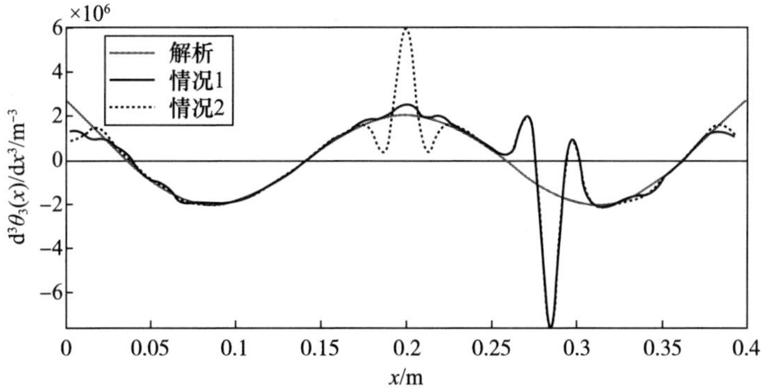

(d)

图 5.10　自由 - 自由边界条件下铝梁的解析和实验分析结果(见彩图)

(a)三阶模态转动场；(b)三阶模态转动场的一阶导数；(c)三阶模态转动场的二阶导数；(d)三阶模态转动场的三阶导数。

从图 5.10(a)中可以清晰地观察到,两种损伤情况下的模态转动场(转角)图像都是十分光滑的,而且跟解析结果是相似的,因而据此是不能对损伤(槽口)加以定位的。从图 5.10(b)可以看出,在模态转动场的一阶导数曲线(即振型曲率)上,深度最大的槽口会使之呈现出一定的扰动。这也就证实了,利用模态转动场的一阶导数曲线仅能定位两种损伤场景中的最大槽口以及深度为1/10厚度的中部槽口。值得提及的是,在文献[53]中是采用中心有限差分方法来得到模态转动场的一阶导数的,这种方法也只能定位最大的槽口,而不能找到此处第一种损伤场景中的最小槽口。

图 5.10(c)给出的是模态转动场的二阶导数曲线,由此不难发现,槽口位置处的扰动变得更大、更清晰了,不过位于中部位置的那个最小槽口仍然无法据此来定位。在模态转动场的三阶导数曲线中,中部位置可以观察到一个较小的扰

动，它对应的是第一种损伤场景中那个最小的槽口，如图 5.10(d)所示，需要强调的是，这个槽口深度仅为梁厚度的 1/100。对于第二种损伤场景中的中部槽口，其深度为梁厚度的 1/10，所对应的扰动峰值大约要比前者(第一种损伤场景的中部槽口)大八倍。综合上述结果可以得出一个结论，利用更高阶的导数信息有可能更好地检测出较小的损伤。

此外，还应注意的是，上述分析结果具有非常好的可重复性。事实上，就图 5.10中的曲线来说，除了总体趋势相似之外，两种损伤场景中的第二个槽口所产生的扰动也是非常类似的，这表明虽然这些测试是在不同时间进行的，但是它们并不会相差太多。因此我们可以说，剪切散斑干涉测量技术应当是一种非常稳定的测试技术。

5.5 本章小结

剪切散斑干涉技术是一种全场无接触式的高分辨率光学测量方法，本章对此进行了介绍，并指出了该方法可以用来替代常用的模态分析技术。我们针对面向振动物体测试的剪切散斑干涉技术的相关应用进行了文献回顾，并介绍了若干损伤定位研究实例。这些实例所考察的结构是铝梁，研究结果表明了利用测得的模态转动场的高阶导数信息是能够对非常小的损伤进行定位的。不仅如此，多损伤情况也是可以准确和有效地定位的，由此也就显示了剪切散斑干涉测量技术是结构模态响应实验测试中的一种非常有力的工具。此外，本章所介绍的这些应用也揭示出，我们仍然有必要去继续探索全新的数值和实验方法，例如引入全场技术(类似于剪切散斑干涉测量技术)，或者对传统的结构损伤检测、定位与量化方法加以改进。

致谢

本章的相关内容得到了 FCT(IDMEC，LAETA)的支持，项目号 UID/EMS/50022/2013。

参考文献

[1] Pandey, A., Biswas, M., and Samman, M. Damage detection from changes in curvature mode shapes. Journal of Sound and Vibration 145, pp. 321 – 332 (1991).

[2] Stubbs, N., Kim, J. T., and Farrar, C. R. Field verification of a nondestructive damage localization and severity

estimator algorithm. In Proceedings of the 13th IMAC, pp. 210 – 218 (1995).

[3] Ratcliffe, C. Damage detection using a modifiedl aplacian operator on mode shape data. Journal of Sound and Vibration 204, pp. 505 – 517 (1997).

[4] Sampaio, R. P. C., Maia, N. M. M., and Silva, J. M. M. Damage detection using the frequency – response – function curvature method. Journal of Sound and Vibration 226, pp. 1029 – 1042 (1996).

[5] Sazonov, E. and Klinkhachorn, P. Optimal spatial sampling interval for damage detection by curvature or strain energy mode shapes. Journal of Sound and Vibration 285, pp. 783 – 801 (2005).

[6] Guan, H. and Karbhari, V. Improved damage detection method based on element modal strain damage index using sparse measurement. Journal of Sound and Vibration 309, pp. 465 – 494 (2008).

[7] Chandrashekhar, M. and Ganguli, R. Damage assessment of structures with uncertainty by using mode – shape curvatures and fuzzy logic. Journal of Sound and Vibration 326, pp. 939 – 957 (2009).

[8] Rucevskis S. and Wesolowski, M. Identification ofdamage in a beam structure by using mode shape curvature squares. Shock Vibration 17, pp. 601 – 610 (2010).

[9] Tomaszewska, A. Influence of statistical errors on damage detection based on structural flexibility and mode shape curvature. Computers and Structures 88, pp. 154 – 164 (2010).

[10] Radzie'nski, M., Krawczuk, M., and Palacz, M. Improvement of damage detection methods based on experimental modal parameters. Mechanical Systems and Signal Processing 25, pp. 2169 – 2190 (2011).

[11] Solis, M., Algaba, M., and Galvan, P. Continuous wavelet analysis of mode shapes differences for damage detection. Mechanical Systems and Signal Processing 40, pp. 645 – 666 (2013).

[12] Cao, M., Xu, W., Ostachowicz, W., and Su, Z. Damage identification for beams in noisy conditions based on Teager energy operator – wavelet transform modal curvature. Journal Sound Vibration 333, pp. 1543 – 1553 (2014).

[13] Xu, Y., Zhu, W., Liu J., and Shao, Y. Identification of embedded horizontal cracks in beams using measured mode shapes. Journal of Sound and Vibration 333, pp. 6273 – 6294 (2014).

[14] Yang, C., Fu, Y., Yuan, J., Guo, M., Yan, K., Liu, H., Miao, H., and Zhu, C. Damage identification by using a self – synchronizing multipoint laser Doppler vibrometer. Shock Vibration 2015, p. 9 (2015).

[15] Sirohi, R. S. Optical Methods of Measurement: Wholefield Techniques, 2nd edn. CRC Press, Boca Raton (2009).

[16] Patsias, S. and Staszewski, W. J. Damage detection using optical measurements and wavelets. Structural Health Monitoring 1, pp. 5 – 22 (2002).

[17] Araújo dos Santos, J. V., Lopes, H. M. R., Vaz, M., Soares, C. M. M., Soares, C. A. M., and de Freitas, M. J. M. Damage localization in laminated composite plates using mode shapes measured by pulsed TV holography. Composite Structures 76, pp. 272 – 281 (2006).

[18] Helfrick, M., Pingle, P., Niezrecki, C., and Avitabile, P. Using full – field vibration measurement techniques for damage detection. In Proceeding of the 27th IMAC (2009).

[19] Dworakowski, Z., Kohut, P., Gallina, A., Holak, K., and Uhl, T. Vision – based algorithms for damage detection and localization in structural health monitoring. Structural Control and Health Monitoring 23, pp. 35 – 50 (2016).

[20] Leendertz J. A. and Butters, J. N. An image – shearing speckle – pattern interferometer for measuring bending moments. Journal Physics E: Scientific Instruments 6, pp. 1107 – 1110 (1973).

[21] Vlasov, N. G. and Presnyakov, Y. P. Shearing interferometry of diffusely reflecting objects. Soviet Journal Quantum Electron 3, pp. 141 – 143 (1973).

[22] Hung, Y. Y. and Taylor, C. E. Speckle – shearing interferometric camera—a tool for measurement of derivatives of surface displacements. In Proceeding SPIE 41, pp. 169 – 175 (1974).

[23] Butters, J. N. andLeendertz, J. A. Speckle pattern and holographic techniques in engineering metrology. Optics and Laser Technology 3, pp. 26 – 30 (1971).

[24] Hariharan, P. Speckle patterns: A historical retrospect. Optics Acta 19, pp. 791 – 793 (1972).

[25] Dainty, J. C. (ed.). Laser Speckle and Related Phenomena. Springer – Verlag, Berlin Heidelberg GmbH (1975).

[26] Steinchen, W. and Yang, L. Digital Shearography: Theory and Application of Digital Speckle Pattern Shearing Interferometry, SPIE Press, Bellingham, Washington (2003).

[27] Cloud, G. Practical speckle interferometry for measuring in – plane deformation. Applied Optics 14, pp. 878 – 884 (1975).

[28] Archbold, E., Burch, J. M., Ennos, A. E., and Taylor, P. A. Visual observation of surface vibration nodal patterns. Nature 222, pp. 263 – 265 (1969).

[29] Ek, L. and Molin, N. – E. Detection of the nodal lines and the amplitude of vibration by speckle interferometry. Optics Communications 2, pp. 419 – 424 (1971).

[30] Tiziani, H. J. Analysis of mechanical oscillations by speckling. Applied Optics 11, pp. 2911 – 2917 (1972).

[31] Fernelius N. and Tome, C. Vibration – analysis studies using changes of laser speckle. Journal of the Optical Society of America 61, pp. 566 – 572 (1971).

[32] Hung, Y. Y. Digital shearography versus TV – holography for non – destructive evaluation. Optical Laser Engineering 26, pp. 421 – 436 (1997).

[33] Hung, Y. Y., Rowlands, R. E., and Daniel, I. M. Speckle – shearing interferometric technique: A full – field strain gauge. Applied Optics 14, pp. 618 – 622 (1975).

[34] Chiang, F. P. and Juang, R. M. Vibration analysis of plate and shell by laser speckle interferometry. Optics Acta 23, pp. 997 – 1009 (1976).

[35] Hung, Y. Y., Displacement and strain measurement, In ed. R. K. Erf, Speckle Metrology. Academic Press, New York (1978).

[36] Mohan, N. K., Saldner H., and Molin, N. – E. Electronic shearography applied to static and vibrating objects. Optics Communications 108, pp. 197 – 202 (1994).

[37] Toh, S., Tay, C., Shang, H., and Lin, Q. Time – average shearography in vibration analysis. Optics and Laser Technology 27, pp. 51 – 55 (1995).

[38] Sim, C., Chau, F., and Toh, S. Vibration analysis and non – destructive testing with real – time shearography. Optics and Laser Technology 27, 45 – 49 (1995).

[39] Hung, Y. Y. and Ho, H. P. Shearography: An optical measurement technique and applications. Materials Science and Engineering R 49, pp. 61 – 87 (2005).

[40] Nakadate, S., Yatagai, T., and Saito, H. Digital speckle – pattern shearing interferometry. Applied Optics 19, pp. 4241 – 4246 (1980).

[41] Ng, T. W. and Chau, F. S. A digital shearing speckle interferometry technique for modal analysis. Applied Acoustics 42, pp. 175 – 185 (1994).

[42] Yang, L., Steinchen, W., Kupfer, G. M¨ ackel, P., and Vössing, F. Vibration analysis by means of digital shearography. Optics and Laser Engineering 30, pp. 199 - 212 (1998).

[43] Wong W. O. and Chan, K. T. Measurement of modal damping by electronic speckle shearing interferometry. Optics and Laser Technology 30, pp. 113 - 120 (1998).

[44] Casillas, F. J., D′avila, A., Rothberg, S. J., and Garnica, G. Small amplitude estimation of mechanical vibrations using electronic speckle shearing pattern interferometry. Optical Engineering 43, pp. 880 - 887 (2004).

[45] Bhaduri, B., Kothiyal, M. P., and Mohan, N. K. Vibration mode shape visualization with dual function DSPI system. In Proceeding SPIE 6292, Vol. 2006, pp. 629217 - 1 - 629217 - 7 (2006).

[46] Valera, J. D. R. and Jones, J. D. C. Vibration analysis by modulated time - averaged speckle shearing interferometry. Measuremental Science and Technology 6, pp. 965 - 970 (1995).

[47] Somers, P. A. A. M. and Bhattacharya, N. Vibration phase - based ordering of vibration patterns acquired with a shearing speckle interferometer and pulsed illumination. Strain 46, pp. 234 - 241 (2010).

[48] Steinchen, W., Yang, L., Kupfer, G., and M¨ ackel, P. Non - destructive testing of aerospace composite materials using digital shearography. In Proceedings of the Institutional of Mechanical Engineering G - J. Aerospace Engineering, Vol. 212, pp. 21 - 30 (1998).

[49] Hung, Y. Y., Luo, W. D., Lin, L., and Shang, H. M. Evaluating the soundness of bonding using shearography. Composite Structures 50, pp. 353 - 362 (2000).

[50] Lopes, H. M. R., Ribeiro, J., and Araújo dos Santos, J. V. Interferometric techniques in structural damage identification. Shock Vibration 19, pp. 835 - 844 (2012).

[51] Lopes, H. M. R., Araújo dos Santos, J. V., Soares, C. M. M., Guedes, R. J. M., and Vaz, M. A. P. A numerical - experimental method for damage location based on rotation fields spatial differentiation. Composite Structures 89, pp. 1754 - 1770 (2011).

[52] de Medeiros, R., Lopes, H. M. R., Guedes, R. J. M., Vaz, M. A. P., Vandepitte, D., and Tita, V. A new methodology for structural health monitoring applications. Procedia Engineering 114, pp. 54 - 61 (2015).

[53] Mininni, M., Gabriele, S., Lopes, H. M. R., and Araújo dos Santos, J. V. A. Damage identification in beams using speckle shearography and an optimal spatial sampling. Mechanical Systems and Signal Processing 79, pp. 47 - 64 (2016).

[54] Chen, F. Digital shearography: State of the art and some applications. Journal of Electronic Imaging 10, pp. 240 - 251 (2001).

[55] Francis, D., Tatam, R. P., and Groves, R. M. Shearography technology and applications: A review. Measurements Science and Technology 21, 102001 (2010).

[56] Hung, Y. Y., Chen, Y. S., Ng, S. P., Liu, L., Huang, Y. H., Luk, B. L., Ip, R. W. L., Wu, C. M. L., and Chung, P. S. Review and comparison of shearography and active thermography for nondestructive evaluation. Materials Science and Engineering Reports 64, pp. 73 - 112 (2009).

[57] Garnier, C., Pastor, M. - L., Eyma, F., and Lorrain, B. The detection of aeronautical defects in situ on composite structures using Non Destructive Testing. Composite Structures 93, pp. 1328 - 1336 (2011).

[58] Amenabar, I., Mendikute, A., L′ opez - Arraiza, A., Lizaranzu M., and Aurrekoetxea, J. Comparison and analysis of non - destructive testing techniques suitable for delamination inspection in wind turbine blades. Composites Part B: Engineering 42, pp. 1298 - 1305 (2011).

[59] Zastavnik, F., Pyl, L., Gu, J., Sol, H., Kersemans, M., and Van Paepegem, W. Comparison of shearography to scanning laser vibrometry as methods for local stiffness identification of beams. Strain 50, pp. 82 - 94 (2014).

[60] Froehly, C. Speckle Phenomena and some of its applications, In ed. A. Lagarde, Optical Methods in Mechanics of Solids. Sijthoff & Noordhoff (1980).

[61] T. Kreis, Handbook of Holographic Interferometry: Optical and Digital Methods. Wiley - VCH (2005).

[62] Gan, Y. and Steinchen, W. Chaper 23: Speckle Methods, In ed. W. N. Sharpe, Springer Handbook of Experimental Solid Mechanics, Springer (2008).

[63] Mohan, N. K. Chapter 8: Speckle methods and applications, In ed. T. Yoshizawa. Handbook of Optical Metrology: Principles and Applications. CRC Press (2008).

[64] Gåsvik, K. J. Optical Metrology. John Wiley & Sons, Chichester, West Sussex (2002).

[65] Takeda, M., Ina, H., and Kobayashi, S. Fourier - transform method of fringe pattern analysis for computer - based topography and interferometry. Journal of Optical Society of America 72, pp. 156 - 160 (1982).

[66] Lopes, H. M. R. Desenvolvimento de T′ecnicas Interferom′ etricas, Cont′ ınuas e Pulsadas, Aplicadas à Análise do Dano em Estruturas Compósitas, Ph. D. Thesis, Faculdade de Engenharia da Universidade do Porto, In Portuguese (2008).

[67] Araújo dos Santos, J. V. and Lopes, H. Application of speckle interferometry to damage identification, In ed. B. Topping, Computational Methods for Engineering Science. Saxe - Coburg Publications, Stirlingshire, UK, pp. 299 - 330 (2012).

[68] Ghiglia, D. C. and Pritt, M. D. Two - Dimensional Phase Unwrapping: Theory, Algorithms, and Software. Wiley, New York (1998).

[69] Araújo dos Santos, J. V., Lopes, H. M. R., Ribeiro, J., Maia, N. M. M., and Vaz, M. A. P. Damage localization in beams using the Ritz method and speckle shear interferometry, In eds. B. H. V. Topping, J. M. Adam, F. J. P. R. B., and Romero, M. L. In Proceedings Tenth International Conference on Computational Structures Technology. Civil - Comp Press (2010).

[70] Araújo dos Santos, J. V., Lopes, H. M. R., and Maia, N. M. M. A damage localisation method based on higher order spatial derivatives of displacement and rotation fields. Journal of Physics: Conference Series 305, p. 012008 (2011).

[71] van denBoomgaard, R. and Smeulders, A. The morphological structure of images: The differential equations of morphological scale - space. IEEE Transactions on Pattern Analysis and Machine 16, pp. 1101 - 1113 (1994).

第6章 基于模态形状分析的损伤检测新技术

Wieslaw Ostachowicz[①,②,④], Maciej Radzie′nski[①], Maosen Cao[③], Wei Xu[③]

① 波兰科学院,流体机械研究所,14 Fiszera St. ,80 - 231 格但斯克,波兰

② 华沙工业大学,汽车与工程机械学院,02 - 524 华沙,波兰

③ 河海大学,工程力学系,南京 210098,中国

④ wieslaw. ostachowicz@ imp. gda. pl

摘要:这一章主要介绍的是基于模态形状的损伤检测方法,包括了经典的和一些新颖的模态形状分析技术。经典技术主要是通过将来自参考态和测试态的两个数据集进行比较,从而提取出由损伤导致的可能变化。对于新技术而言,损伤指标是建立在各种信号处理方法基础上的,一般只采用一组数据来实现待测结构的损伤检测和定位。

关键词:基于不规则性的损伤检测;模态形状分析;工作变形模态(ODS);模态置信水平准则(MAC);坐标模态置信水平准则(COMAC);损伤指标(DI);振型曲率(MSC);应变能方法;不规则特征提取;修正的拉普拉斯算子(MLO);谱模态曲率(SMC);间隔平滑法;表面均布载荷(ULS);方向小波;Teager 能量算子(TEO);多尺度剪应变梯度;分形维数

6.1 引言

近几十年来,基于模态形状的损伤检测技术已经得到了长足的发展,在这一领域中可以查阅到数百篇相关文献资料,其中介绍了与此相关的各种各样的技术方法。在这一章中,我们将根据自身在这一领域中的经验体会,选择一些最为常用的和一些最有潜力的方法进行介绍。

在本章的第一部分,我们将简要回顾经典方法,它们主要是通过把两组数据(参考态和测试态)进行对比以揭示出可能存在的变化(与结构健康恶化相关的变化)。在第二部分中,我们将较为详尽地介绍一些基于各种信号处理方法的

全新技术手段,它们主要是利用一组数据来进行待测结构的损伤检测和定位。

这一章内容中没有包含那些利用模型更新技术去进行损伤检测的方法,而且在基于模态形状的损伤检测方面相关的文献资料也是非常多的,无法一一介绍,因而在本章的内容安排上我们只能限定于所选择的若干技术方法。

首先需要明确的一点是,考虑到在结构共振频率附近测得的工作变形模态(ODS)是由某个特定模态所主导的,因此为了统一起见,同时也为了避免出现混淆,在本章中我们将 ODS 的归一化形式称为模态形状(MS)。至于 ODS 和 MS 之间的差别,文献[1]中给出过详尽的阐述,而关于在实验研究中实际测得的究竟是什么这个问题,文献[2]中也做过论述,感兴趣的读者可以去参阅这些文献。

6.2 经典的基于模态形状的损伤检测方法

West[3]是最早指出可以利用 MS 进行损伤检测而无须对待测结构进行建模的学者之一,他采用 Allemang 和 Brown[4]提出的模态置信水平准则(MAC),针对一个航天飞机元件分析评估了参考状态下和声学加载后,实验测得的 MS 之间的相关性。MAC 所给出的是关于结构动力学特性发生变化的信息,Lieven 和 Ewins[5]将其拓展到了坐标模态置信水平准则(COMAC),它能够给出结构中发生变化的某个局部的信息,因而可以作为一种损伤指标(DI)。

1991 年 Pandey 等人[6]提出可以将模态形状曲率(MSC,或称振型曲率)作为损伤检测的一种工具,他们证实了结构弯曲刚度的改变会导致 MSC 发生局部变化,因而可以据此来进行损伤的定位。计算 MSC 最简单也是最常用的方法是数值微分,例如中心差分技术。绝大多数已有研究都建议采用二阶中心差分方法,不过 Qiao 等人[7]也曾指出采用更高阶的算法也是可行的。

除了可以利用原始完好状态与实际状态之间所存在的 MSC 的差异以外,我们也能利用模态形状斜率或者曲率平方的差异来实现损伤检测和定位,这一点可以参阅文献[8,9]。

Cronwell[10]建议将结构划分成很多个较小的子段,然后根据子段的刚度变化进行损伤检测,这一方法也称为应变能(SE)方法。Stubbs 等人[11]提出可以对参考轴比例进行变动以避免出现奇异性,他们利用了一个近似表达式,针对待测结构的健康状态将其中的参考点从 0 移动到了 -1,这一方法也称为损伤指数(DI)法。

Choi 等人[12]提出可以将每个 MSC 针对其最大值进行归一化处理,该方法也称为修正损伤指数法(MDI)。这一处理过程能够帮助我们更有效地完成损伤检测,特别是在多损伤情况中更是如此。

一般而言,基于 MSC 的方法(MSC、SE、DI、MDI)在检测小尺度损伤方面通常是更为有效的。然而,微分形式的方法往往又会导致噪声水平上升。如果不进行噪声抑制处理的话,那么在测得的模态形状中点的数量会增加,进而会导致损伤检测的有效性下降。与此同时,如果模态形状中的点数减少的话,那么往往又会带来截断误差,降低损伤检测的分辨率。Sazanov 和 Klinkhachorn[13] 已经对这一现象进行过解析研究,并针对 SE 和 MSC 这两种方法给出了可用于计算最优的点密度的表达式。

另一种损伤检测技术[14] 采用了柔度矩阵(即刚度矩阵的逆阵),借此去分析结构在均布静载作用下的行为。在这一方法和 MSC 的基础上,Zhang 和 Aktan[15] 还进一步提出了可以采用柔度曲率的变化作为损伤指标。关于经典的基于模态形状的损伤检测方法,读者还可参阅文献[16],其中给出了更多相关信息。

上面所提到的这些方法具有一个共同的特征,即它们在进行结构检测时都利用了两组测得的 MS 数据。第一组数据是从原始完好状态(即参考状态)中获得的,而第二组数据则是从实际状态(待测状态)中测得的。然而,在大多数情况下原始完好状态的这些数据往往是未知的或者是难以测量的(测试条件无法满足),因此也就导致了我们只能根据结构的当前状态(即实际状态或待测状态)去进行健康评估或损伤检测。与前述的“经典”方法不同的是,人们已经提出了一些仅基于损伤信号的方法,它们能够对缺陷或损伤所导致的 MS 中的不连续性进行定位,这里我们将此类方法称为“新”方法。

6.3 基于模态形状的损伤检测新方法

6.3.1 基于不规则性的损伤检测方法

Wang[17] 和 Wang Qiao[18] 分别提出并研究了一种基于模态形状不规则性的损伤检测方法,这种不规则性可能是由损伤所导致的。这种方法假定,针对损伤结构测得的模态形状可以分解成一个(平滑的)规则部分和一个不规则的部分,它们包含了测量噪声和损伤所导致的模态形状的不规则性,而只有不规则的部分才会携带着与损伤有关的信息。然而,在测得的信号中这些不规则部分通常是不易观察的,因为规则部分要显著得多,这也是为什么很难识别出损伤的原因所在。为了解决这一问题,我们可以从信号中提出这个不规则的部分,其过程是从信号滤波开始的,即

$$r(x) = (\varphi \otimes h)(x) = \int_{-\infty}^{+\infty} \varphi(x - \tau) \cdot h(\tau) \mathrm{d}\tau \tag{6.1}$$

式中:$\varphi(x)$为位移形式的模态形状;$r(x)$为平滑后的模态形状;$h(\tau)$为用于平滑处理的函数;$\otimes$为卷积运算。

进一步,从原模态形状中减去这个规则部分,即可得到不规则的部分 $\mathrm{ir}(x)$为

$$\mathrm{ir}(x) = \varphi(x) - r(x) \tag{6.2}$$

这些研究人员[18]采用了两种不同类型的低通滤波器,第一种是一个高斯滤波器,权函数定义为

$$h(\tau) = \frac{1}{\alpha\lambda_c} \mathrm{e}^{-\pi\left(\frac{\tau}{\alpha\lambda_c}\right)^2} \tag{6.3}$$

式中:$\alpha = \sqrt{\ln 2/\pi}$;$\lambda_c$ 为截止波长。

第二种滤波器是一个三角加权函数,其表达式为

$$h(\tau) = \frac{1}{B} - \left(\frac{1}{B}\right)^2 |\tau| \tag{6.4}$$

式中:B 为滤波器截止长度。

这种方法在损伤检测方面的有效性已经得到了验证(参见文献[18]),其中针对一根带缺口的悬臂梁进行了分析,根据该梁模态形状的模型和实测值得到了相关分析结果,这些结果表明了该方法能够有效地实现带有单个损伤或多个损伤的梁的检测。

6.3.2 修正的拉普拉斯算子

在各类仅利用一组测得的模态形状数据进行损伤检测的方法中,有一种称为修正的拉普拉斯算子(MLO)方法,是由 Ratcliffe[19] 首先给出的。这一方法认为,健康结构的模态形状是光滑的,可以通过一个多项式函数来近似表示,当损伤出现后,该函数将会表现出奇异性,例如当局部位置的弯曲刚度降低时就是如此。为了提取出损伤位置方面的信息,我们需要确定出模态形状的拉普拉斯算子处理结果及其近似多项式之间的差值,并针对每个拉普拉斯点去计算多项式系数(利用该点两侧的相邻点信息)。如图 6.1 所示,其中示出了 MLO 方法中点 i 处的差值情况。

对于一维结构物,例如杆或梁等,MSC 可以表示为

$$\varphi''(x) = \nabla^2 \varphi(x) = -\frac{M}{EI(x)} \tag{6.5}$$

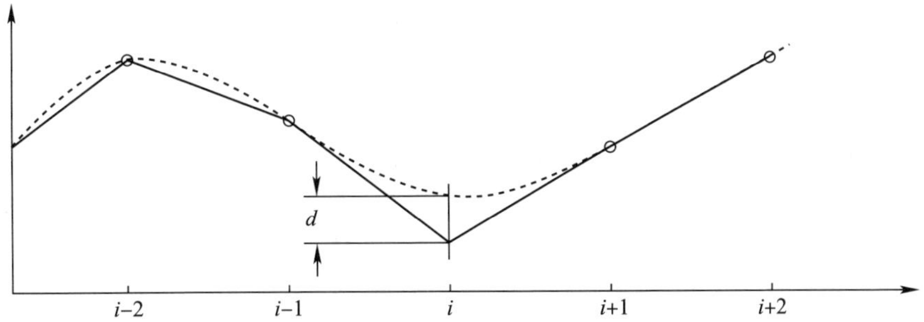

图 6.1　拉普拉斯算子(实线)及其近似多项式(虚线)在点 i 处的差值

式中:$\varphi''(x)$ 为 MSC;M 为弯矩;$EI(x)$ 为弯曲刚度。

在结构健康监测(SHM)领域中最常使用的离散拉普拉斯算子采用的是二阶中心差分算法,可以表示为

$$\nabla^2\varphi(x) \approx \frac{\varphi(x-h_x) - 2\varphi(x) + \varphi(x+h_x)}{h_x^2} \tag{6.6}$$

式中:∇^2 为拉普拉斯算子;h_x 为采样间隔。

Qiau 等人[20]进一步将 MLO 拓展到二维模态形状,其中采用了二维 MSC 与其近似多项式的差值。对于壳或板这样的结构物来说,二维 MSC 的定义为

$$\nabla^2\varphi(x,y) = \nabla^2\varphi(x) + \nabla^2\varphi(y) = \frac{\partial^2\varphi(x,y)}{\partial x^2} + \frac{\partial^2\varphi(x,y)}{\partial y^2} \tag{6.7}$$

式中

$$\frac{\partial^2\varphi(x,y)}{\partial x^2} = -\frac{M_x(x,y)}{D} \tag{6.8}$$

$$\frac{\partial^2\varphi(x,y)}{\partial y^2} = -\frac{M_y(x,y)}{D} \tag{6.9}$$

式(6.8)和式(6.9)中的 $M_x(x,y)$ 和 $M_y(x,y)$ 分别为 x 和 y 方向上的弯矩,D 为弯曲刚度,即

$$D = \frac{Eh^3}{12(1-\boldsymbol{v}^2)} \tag{6.10}$$

式中:E 为杨氏模量;h 为板的厚度;$\boldsymbol{v}$ 为泊松比。

二维形式的离散中心差分算法可以表示为

$$\nabla\varphi(x)+\nabla\varphi(y)\approx\frac{\varphi(x-h_x)-2\varphi(x)+\varphi(x+h_x)}{h_x^2}+\frac{\varphi(y-h_y)-2\varphi(y)+\varphi(y+h_y)}{h_y^2} \tag{6.11}$$

式中:h_x 和 h_y 分别为 x 和 y 方向上的采样间隔。

在现有文献资料中,这一方法也称为间隔平滑法,其中采用的是拉普拉斯算子及其近似多项式之间差值的平方。

拉普拉斯算子在提取模态形状中的奇异性(由损伤导致)方面是非常有效的,不过这一算子却会增强信号中的噪声水平。为了解决这一问题,Cao 和 Qiao[21]提出可以采用修正的拉普拉斯算子,也称为 á trous 拉普拉斯算子,这个名称源自于 Shensa[22]提出的 á trous 小波变换算法。这种方法能够获得不同分辨率的 MSC,这有利于增大从信号中提取到奇异性信息的可能性。上述拉普拉斯算子的掩膜形式为

$$\boldsymbol{l}_n=[1,\boldsymbol{\Theta}_n,-2,\boldsymbol{\Theta}_n,1]\quad n\in\boldsymbol{N} \tag{6.12}$$

式中:$\boldsymbol{\Theta}_n$ 为包含 $n-1$ 个零的向量;n 为自然数,它反映了该拉普拉斯算子掩膜的尺寸(包含了 $2n+1$ 位),例如 $\boldsymbol{l}_3=[1,0,0,-2,0,0,1]$。

如果我们把模态形状看成一个离散函数,那么上述拉普拉斯算子可以通过卷积来计算,即

$$\varphi_n''=\nabla^2\varphi_n=\varphi*\boldsymbol{l}_n \tag{6.13}$$

通过这种方式,á trous 拉普拉斯算子就能够生成一组 MSC,它们具有不同的分辨率。显然,这就为我们提供了一个更为多样化的工具,使得不同大小的模态形状特征能够在不同的算子尺度上得到观测。

通过低通高斯滤波器还可以进一步增强 á trous 拉普拉斯算子,使得信号中的噪声水平得到抑制,即

$$\varphi_{n,\sigma}''=\nabla^2\varphi_{n,\sigma}=(\varphi*g_\sigma)*\boldsymbol{l}_n=\varphi*(g_\sigma*\boldsymbol{l}_n) \tag{6.14}$$

式中:g_σ 为高斯滤波器掩膜;σ 为标准差。

6.3.3 谱模态曲率

从已有文献中可知,人们已经大量采用了中心差分方法来计算 MSC,不过这一做法却存在着一个显著缺陷——在基于这一技术计算得到的导数值中,即使是较小的测量噪声也会带来较大的误差。Yang 等人研究指出,采用由傅里叶谱方法给出的模态曲率也是可行的,这一技术可以应用于一维[23]和二维[24]模态形状。

对于二维模态形状 $\varphi(x,y)$，傅里叶变换(FT)的表达式为

$$\hat{\varphi}(k_x,y) = \int_{-\infty}^{+\infty} e^{-ik_x x}\varphi(x,y)\,dx \tag{6.15}$$

$$\hat{\varphi}(x,k_y) = \int_{-\infty}^{+\infty} e^{-ik_y y}\varphi(x,y)\,dy \tag{6.16}$$

傅里叶反变换(IFT)为

$$\varphi(x,y) = \frac{1}{2\pi}\int_{-\infty}^{+\infty} e^{ik_x x}\hat{\varphi}(k_x,y)\,dk_x \tag{6.17}$$

$$\varphi(x,y) = \frac{1}{2\pi}\int_{-\infty}^{+\infty} e^{ik_y y}\hat{\varphi}(x,k_y)\,dk_y \tag{6.18}$$

式中：k_x 和 k_y 为波数。

由于 n 阶导数的傅里叶变换具有如下性质：

$$\hat{f}^{(n)}(\xi) = (2\pi i\xi)^n \cdot \hat{f}(\xi) \tag{6.19}$$

因此，我们能够获得 MSC 的表达式，即

$$\varphi''(x,y) = -\frac{1}{2\pi}\int_{-\infty}^{+\infty} e^{ik_x x}k_x^2\hat{\varphi}(k_x,y)\,dk_x - \frac{1}{2\pi}\int_{-\infty}^{+\infty} e^{ik_y y}k_y^2\hat{\varphi}(x,k_y)\,dk_y \tag{6.20}$$

测量得到的模态形状是离散函数，可以将其视为定义在区间[0,2π]上的函数。为了得到其曲率，可以进行离散傅里叶变换(DFT)，即

$$\hat{\varphi}_{k_x,y} = \Delta x\sum_{k_x} e^{-ik_x x}\varphi_{x,y} \tag{6.21}$$

$$\hat{\varphi}_{x,k_y} = \Delta y\sum_{k_y} e^{-ik_y y}\varphi_{x,y} \tag{6.22}$$

而离散傅里叶反变换(IDFT)为

$$\varphi_{x,y} = \frac{1}{2\pi}\sum_{k_x} e^{ik_x x}\hat{\varphi}_{k_x,y} \tag{6.23}$$

$$\varphi_{x,y} = \frac{1}{2\pi}\sum_{k_y} e^{ik_y y}\hat{\varphi}_{x,k_y} \tag{6.24}$$

最后，以 DFT 的形式来表示离散 MSC，由此可得

$$\varphi''_{x,y} = -\frac{1}{2\pi}\sum_{k_x} k_x^2 e^{ik_x x}\hat{\varphi}_{k_x,y} - \frac{1}{2\pi}\sum_{k_y} k_y^2 e^{ik_y y}\hat{\varphi}_{x,k_y} \tag{6.25}$$

Yang 还提出可以波数域滤波[24-25]。在波数域内，我们可以利用低通滤波

器来降低噪声，而不会减少由待测结构的损伤导致的模态形状奇异性方面的信息。

6.3.4 简化的间隔平滑法（SGSM）

简化的间隔平滑法是由 Qiao 和 Wang[26] 提出的，这种方法与 MLO 方法是类似的，不过要简化一些，其根本点是确定一个近似多项式，使之能够描述表面均布载荷条件下的结构变形（ULS）。ULS 定义如下：

$$\mathrm{ULS}=\boldsymbol{F}\cdot\boldsymbol{L} \tag{6.26}$$

式中：$\boldsymbol{L}=\{1,\cdots,1\}_{1xN_i}^{\mathrm{T}}$ 为代表结构全长上均布载荷的向量；$\boldsymbol{F}$ 为柔度矩阵，可以根据如下关系式得到：

$$\boldsymbol{F}=[\boldsymbol{\varphi}][\boldsymbol{\Omega}]^{-1}[\boldsymbol{\varphi}]^{\mathrm{T}}=\sum_{m=1}^{N_m}\frac{1}{\omega_m^2}\{\boldsymbol{\varphi}_m\}\{\boldsymbol{\varphi}_m\}^{\mathrm{T}} \tag{6.27}$$

式中：$[\boldsymbol{\varphi}]=[\{\boldsymbol{\varphi}_1\},\{\boldsymbol{\varphi}_2\},\cdots,\{\boldsymbol{\varphi}_{N_m}\}]$ 为模态形状矩阵（或振型矩阵）；$\{\boldsymbol{\varphi}_m\}$ 为第 m 阶模态形状（即振型）；$[\boldsymbol{\Omega}]$ 为刚度矩阵，对角线上的元素值与 ω_m^2 对应；ω_m 为第 m 阶固有频率。矩阵 $\boldsymbol{F}$ 的每一列代表了（作用在该列列号所对应的点处的）单位力所导致的结构位移分布。

用于近似 ULS 的多项式函数可以写为

$$\mathrm{ULS}^{\mathrm{approx}}(x)\approx c_0-c_1x-c_2x^2-c_3x^3-c_4x^4 \tag{6.28}$$

式（6.28）中的这些系数（$c_0\sim c_4$）需要通过对 ULS 的回归分析来确定。

利用 $\mathrm{ULS}^{\mathrm{approx}}$ 与 ULS 之间的偏差信息就能够确定损伤的位置，对于所有已知的模态形状，只需建立如下计算式即可：

$$\mathrm{SGSM}_i=\sum_{m=1}^{N_m}(\mathrm{ULS}_{i,m}-\mathrm{ULS}_{i,m}^{\mathrm{approx}})^2 \tag{6.29}$$

式中：i 为测点编号；m 为模态形状编号；N_m 为所考察的模态形状的数量。

6.3.5 小波

小波变换（WT）可以视为傅里叶变换的一种拓展，窗口尺寸和位置都是可变的，其优势在于允许以不同的时频分辨率去分析局部信号。当我们将小波变换应用于损伤检测中时，其主要优点将体现在能够检测所需分析的函数的奇异性。由于结构缺陷会带来系统动力学特性上的扰动，因此我们可以利用小波系数出现较大值这一点来识别损伤的位置和严重程度。

小波变换是将一个信号 $f(x)$ 分解成一系列的成分 $\psi_{u,s}(x)$，这些成分是根据

母小波 $\psi(x)$ 的尺度缩放(参数 s)和平移操作(参数 u)得到的,其表达式为

$$\psi_{u,s}(x)=\frac{1}{\sqrt{s}}\psi\left(\frac{x-u}{s}\right) \tag{6.30}$$

如果将模态形状 $\varphi(x)$ 看成一维空间信号,那么它的连续小波变换可以表示为[28-29]

$$W\psi_{u,s}(x)=\frac{1}{\sqrt{s}}\int_{-\infty}^{+\infty}\varphi(x)\psi\left(\frac{x-u}{s}\right)\mathrm{d}x \tag{6.31}$$

可以看出,只要小波系数值发生了任何突兀的变化,那么我们都可以将其视为一种损伤指示。

如果是在样件表面上进行测试的,那么小波变换应取二维形式,即

$$W\varphi_{u,v,s}(x,y)=\frac{1}{s}\int_{-\infty}^{+\infty}\int_{-\infty}^{+\infty}\varphi(x,y)\psi\left(\frac{x-u}{s},\frac{y-v}{s}\right)\mathrm{d}x\mathrm{d}y \tag{6.32}$$

近年来,基于小波变换的方法正在快速发展之中。一般地,由 n 阶微分生成的小波具有 n 阶消失矩。

Rucka 和 Wilde[28] 对梁式结构和板式结构进行了数值和实验研究,针对数值和实验数据利用基本模态形状验证了连续小波变换在损伤检测方面的有效性。Han 等人[30] 提出采用小波包变换来进行振动信号的分析,并通过小波包能量变化率指标定义了损伤因子。

SHM 中最为常用的小波之一就是高斯小波。高斯函数 g 可以表示为

$$g(x|\mu,\sigma)=\frac{1}{\sqrt{2\sigma^2\pi}}\mathrm{e}^{-\frac{(x-\mu)^2}{2\sigma^2}} \tag{6.33}$$

不妨假定其标准形式为 g^0,它的标准差为 $\sigma=1/\sqrt{2}$,均值为 $\mu=0$,即

$$g^0(x)=\frac{1}{\sqrt{\pi}}\mathrm{e}^{-x^2} \tag{6.34}$$

这个高斯函数 $g^0(x)$ 可以用来作为母小波的基,即

$$g^n(x)=C_n(-1)^{n+1}\frac{\partial^n g^0(x)}{\partial x^n}\quad n>0 \tag{6.35}$$

式中:C_n 为归一化常数;n 为消失矩的阶。

根据 $g^n(x)$,我们就能够得到一族高斯小波了,即

$$g_{u,s}^n(x,y)=\frac{1}{\sqrt{s}}g^n\left(\frac{x-u}{s}\right) \tag{6.36}$$

类似于式(6.33)~式(6.36)的构造过程,我们也可以导得一族二维高斯小波,即

$$g^0(x,y)=\frac{1}{\sqrt{\pi/2}}e^{-(x^2+y^2)} \tag{6.37}$$

$$g^{m,n}(x,y)=C_{m,n}(-1)^{m+n}\frac{\partial^{m+n}g^0(x,y)}{\partial x^m\partial y^n} \tag{6.38}$$

$$g_{u,v,s}^{m,n}(x,y)=\frac{1}{s}g^{m,n}\left(\frac{x-u}{s},\frac{y-v}{s}\right)\quad m,n>0 \tag{6.39}$$

式中:m 和 n 分别为 x 和 y 方向上小波的阶次(消失矩的阶次)。

6.3.6 方向小波

Xu 等人[31]研究指出,通过增加一个旋转参数能够改善二维小波变换的性能,由此将可得到一个二维方向小波,即

$$\psi_{u,v,s}(x,y)=\frac{1}{s}\psi\left(\frac{x'-u}{s},\frac{y'-v}{s}\right) \tag{6.40}$$

式中

$$\begin{Bmatrix}x'\\y'\end{Bmatrix}=\begin{pmatrix}\cos\theta & \sin\theta\\-\sin\theta & \cos\theta\end{pmatrix}\begin{Bmatrix}x\\y\end{Bmatrix} \tag{6.41}$$

其中:θ 表示小波的方向。

对于二维模态形状 $\varphi(x,y)$ 来说,方向小波变换的表达式为

$$W\varphi_{u,v,s,\theta}(x,y)=\frac{1}{s}\int_{-\infty}^{+\infty}\int_{-\infty}^{+\infty}\varphi(x,y)\psi\left(\frac{x\cos\theta+y\sin\theta-u}{s},\frac{-x\sin\theta+y\sin\theta-v}{s}\right)\mathrm{d}x\mathrm{d}y \tag{6.42}$$

文献[31]中采用了高斯方向小波($m=2,n=2$),这族方向小波可以表示为

$$\psi_{u,v,s,\theta}^{2,2}(x,y)=e^{-\left(\frac{x\cos\theta+y\sin\theta-u}{s}\right)^2-\left(\frac{-x\sin\theta+y\sin\theta-v}{s}\right)^2}\times\frac{1}{3s\sqrt{\frac{\pi}{2}}}\begin{pmatrix}-2+4\left(\frac{x\cos\theta+y\sin\theta-u}{s}\right)^2\\-2+4\left(\frac{-x\sin\theta+y\sin\theta-v}{s}\right)^2\end{pmatrix} \tag{6.43}$$

这个小波($\psi_{u,v,s,\theta}^{2,2}(x,y)$)具有丰富的数学性质,例如光滑性、对称性、可微性和方向性等,这些性质使得它成为一种非常优秀的损伤检测工具。

6.3.7 小波变换曲率模态

Cao 等人[32]提出了另一种无须借助二阶中心差分的 MSC 计算方法。为了针对 MSC(φ'')进行噪声的平滑处理,他们采用了高斯函数 g。根据卷积微分性质可知:

$$\varphi'' \otimes g = \varphi \otimes g'' \tag{6.44}$$

式中:g''为高斯函数的二阶导数,也称为墨西哥帽小波(消失矩为 2)[33]。

将平移参数 u 和缩放参数 s 引入高斯函数 $g(x)$ 中,可得

$$g_{u,s}(x) = \frac{1}{\sqrt{s}} g\left(\frac{x-u}{s}\right) \tag{6.45}$$

根据上面这个母小波就可以构造出一族小波,即

$$g''_{u,s}(x) = s^2 \frac{\partial^2}{\partial x^2} g_{u,s}(x) = \frac{1}{\sqrt{s}} g''\left(\frac{x-u}{s}\right) \tag{6.46}$$

针对缩放后的 g 和 g'',我们不难得到可用于 MSC 的多尺度计算关系式:

$$\varphi'' \otimes g_{u,s} = \varphi \otimes g''_{u,s} \tag{6.47}$$

为方便起见,以 $g''_s(u)$ 来表示 $g''_{u,s}$,并考虑高斯函数及其导数的对称性,小波变换曲率模态(WT MSC)$\varphi_s^*(u)$最终就可以表示为

$$\begin{aligned}
\varphi_s^*(u) &= \varphi \otimes g''_s(u) = \frac{1}{\sqrt{s}} \int_{-\infty}^{+\infty} \varphi(x) g''\left(\frac{x-u}{s}\right) \mathrm{d}x \\
&= s^{\frac{3}{2}} \varphi \otimes \left[\frac{\mathrm{d}}{\mathrm{d}x^2} g\left(\frac{x}{s}\right)\right](u) \\
&= s^{\frac{3}{2}} \frac{\mathrm{d}}{\mathrm{d}x^2}\left[\varphi \otimes g\left(\frac{x}{s}\right)\right](u) \\
&= s^2 \frac{\mathrm{d}}{\mathrm{d}x^2}[\varphi \otimes g_s(u)]
\end{aligned} \tag{6.48}$$

式(6.48)给出的这个最终形式包括了两个重要运算,分别是针对模态形状 φ 和缩放后的高斯函数 $g_s(u)$ 的卷积运算,以及针对这个卷积结果的二阶微分运算。从损伤识别角度来说,式(6.48)中的尺度缩放运算(因子 s^2)是不会对结果产生影响的。

类似的过程也可以拓展到二维模态形状的分析中[34]。二维墨西哥帽小波可以表示为

$$
\begin{aligned}
g''_{u,v,s}(x,y) &= s^2\left(\frac{\partial^2}{\partial x^2}+\frac{\partial^2}{\partial y^2}\right)g_{u,v,s}(x,y) \\
&= s\left(\frac{\partial^2}{\partial x^2}+\frac{\partial^2}{\partial y^2}\right)g\left(\frac{x-u}{s},\frac{y-v}{s}\right) \\
&= \frac{1}{s}g''\left(\frac{x-u}{s},\frac{y-v}{s}\right)
\end{aligned}
\tag{6.49}
$$

式中：$g_{u,v,s}$为经过缩放和平移的二维高斯函数，即

$$
g_{u,v,s}(x,y) = \frac{1}{s}g\left(\frac{x-u}{s},\frac{y-v}{s}\right) \tag{6.50}
$$

式中：u 和 v 分别为 x 和 y 方向上的平移参数。

于是，二维小波变换曲率模态就可以写为

$$
\begin{aligned}
\varphi_s^*(u,v) &= \varphi \otimes g''_s(u,v) \\
&= \frac{1}{s}\int_{-\infty}^{+\infty}\int_{-\infty}^{+\infty}\varphi(x,y)g''\left(\frac{x-u}{s},\frac{y-v}{s}\right)\mathrm{d}x\mathrm{d}y \\
&= s\left(\frac{\partial^2}{\partial x^2}+\frac{\partial^2}{\partial y^2}\right)[\varphi \otimes g_s(u,v)]
\end{aligned}
\tag{6.51}
$$

6.3.8 小波变换曲率模态的 Teager 能量

模态曲率是一种非常优秀的工具，可以据此来突出模态形状中的奇异性，因而能够用于损伤定位工作中。事实上，当局部位置出现弯曲刚度的变化时，模态曲率上就会体现出奇异性。然而，模态曲率的整体起伏变化趋势却会使得这些损伤“信号”变得比较模糊，为了克服这一障碍，Xu 等人[35]提出可以采用 Teager 能量算子（TEO）进行处理。

Teager 能量算子是一种非线性算子，允许我们以逐点方式去计算信号的能量，这一算子最早是在声学信号分析中出现的[36]。对于一维连续信号来说，Teager 能量算子的定义如下：

$$
\Psi(x(t)) = (x')^2(t) - x(t)x''(t) \tag{6.52}
$$

Kaiser 进一步给出了该算子的离散形式[37]（也称为 Teager - Kaiser 算子），其定义如下：

$$
\Psi[x(n)] = x^2[n] - x[n-1]x[n+1] \tag{6.53}
$$

从非线性层面来看，这个算子能够对信号中的局部奇异性起到放大作用，并且还具有如下有趣的性质：

$$\Psi[x(n)+C]=\Psi[x(n)]-Cx''(n) \tag{6.54}$$

式中:C 为常数。

为了将小波变换曲率模态离散化,即从 $\varphi_s^*(u)$ 到 $\varphi_s^*[n]$,我们将上述一维 Teager 能量算子作用于小波变换曲率模态(TEO - WT MSC),其表达式为

$$\Psi[\varphi_s^*[n]]=(\varphi_s^*[n])^2-\varphi_s^*[n-1]\varphi_s^*[n+1] \tag{6.55}$$

将这两种方法组合起来使用仍可给出具有物理含义的损伤指标,不仅对噪声不敏感,而且在消除整体起伏变化趋势的同时突出了较小的奇异性。

上述方法很容易拓展用于板类结构物的分析之中,此时需要采用的二维离散形式的 TEO - WT MSC 如下[34]:

$$\Psi[\varphi_s^*[j,k]]=2(\varphi_s^*[j,k])^2-\varphi_s^*[j-1,k]\varphi_s^*[j+1,k]-\varphi_s^*[j,k-1]\varphi_s^*[j,k+1] \tag{6.56}$$

式中:$\varphi_s^*[j,k]$ 为 $\varphi_s^*(u,v)$ 的离散形式。

6.3.9 多尺度剪切应变梯度

在复合材料板中脱层是一种较为重要的损伤类型,大多数情况下是由于粘接不良、局部冲击或者热载荷等导致的,通常表现为组分层之间出现分离。Cao 等人[38]在模态形状测试基础上给出了一种可用于检测此类损伤行为的特殊手段,一般称为多尺度剪切应变梯度(MSG)。

借助克希霍夫板理论,我们不难理解这一技术手段的物理原理。对于处于平面应力状态的层合板来说,当板的中面位于 xy 平面上时,其应变分量由下式给出:

$$\varepsilon_{xx}=-z\frac{\partial^2 w(x,y)}{\partial x^2} \tag{6.57}$$

$$\varepsilon_{yy}=-z\frac{\partial^2 w(x,y)}{\partial y^2} \tag{6.58}$$

$$\varepsilon_{xy}=-2z\frac{\partial^2 w(x,y)}{\partial x\partial y} \tag{6.59}$$

式中:ε_{xx} 和 ε_{yy} 分别为 x 轴和 y 轴方向上的正应变;ε_{xy} 为 xy 平面内的剪应变。

从理论上来说,所有这些应变分量所发生的任何改变都可以作为相应的损伤检测指标,不过就脱层而言,由于它们主要表现为相邻材料层的分离行为,因此绝大多数情况下应变的变化体现在 ε_{xy} 上。一般来说,较轻微的脱层只会导致局部位置出现十分不明显的剪应变变化,为了提取出这一信息,我们可以进行梯度算子处理(作用在 x 和 y 两个方向上),即

$$\overset{\leftrightarrow}{\varepsilon}_{xy} = -\frac{\partial^2 \varepsilon_{xy}}{\partial x \partial y} = -2z\frac{\partial^4 w(x,y)}{\partial x^2 \partial y^2} \tag{6.60}$$

式中：$\overset{\leftrightarrow}{\varepsilon}_{xy}$为剪切应变梯度。

对于待测结构而言，这个微分算子能够放大剪应变的任何局部改变，然而与此同时也会导致（源自模态形状函数的）噪声水平变强，显然这样就会掩盖轻微脱层所产生的指示信号。为了消除这一不利影响，我们可以采用多尺度变换处理，即将 $\overset{\leftrightarrow}{\varepsilon}_{xy}$ 与缩放后的高斯函数 g_s 进行卷积运算（式(6.50)），由此可得

$$\overset{\leftrightarrow}{\varepsilon}{}^{s}_{xy} = \overset{\leftrightarrow}{\varepsilon}_{xy} \otimes g_s = -2z\frac{\partial^4 g_s}{\partial x^2 \partial y^2} \otimes w \tag{6.61}$$

式中：$\overset{\leftrightarrow}{\varepsilon}{}^{s}_{xy}$为多尺度剪切应变梯度；$w$ 为板状结构中面上的横向位移。

6.3.10 分形维数

分形维数（FD）最早是由 Mandelbrot[39] 提出的，1988 年 Katz 给出了分形维数曲率的近似方法，即

$$\mathrm{FD}_m(x) = \frac{\log(n)}{\log(n) + \log\left(\dfrac{d(x_i, M)}{L(x_i, M)}\right)} \tag{6.62}$$

式中

$$L(x_i, M) = \sum_{k=1}^{M} \sqrt{(y(x_{i+k}) - y(x_{i+k-1}))^2 + (x_{i+k} - x_{i+k-1})^2} \tag{6.63}$$

$$d(x_i, M) = \max_{1 \leqslant k \leqslant M} \sqrt{(y(x_{i+k}) - y(x_i))^2 + (x_{i+k} - x_i)^2} \tag{6.64}$$

式中：M 为沿着被测函数滑动的窗口尺寸。

然而，这一方法不太适合于高阶模态形状，在一阶导数的局部极大值和极小值中会给出错误的峰值。为了克服这一问题，Wang 和 Qiao[26] 提出了一种缩放形式（引入了尺度因子 s）来计算 FD，该方法也称为广义 FD（GFD），其表达式为

$$\mathrm{GFD}_m(x) = \frac{\log(n)}{\log(n) + \log\left(\dfrac{d_s(x_i, M)}{L_s(x_i, M)}\right)} \tag{6.65}$$

式中

$$L_s(x_i, M) = \sum_{k=1}^{M} \sqrt{(y(x_{i+k}) - y(x_{i+k-1}))^2 + s^2(x_{i+k} - x_{i+k-1})^2} \tag{6.66}$$

$$d_s(x_i, M) = \max_{1 \leqslant k \leqslant M} \sqrt{(y(x_{i+k}) - y(x_i))^2 + s^2(x_{i+k} - x_i)^2} \tag{6.67}$$

Hadjileontiadis 和 Douka[40]进一步将这种 GFD 方法拓展用于二维情形,他们根据数值模型给出的结果验证了该方法的有效性,并指出了这一方法对噪声具有很强的健壮性。为了表达简洁起见,不妨假定 $\Im$ 代表式(6.65)所定义的算子。将二维算子作用于二维模态形状 $\varphi(x,y)$ 的水平、垂直和对角方向切片上,我们就可以得到对应的分形维数阵列$\boldsymbol{FD}^{\mathrm{H}}$、$\boldsymbol{FD}^{\mathrm{V}}$ 和$\boldsymbol{FD}^{\mathrm{D}}$,即

$$\boldsymbol{FD}^{\mathrm{H}}(i)=\Im\{\varphi(i,1:L)\},\quad i=1,\cdots,L \tag{6.68}$$

$$\boldsymbol{FD}^{\mathrm{V}}(i)=\Im\{\varphi(1:L,i)\},\quad i=1,\cdots,L \tag{6.69}$$

$$\boldsymbol{FD}^{\mathrm{D}}(i)=\begin{cases}\Im\{\varphi(i+1:L,i:L-1)\}\\ \Im\{\varphi(1:L,1:L)\},\quad i=1,\cdots,L-1\\ \Im\{\varphi(1:L-1,i+1:L)\}\end{cases} \tag{6.70}$$

这些矩阵($\boldsymbol{FD}^{\mathrm{H}}$、$\boldsymbol{FD}^{\mathrm{V}}$ 和$\boldsymbol{FD}^{\mathrm{D}}$)可以用于板状结构物的损伤定位,在已知某个矩阵指示出损伤之后,我们就可进一步确定损伤的方位了。

为了获得更好的 FD 性能,Bai[27]提出可以利用仿射变换对模态形状进行预处理,以消除 FD 的局部极值。这一变换可以表示为

$$\begin{Bmatrix}x_i'\\ y_i'\end{Bmatrix}=A\begin{Bmatrix}x_i^*\\ y_i^*\end{Bmatrix},\quad \boldsymbol{A}=\begin{bmatrix}1 & 0\\ \sin\theta & \cos\theta/k\end{bmatrix} \tag{6.71}$$

式中:$\boldsymbol{A}$ 为仿射变换矩阵;k 和 θ 为该变换的可调参数,这些可调参数值可以在很宽的范围内选择,因此也就使得变换后的模态形状能够具有不同程度的平滑性,同时不会出现局部极值点,后者也正是这一变换处理的主要目的。

6.3.11 小波变换曲率模态的分形分析

在前文中已经介绍了可以用于实现损伤检测的基于小波变换的方法与基于分形维数的方法,后一种方法是非常优秀的,它能够帮助我们以多种分辨率去认识感兴趣的信号,而前一种方法则能够非常有效地检测出感兴趣的函数中的奇异性。为了充分利用它们各自的优势,一个很自然的想法就是将这两种信号处理算法组合起来使用,由此也就构成了所谓的小波辅助分形分析[42]。

6.3.11.1 缩放模态形状

对于某个结构来说,测得的模态形状可以划分成三个不同的部分,分别是噪声、损伤导致的奇异性以及主成分。为了深入地认识这三个部分,我们可以去构造缩放的模态形状(SMS)。小波变换能够以多分辨率方式对二维信号进行分析,因此为了构造出模态形状的不同缩放形式,我们可以引入一个二维小波变换

来处理(例如二维 Gabor 小波[41]或高斯小波[42]),这一变换可描述为如下卷积形式:

$$W^s:(x_{i,j},x_{i,j},w^s_{i,j}) = W:(x_{i,j},x_{i,j},w_{i,j})\otimes\psi_s(x,y) \tag{6.72}$$

式中:$W^s:(x_{i,j},x_{i,j},w^s_{i,j})$为缩放参数 s 处的(缩放后的)模态形状;$\otimes$为卷积运算。

需要注意的是,必须恰当地选择这个缩放参数,只有这样才能使得可能存在的损伤信息得以保留,而与此同时大多数噪声和整体性模态形状趋势等信息受到抑制。

6.3.11.2 波形分形分析

我们将所选定的 SMS 划分成水平线集和垂向线集,即

$$W^s:(x_{i,j},x_{i,j},w^s_{i,j}) \approx W^s_x:(x_{i,j},y_j,w^s_{i,j}) + W^s_y:(x_i,y_{i,j},w^s_{i,j}) \tag{6.73}$$

式中:$W^s_x:(x_{i,j},y_j,w^s_{i,j})$和 $W^s_y:(x_i,y_{i,j},w^s_{i,j})$分别为 x 和 y 方向的 SMS 线。因此只需对所有 SMS 线进行分形分析,也就实现了损伤的检测。

6.3.11.3 分形复杂度

Cao[41]还提出了另一种方法,他利用基于 Kolmogorov 容量维数的分形复杂度[43]对前述的 SMS 进行了分析。不妨假定某个集合 Ξ 被大量相同尺寸的超立方体(边长为 r)所覆盖,且记能够覆盖整个 Ξ 的超立方体的最少数量为 $N(r)$,那么当 r 趋近于零时,我们就可以得到容量维数为

$$D_c(\Xi) = \lim_{r\to 0}\frac{\log N(r)}{\log\dfrac{1}{r}} \tag{6.74}$$

我们可以针对选定的 SMS 进行容量维数分析,其中利用移动窗口函数来构造出中心点为(x_i,y_i)的集合 $\Xi_{i,j}$,由此将可确定这个 SMS 的每个点处的复杂度值以及复杂度的图像,显然这个复杂度函数的任何局部改变都可视为一种损伤指标。

6.3.12 本节小结

本节所阐述的这些技术方法都是建立在对 MS 或 ODS 进行处理这一基础上的,它们有着明确的物理内涵,不需要待测结构的参考状态信息或材料特性信息。

究竟选择哪种方法来分析,这取决于所要考察的结构的类型、可能出现的损伤类型、相关仪器设备的计算能力,以及实验技术人员的经验等多方面的因素。

当然,采用多种方法来进行分析也是一个好的做法,这样能够确保获得最高

的损伤检测效率，同时还能够消除可能出现的误检现象。不仅如此，这一做法还为我们提供了数据融合的可能性，即将不同的损伤指标融合起来形成一种混合式指标。

6.4 数据融合

有些时候，某些模态形状的部分区域对损伤可能是不太敏感的，例如在模态形状节点附近出现的裂纹就属于这种情况。另外，测试条件的不理想有时也会导致出现错误的检测结果。为了克服这些问题，损伤检测过程中有必要对多个模态形状（在不同频率处得到）进行测试，而由此得到的数据是可以融合起来的。我们通常针对损伤指标进行标准的归一化过程处理，即

$$\chi' = \frac{\chi - \mu(\chi)}{\sigma(\chi)} \tag{6.75}$$

式中：χ 为针对某模态形状的某个损伤指标，例如 FD、WT - TEO 等；$\mu(\chi)$ 和 $\sigma(\chi)$ 分别为 χ 的均值和标准差；χ' 为标准化之后的损伤指标。

这个归一化处理具有如下两个方面的优点：

（1）针对不同的模态形状将损伤指标进行了恰当的尺度缩放，同时，对于相同的模态形状来说，它还使得不同的损伤指标数据能够融合到一起；

（2）由于均值和标准差更大，因此带有噪声的损伤指标数据将具有较小的权值，进而在融合的损伤指标（FDI）中的贡献就更小一些。

这种尺度变换处理不会导致损伤界定上出现模糊，而是能够容许多种指标充分地融合起来，由此我们可得到

$$\bar{\chi} = \frac{1}{NM}\sum_{i=1}^{N}\sum_{j=1}^{M}\chi'_{i,j} \tag{6.76}$$

式中：$\bar{\chi}$ 为融合后的损伤指标，其中考虑了 N 个模态形状和 M 个不同的损伤指标。

参考文献

[1] Dossing, O. Structural stroboscopy—measurement of operational deflection shapes. Sound and Vibration Magazine 1, pp. 110 – 116 (1988).

[2] Richardson, M. H. Is it a mode shape, or an operating deflection shape? Sound and Vibration Magazine, 30th Annual Issue 1, pp. 1 – 10 (1997).

[3] West, W. M. Illustration of the use of modal assurance criterion to detect structural changes in an orbiter test

specimen. In Proceedings of the Air Force C Aircraft Structural Integration, pp. 1 – 6 (1984).

[4] Allemang, R. J. and Brown, D. L. A correlation coefficient for modal vector analysis. In Proceedings of IMAC, Vol. 1, pp. 110 – 116 (in USA) (1982).

[5] Lieven, N. A. J. and Ewins, D. J. Spatial correlation of mode shapes the coordinate modal assurance criterion (COMAC). In Proceedings of IMAC, Vol. 4, pp. 690 – 695 (in USA) (1988).

[6] Pandey, A. K., Biswas, M., and Samman, M. M. Damage detection from changes in curvature mode shapes. Journal of Sound and Vibration 145, pp. 321 – 332 (1991).

[7] Qiao, P., Lestari, Shah, W. M. G., and Wang, J. Dynamics – based damage detection of composite laminated beams using contact and noncontact measurement systems. Journal of Composite Materials 10(41), pp. 1217 – 1252(2007).

[8] Maia, N. M. M., Silva, J. M. M., and Almas, E. A. M. Damage detection in structures: From mode shape to frequency response function methods. Mechanical Systems and Signal Processing 17 (3), pp. 489 – 498 (2003).

[9] Ho, Y. K. and Ewins, D. J. On the structural damage identification with mode shapes. In Proceedings of the International Conference on System Identification and Structural Health Monitoring, pp. 677 – 684 (in Spain) (2000).

[10] Cornwell, P. Application of the strain energy damage detection method to plate – like structures. Journal of Sound and Vibration 224(2), pp. 359 – 374 (1999).

[11] Stubbs, N., Kim, J. T., and Farrar, C. R. Field verification of a nondestructive damage localization and severity estimation algorithm. In Proceedings of SPIE—The International Society for Optical Engineering, Vol. 2460, pp. 210 – 218 (in USA) (1995).

[12] Choi, F. C., Li, J, Samali, B., and Crews, K. Application of the modified damage index method to timber beams. Engineering Structures 30, pp. 1124 – 1145 (2008).

[13] Sazonov, E. and Klinkhachorn, P. Optimal spatial sampling interval for damage detection by curvature or strain energy mode shapes. Journal of Sound and Vibration 285, pp. 783 – 801 (2005).

[14] Pandey, A. K. and Biswas, M. Damage detection in structures using changes in flexibility. Journal of Sound and Vibration 169(1), pp. 3 – 17 (1994).

[15] Zhang, Z. and Aktan, A. E. The damage indices for constructed facilities. In Proceedings of IMAC, Vol. 13, pp. 1520 – 1529 (in USA) (1995).

[16] Doebling, S. W., Farrar, R. C., and Prime, M. B. A summary review of vibration – based damage identification methods. Shock and Vibration Digest 2(30), pp. 91 – 105 (1998).

[17] Wang, J. Damage detection in beams by roughness analysis. In Proceedings of SPIE—The International Society for Optical Engineering, Vol. 6174, pp. 488 – 499 (in USA) (2006).

[18] Wang, J. and Qiao, P. On irregularity – based damage detection method for cracked beams. International Journal of Solids Structure 45, pp. 688 – 704 (2008).

[19] Ratcliffe, C. P. Damage detection using modified Laplacian operator on mode shape data. Journal of Sound and Vibration 204(3), pp. 505 – 517 (1997).

[20] Qiao, P., Lu, K., Lestari, W., and Wang, J. Curvature mode shape – based damage detection in composite laminated plates. Composite Structures 80, pp. 409 – 428 (2007).

[21] Cao, M. and Qiao, P. Novel Laplacian scheme and multiresolution modal curvatures for structural damage

identification. Mechanical Systems Signal Processing 23, pp. 1223 - 1242 (2009).

[22] Shensa, M. J. The discrete wavelet transform: Wedding the a trous and Mallat algorithms. IEEE Transaction of Signal Processing 40(10), pp. 2464 - 2482 (1992).

[23] Yang, Z. - B., Radzie' nski, M., Kudela, P., and Ostachowicz, W. Fourier spectral - based model curvature analysis and its application to damage detection in beams. Mechanical Systems Signal Processing 84 (Part A), pp. 763 - 781 (2017).

[24] Yang, Z. - B., Radzie' nski, M., Kudela, P., and Ostachowicz, W. Two - dimensional modal curvature estimation via Fourier spectra method for damage detection. Composite Structures 158, pp. 155 - 167 (2016).

[25] Yang, Z. - B., Radzie' nski, M., Kudela, P., and Ostachowicz, W. Scale - wavenumber domain filtering method for curvature modal damage detection. Composite Structures 154, pp. 396 - 409 (2016).

[26] Wang, J. and Qiao, P. Improved damage detection for beam - type structures using a uniform load surface. Structural Health Monitoring 6(2), pp. 99 - 110 (2007).

[27] Bai, R., Song, X., Radzie'nski, M., Cao, M., Ostachowicz, W., and Wang, S. S. Crack location in beams by data fusion of fractal dimension features of laser - measured operating deflection shapes. Smart Structural Systems 13(6), pp. 975 - 991 (2014).

[28] Rucka, M. and Wilde, K. Application of continuous wavelet transform in vibration based damage detection method for beams and plates. Journal of Sound Vibration 297, pp. 536 - 550 (2006).

[29] Morlier, J., Bos, F., and Castera, P. Diagnosis of a portal frame using advanced signal processing of laser vibrometer data. Journal of Sound Vibration 297, pp. 420 - 431 (2006).

[30] Han, J. - G., Ren, W. - X., and Sun, Z. - S. Wavelet packet based damage identification of beam structures. International Journal Solids Structures 42, pp. 6610 - 6627 (2005).

[31] Xu, W., Radzie' nski, W., Ostachowicz, W., and Cao, M. Damage detection in plates using two - dimensional directional Gaussian wavelets and laser scanned operating deflection shapes. Structural Health Monitoring 2(5 - 6), pp. 457 - 468 (2013).

[32] Cao, M. S., Xu, W., Ostachowicz, W., and Su, Z. Damage identification for beams in noisy conditions based on Teager energy operator - wavelet transform modal curvature. Journal of Sound and Vibration 333, pp. 1543 - 1553 (2014).

[33] Mallat, S. A Wavelet Tour of Signal Processing, 3rd edn. Academic Press, San Diego (2008).

[34] Xu, W., Cao, W., Ostachowicz, W., Radzie' nski, M., and Xi, N. Two - dimensional curvature mode shape method based on wavelets and Teager energy for damage detection in plates. Journal of Sound and Vibration 347, pp. 266 - 278 (2015).

[35] Xu, W., Cao, M., Radzie' nski, M., Xia, N., Su, Z., Ostachowicz, W., and Wang, S. S. Detecting multiple small - sized damage in beam - type structures by Teager energy of modal curvature shape. JVE International Ltd. Journal of Vibroengineering 17(1), pp. 275 - 286 (2015).

[36] Teager, H. M. and Teager, S. M. Evidence for nonlinear sound production mechanisms in the vocal tract, In eds. Hardcastle W. J. and Marchal A., Speech Production and Speech Modelling. NATO ASI Series (Series D: Behavioural and Social Sciences), 55, pp. 241 - 261 (1990).

[37] Kaiser, J. F. On a simple algorithm to calculate the "energy" of a signal. In Proceedings IEEE ICASSP - 90, pp. 381 - 384 (in USA) (1990).

[38] Cao, M., Ostachowicz, W., Radzie' nski, M., and Xu, W. Multiscale shear - strain gradient for detecting de-

lamination in composite laminates. Applied Physics Letters 103 (2013).
[39] Mandelbrot, B. B. How long is the coast of Britain? Statistical self - similarity and fractional dimension. Science 156, pp. 636 - 638 (1967).
[40] Hadjileontiadis, L. J. and Douka, E. Crack detection in plates using fractal dimension. Engineering Structures 29, pp. 1612 - 1625 (2007).
[41] Cao, M., Xu, H., Bai, R., Ostachowicz, W., Radzie′ nski, M., and Chen, L. Damage characterization in plates using singularity of scale mode shapes. Applied Physics Letters 106 (2015).
[42] Bai, R., Radzie′ nski, M., Cao, M., Ostachowicz, W., and Su, Z. Non - baseline identification of delamination in plates using wavelet - aided fractal analysis of two - dimensional mode shapes. Journal International Material Systems and Structures 26(17), pp. 2338 - 2350 (2014).
[43] Kolmogorov, A. N. A new metric invariant of transient dynamical systems and automorphisms in Lebesgue spaces. Doklady Akademic Nauk SSSR 124, pp. 754 - 755 (1958).

第7章　基于时域和频域响应函数的损伤识别

R. P. C. Sampaio[1,2,5], T. A. N. Silva[3,6] N. M. M. Maia[2,7], S. Zhong[4,8]

① 葡萄牙海军学校,Alfeite,Almada 2810－001,葡萄牙

② 里斯本大学高等理工学院机械工程系 IDMEC,葡萄牙,里斯本,Av. Rovisco Pais,1049－001

③ 葡萄牙新里斯本大学科技学院 UNIDEMI,DEMI,葡萄牙,卡帕里卡 2829－516

④ 福州大学机械工程与自动化学院,光学、太赫兹与无损检测实验室,中国,福州 350108

⑤ chedas. sampaio@ marinha. pt

⑥ tan. silva@ fct. unl. pt

⑦ nuno. manuel. maia@ tecnico. ulisboa. pt

⑧ zhongshuncong@ hotmail. com

摘要:本章针对一些人们所熟知的频域内的损伤识别方法进行了回顾和比较,这些方法中都利用了基于频响函数(FRF)构造而成的工作变形模态(ODS)。除了这些频域方法以外,本章也介绍了两种时域内的损伤识别新方法,它们所利用的ODS是根据时域响应构造而成的。此外,我们以悬臂梁为对象,根据有限元模型进行了两项数值测试,对不同指标的检测和定位性能进行了分析和评估。

关键词:损伤识别;时域响应;频域响应;模态形状分析;工作变形模态(ODS);模态置信水平准则(MAC);坐标模态置信水平准则(COMAC);损伤因子(DI);模态曲率(MSC);损伤敏感性分析;应变能损伤因子(SEDI);极大值出现次数(MO);共振间隔平滑宽带方法(RGSB);频域置信水平准则(FDAC);传递率损伤指标(TDI);本构关系误差(ECR);时域 Katz 分形维数法(TKFD)

7.1　引　　言

结构损伤识别也称为结构健康监测(SHM),这一工作主要致力于回答如下

一些问题[1,2,5]：

(1) 损伤存在性问题：系统中是否存在着损伤？

(2) 损伤定位问题：系统中的损伤发生在哪些部位？

(3) 损伤类型问题：所出现的损伤是什么类型的？

(4) 损伤程度问题：所出现的损伤已经到达了何种程度？

(5) 寿命预报问题：系统还能正常工作多长时间？

针对上述这些问题的回答，实质上也就构成了 SHM 的两个主要目标：

(1) 损伤检测（针对存在性问题）；

(2) 损伤诊断（针对的是位置、类型、程度以及预报等问题）。

基于振动信号的结构损伤识别技术一般认为，任何结构损伤都会以某种方式改变该结构的某些动力学性质，例如质量、阻尼或刚度等，进而也就会使得振动响应发生改变。

对于一个 N 自由度的结构，其动力平衡状态通常可以通过如下方程来描述[6-7]：

$$\boldsymbol{M}\ddot{\boldsymbol{x}} + \boldsymbol{C}\dot{\boldsymbol{x}} + \boldsymbol{K}\boldsymbol{x} = \boldsymbol{f}(t) \tag{7.1}$$

式中：$\boldsymbol{M}$ 为质量矩阵；$\boldsymbol{K}$ 为刚度矩阵；$\boldsymbol{C}$ 为黏性阻尼矩阵；$\boldsymbol{x}(t)$、$\dot{x}(t)$ 和 $\ddot{x}(t)$ 分别为位移向量、速度向量和加速度向量；$\boldsymbol{f}(t)$ 为激励向量。质量矩阵、阻尼矩阵和刚度矩阵都是人们常说的空间模型（或物理模型）的组成部分。

若考虑自由振动情况，那么只需分析方程的齐次解，由此不难得到：

$$(\boldsymbol{K} - \omega^2\boldsymbol{M} + \mathrm{i}\omega\boldsymbol{C})\psi = \boldsymbol{0} \tag{7.2}$$

式(7.2)是一个广义特征值问题，求解可得特征值 $\omega_r^2(r=1,\cdots,N)$ 及其对应的特征向量 $\boldsymbol{\psi}^{(r)}$，由此也就识别出了所谓的模态模型，它包含了谱矩阵、模态矩阵和模态阻尼因子等要素。谱矩阵为

$$\boldsymbol{\Omega} = \begin{bmatrix} \ddots & 0 & 0 \\ 0 & \bar{\omega}_r^2 & 0 \\ 0 & 0 & \ddots \end{bmatrix}$$

式中：$\bar{\omega}_r$ 为第 r 个模态的固有频率，模态矩阵为$[\boldsymbol{\psi}^{(1)},\boldsymbol{\psi}^{(2)},\cdots,\boldsymbol{\psi}^{(r)},\cdots,\boldsymbol{\psi}^{(N)}]$，其中的 $\boldsymbol{\psi}^{(r)}$ 为第 r 个模态形状（r 阶振型），而模态阻尼因子一般可以表示为符号 ξ_r。

对于受到简谐激励的情况，在每个频率点处激励和响应之间的关系可以表示为

$$\boldsymbol{X}(\omega) = \boldsymbol{\alpha}(\omega)\boldsymbol{F}(\omega) \tag{7.3}$$

式中

$$\boldsymbol{\alpha}(\omega)=(\boldsymbol{K}-\omega^2\boldsymbol{M}+\mathrm{i}\omega\boldsymbol{C})^{-1} \tag{7.4}$$

为该系统的位移导纳矩阵。

如果不采用位移,而建立速度和力或加速度和力之间的关系,那么对应的$\boldsymbol{\alpha}(\omega)$就可以分别称为速度导纳矩阵或加速度导纳矩阵。矩阵中的每个元素$\alpha_{i,j}(\omega)$都对应了某个频响函数,它反映的情形是激励力仅作用于坐标j处时在坐标i处产生的响应,即

$$\alpha_{i,j}(\omega)=\frac{X_i}{F_j};\quad F_k=0,k=1,\cdots,N;k\neq j \tag{7.5}$$

矩阵$\boldsymbol{\alpha}(\omega)$构成了响应模型,当然这个模型也可以通过坐标$i$处测得的或计算出的响应来描述,即$\boldsymbol{x}(t)$或$\boldsymbol{X}(\omega)$。矩阵$\boldsymbol{\alpha}(\omega)$的列向量就是工作变形模态(ODS),它体现的是每个激励频率ω处结构表现出的空间形状(通过将响应相对于所施加的激励力进行归一化处理而得到)。ODS也可以是每一瞬时t的结构形状(由时域响应给出),还可以是结构在每个激励频率ω处表现出的由频域响应给出的形状。为了清晰起见,这些ODS的不同性质可以通过如下命名方法来区分:

(1) 时域ODS:每个瞬时的形状;

(2) 频域ODS,每个频率处的形状;

(3) 基于频响函数的ODS:根据频响函数计算得到的每个频率处的形状。

基于振动信号的损伤识别方法,通常都是通过观察上面提及的模型(空间模型、模态模型和响应模型)所出现的变化来工作的。本章所将讨论的损伤识别方法也是基于振动响应函数(时域和频域)的方法,主要是通过观察响应模型的变化来工作的。当然,引入一些附加的分类规则也是有必要的,例如是否假定为线性行为,是否需要参考状态测量数据,以及是否需要对激励进行测量等。

从本质上来说,本章所要介绍的方法都是对基于振动模态的方法的一般性拓展,也就是说不限于仅利用固有频率,而是利用所有的测试频率。

对于那些基于空间模态形状及其空间导数变化的方法来说,一般需要涉及相关性、绝对偏差、加权偏差、相对于固有频率或范数进行归一化的偏差、里兹向量等一系列计算,然后还需要将这些结果跟数值模型(如有限元模型)结果或者参考状态的测量结果进行比较。人们已经提出了若干建立在模态正交性基础上的指标,利用这些指标就能够将测得的模态形状与数值的或测量得到的参考状态的模态形状进行对比,最为人们所熟知的就是模态置信水平准则(MAC)[3,8]。

在这些方法中,值得关注的是那些基于模态形状的二阶空间导数的方法。对于梁式结构物来说,此类方法的重要性在于,曲率是跟弯曲刚度直接相关

的，即[4]

$$\frac{1}{\rho}=\frac{M}{EI} \tag{7.6}$$

式中：ρ 为曲率半径；EI 为弯曲刚度（E 是杨氏模量，I 是截面惯性矩）；M 为梁受到的弯矩。

与此同时，位移 y 的二阶导数又是近似等于曲率的，即

$$\frac{1}{\rho}=\frac{\dfrac{\mathrm{d}^2y}{\mathrm{d}x^2}}{\left[1+\left(\dfrac{\mathrm{d}y}{\mathrm{d}x}\right)^2\right]^{3/2}}\approx\frac{\mathrm{d}^2y}{\mathrm{d}x^2} \tag{7.7}$$

这样就可以将模态形状的二阶导数（或曲率）与损伤所导致的弯曲刚度的变化关联起来了。这个导数通常是采用有限差分方法计算的，一般需要借助样条函数或插值多项式的解析微分。

在本章中，模态曲率和 ODS 是利用二阶有限中心差分来计算的，分别为

$$\psi''_{i,r}=\frac{\psi_{i-1,r}-2\psi_{i,r}+\psi_{i+1,r}}{h^2} \tag{7.8}$$

$$\alpha''_{i,j}(\omega)=\frac{\alpha_{i-1,j}(\omega)-2\alpha_{i,j}(\omega)+\alpha_{i+1,j}(\omega)}{h^2} \tag{7.9}$$

式中：h 为相邻坐标点之间的距离，如果所有这些距离都是相同的，那么也可以将其视为 1。

还有一些方法跟上述方法是非常类似的，它们建立在应变模态及其空间导数的变化上。这种相似性源自于，仍以梁式结构物为例，曲率和弯曲应变是直接关联的，即

$$\varepsilon=\frac{y}{\rho}=\frac{M}{EI}y\approx\frac{\mathrm{d}^2y}{\mathrm{d}x^2}y \tag{7.10}$$

式中：ε 为应变。这个应变是可以通过应变计直接测量的，或者也可以通过上述关系来间接得到。一些研究人员已经指出，与位移模态及其导数相比，应变计测得的应变对局部损伤更为敏感。

之所以希望根据振动响应来进行损伤识别，是为了避开基于振动模态的方法所存在的某些问题，这些问题主要包括如下几个方面[1]

（1）在共振点附近，频响函数的精确度较差；

（2）此类方法所采用的数据压缩形式会丢失有用信息；

（3）模态识别过程中需要分析人员具备足够的技能和时间，因而当不同分

析人员去分析同一组数据时，往往会导致出现不同的模态参数；

（4）如果在所采集的频率范围之外还存在某些固有频率被激发，那么所识别的模态形状将不能提供任何与这些频率有关的响应特性信息，而实际上它们仍是测得的信号的一部分；

（5）此类方法仅限于所考察的自由度和待识别的模态；

（6）在测试频率范围内，识别那些彼此靠得很近的模态也是一个难题，当这些模态的频率较高时，由于模态密度随频率增大，因而这种困难会更为突出。

我们将做出如下一些简化假设：

（1）所考察的模型是线性的，因此，它们的动力学响应可以通过线性微分方程来描述；

（2）损伤可以表征为刚度的下降，而质量保持不变。

下面我们先针对一个实例给出初步的数值分析结果。考虑如图7.1所示的一根悬臂梁，假定其有限元模型带有比例黏性阻尼，即 $\boldsymbol{C}=\beta\cdot\boldsymbol{K}+\gamma\cdot\boldsymbol{M}$，其中的 $\beta=5\times10^{-6}\mathrm{s}$，$\gamma=12\mathrm{s}^{-1}$。将该梁离散成20个铁摩辛柯梁单元，每个单元包含了两个节点，每个节点具有三个自由度，即（u_x,u_y,θ_z）。梁的尺寸（$L\times b\times h$）为1800mm×35mm×7mm，杨氏模量为185GPa，剪切模量为80GPa，剪切修正系数为6/5，横截面面积为 $A=b\times h=245\mathrm{mm}^2$，质量密度为7917kg/m^3。

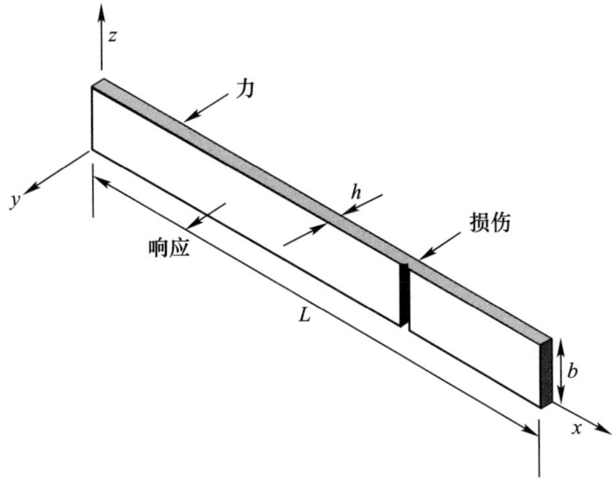

图7.1　悬臂梁的设置

这里我们只考察截面最小尺寸（h）方向上的平动，即自由度 u_y 上的运动，因此也就对应了20个测量位置（或节点）。为模拟加速度传感器的测量结果，此处也将采用这些测点处的加速度值来分析。另外，为了构造受迫振动，我们在坐标点 4 处施加了单个激励力。此处的损伤是通过在所考察的单元横截面上减小其截面惯性矩来模拟的，频率分析范围为 0 ~ 100Hz，分辨率为 $\Delta f = 0.5\text{Hz}$，这意味着将有 200 条频率线。如图 7.2 所示，其中给出了该梁的模态形状，它们已经相对于质量矩阵进行了归一化处理。图 7.3 则给出了两条频响函数曲线。在下面的分析中我们将借助这一实例来讨论。

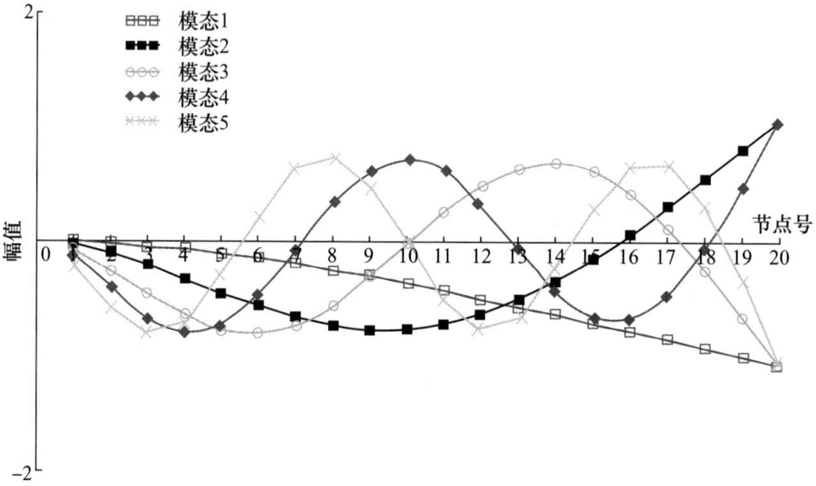

图 7.2　无损悬臂梁的前五阶模态形状

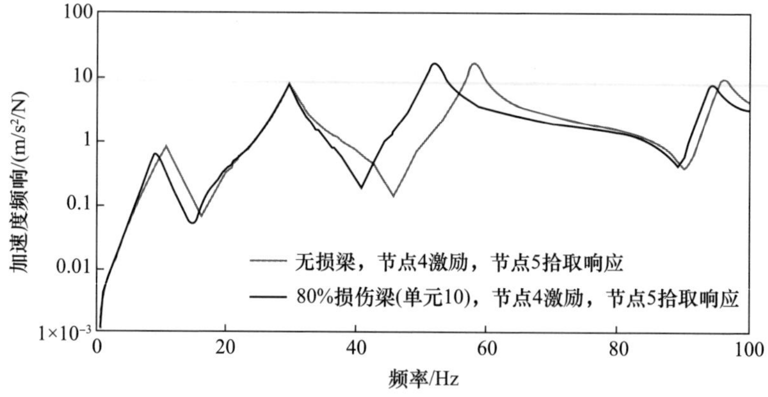

图 7.3　带有比例黏性阻尼的悬臂梁在无损和损伤状态下的频响函数 $\alpha_{5,4}(\omega)$（见彩图）

7.2　模态形状与 ODS 的比较

模态形状和 ODS 对系统参数变化的敏感性是十分重要的，由此我们就可以评估它们的损伤识别性能。为此，我们针对前述实例进行了多次数值仿真计算，计算过程中采用了不同的参数值，其中包括损伤水平、损伤位置（单元编号）以及模态形状和频率等参数。为清晰起见，这一节我们考虑 10 种损伤水平，其中的水平 1 代表健康梁，水平 2 代表的是某单元截面惯性矩减小了 10% 的梁，以此类推，水平 10 代表了某单元截面惯性矩减小了 90% 的梁。

利用模态置信水平准则（MAC），可以对健康梁和损伤梁的（r 阶）模态进行对比，即

$$^{d}\mathrm{MAC}_r = \frac{\left|\sum_i {}^{d}\psi_{i,r}\,\overline{\psi_{i,r}}\right|^2}{\sum_i {}^{d}\psi_{i,r}\,\overline{{}^{d}\psi_{i,r}}\sum_i \psi_{i,r}\,\overline{\psi_{i,r}}} \tag{7.11}$$

式中：$\bar{\psi}$ 为函数值的共轭；d 为损伤梁。

根据频响函数（激励力作用于坐标点 $j=4$）可以直接得到频率 ω 处的 ODS，我们也可以利用频域置信水平准则（FDAC）[9-11] 对此进行对比，其表达式为

$$^{d}\mathrm{FDAC}_r = \frac{\left|\sum_i {}^{d}\alpha_{i,j}(\omega)\,\overline{\alpha_{i,j}(\omega)}\right|^2}{\sum_i {}^{d}\alpha_{i,j}(\omega)\,\overline{{}^{d}\alpha_{i,j}(\omega)}\sum_i \alpha_{i,j}(\omega)\,\overline{\alpha_{i,j}(\omega)}} \tag{7.12}$$

借助 MAC 和 FDAC 我们还能够对模态和 ODS 的曲率进行比较，相应的表达式分别为

$$^{d}\mathrm{MAC}''_r = \frac{\left|\sum_i {}^{d}\psi''_{i,r}\overline{\psi''_{i,r}}\right|^2}{\sum_i {}^{d}\psi''_{i,r}\overline{{}^{d}\psi''_{i,r}}\sum_i \psi''_{i,r}\overline{\psi''_{i,r}}} \tag{7.13}$$

$$^{d}\mathrm{FDAC}''(\omega) = \frac{\left|\sum_i {}^{d}\alpha''_{i,j}(\omega)\,\overline{\alpha''_{i,j}(\omega)}\right|^2}{\sum_i {}^{d}\alpha''_{i,j}(\omega)\,\overline{{}^{d}\alpha''_{i,j}(\omega)}\sum_i \alpha''_{i,j}(\omega)\,\overline{\alpha''_{i,j}(\omega)}} \tag{7.14}$$

式（7.11）~式（7.14）的变动范围均在 0 ~ 1 之间，1 代表着无变化，0 代表了变化最大。不过本节中将要给出的分析结果都是采用 0 ~ 100% 的形式表示，其中的 0% 代表无变化，100% 代表着最大变化，或者也可以理解为它们分别代表了全相关和无关联两种情形。

7.2.1 模态形状与模态曲率的损伤敏感性比较

图 7.4 ~ 图 7.8 总结了针对模态形状和模态曲率的有限元分析结果。根据

这些结果，我们可以得出如下结论①：

（1）对于同一个模态，随着损伤水平的提高模态的变化也会增大；

（2）当损伤位于反节点位置附近时，模态会出现显著的变化；

（3）当损伤位于节点位置附近时，模态基本上不会发生改变；

（4）模态的阶次越高，变化也会越大；

（5）当存在损伤时，模态曲率的变化与模态形状的变化是类似的；

（6）总体而言，曲率要比模态形状更为敏感一些。

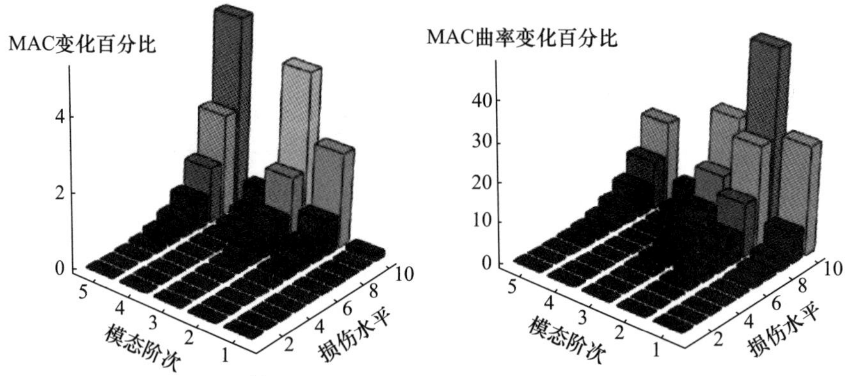

(a) (b)

图 7.4 (a)前五阶模态形状对 10 种损伤水平的敏感性；
(b)前五阶模态曲率对 10 种损伤水平的敏感性(损伤均出现在 13 号单元)

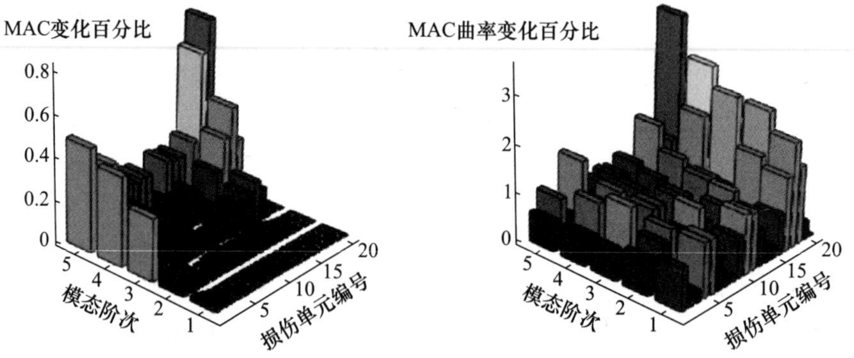

(a) (b)

图 7.5 (a)前五阶模态形状对损伤位置的敏感性；
(b)前五阶模态曲率对损伤位置的敏感性(所有损伤均指损伤单元的
截面惯性矩下降了 50%)

① 对于所考察的实例来说，这些结论是严格成立的，不过这些也可以视为一种一般性趋势。

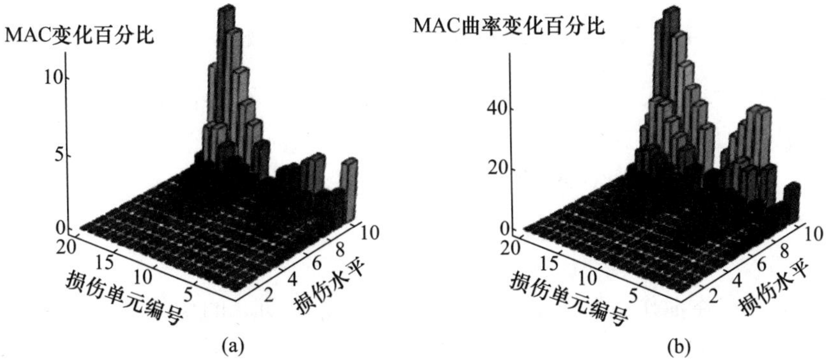

图 7.6　(a)第三阶模态形状对损伤位置和损伤水平的敏感性；
(b)第三阶模态曲率对损伤位置和损伤水平的敏感性

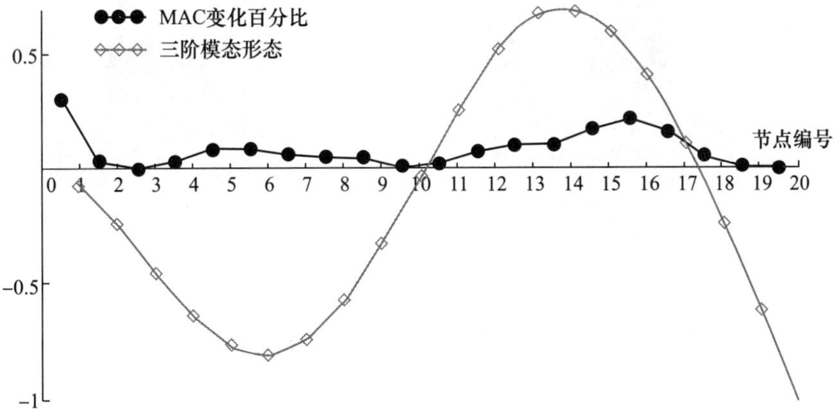

图 7.7　由于单元 13 处的 50% 损伤而导致的三阶模态变化情况

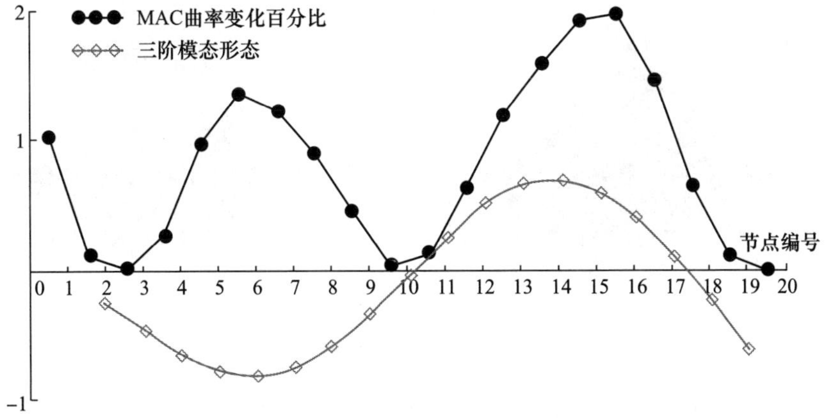

图 7.8　由于单元 13 处的 50% 损伤而导致的三阶模态曲率变化情况

7.2.2 ODS 与 ODS 曲率的损伤敏感性比较

图 7.9 ~ 图 7.13 针对 ODS 的有限元分析结果做了总结,根据这些结果我们也能够获得如下一些认识:

(1) 损伤所导致的 ODS 的变化受频率的影响很大;

(2) ODS 要比模态形状更容易受到损伤的影响,或者说它的敏感性要更强一些;

(3) 在存在损伤的情况下,ODS 曲率的变化与 ODS 的变化是类似的;

(4) ODS 曲率似乎比 ODS 更具敏感性。

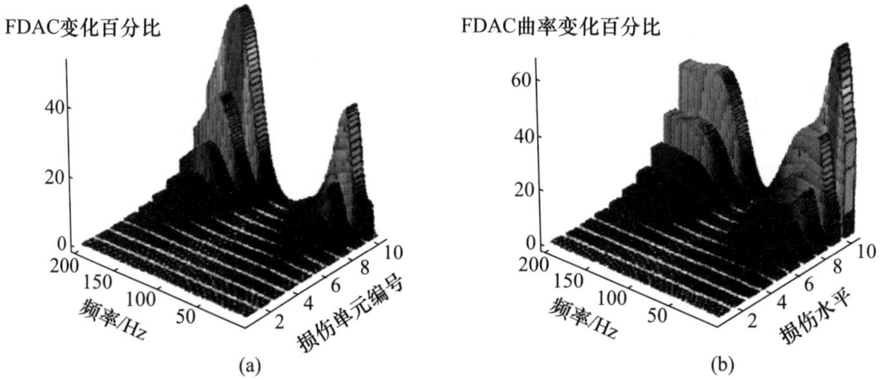

图 7.9 (a) ODS 对损伤的敏感性;
(b) ODS 曲率对损伤的敏感性(损伤发生在单元 13,频率范围为 0 ~ 100Hz)

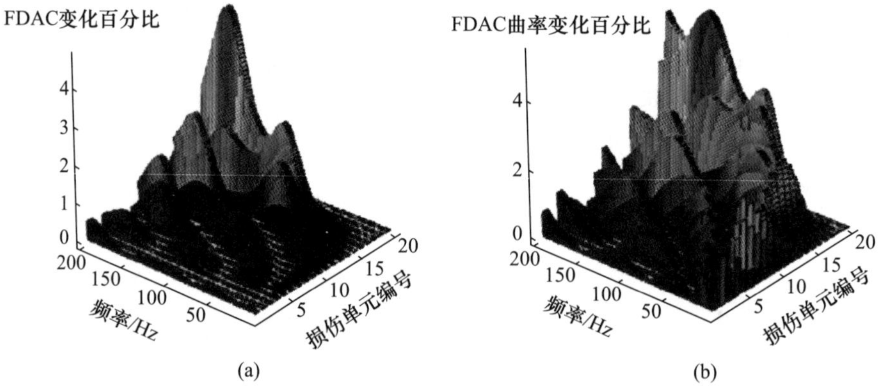

图 7.10 (a) ODS 对损伤位置的敏感性;
(b) ODS 曲率对损伤位置的敏感性(所有损伤均指损伤单元的截面惯性矩降低了 50%)

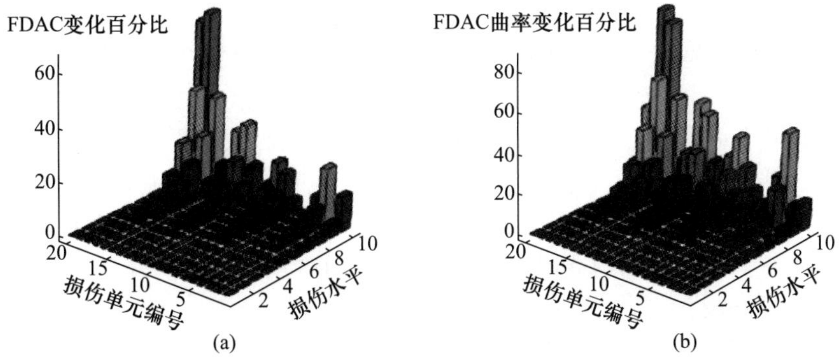

图 7.11　(a)100Hz 条件下 ODS 对损伤位置和损伤水平的敏感性；(b)100Hz 条件下 ODS 曲率对损伤位置和损伤水平的敏感性

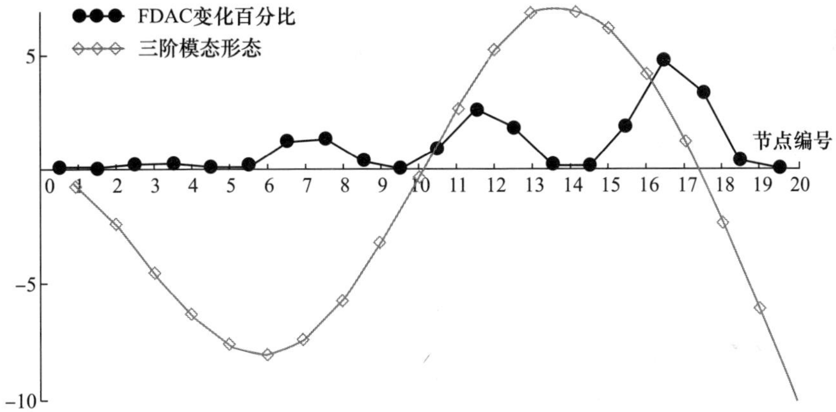

图 7.12　由于单元 13 的 50% 损伤而导致的 82.5Hz 处 ODS 的变化情况

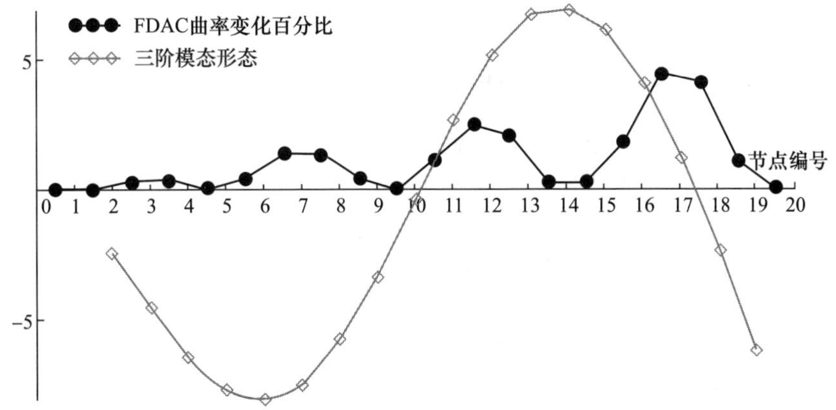

图 7.13　由于单元 13 的 50% 损伤而导致的 82.5Hz 处 ODS 曲率的变化情况

7.3 基于时域和频域响应函数的损伤识别方法

在这一节我们将介绍若干基于时域和频域响应函数的损伤识别方法，之所以选择这些方法，是因为它们都是经常使用的，同时它们的机制也是多样化的。为了便于比较，我们也将介绍模态域中的一些方法，实际上时域和频域中的方法也是受到它们的启发而构造出来的。下面列出了这一节将要介绍的方法。

（1）模态域方法。

①MAC 法；②坐标 MAC 法；③模态形状（MS）方法；④MSC 方法；⑤损伤指数（DI）法；⑥应变能损伤指数（SEDI）法。

（2）频域方法。

①基于频响函数的 MS 方法；②基于频响函数的 MSC 方法；③基于频响函数的 DI 法；④基于频响函数的 SEDI 法；⑤共振间隔平滑宽带（RGSB）法；⑥FDAC法；⑦传递率损伤指标法；⑧本构关系误差法。

（3）时域方法。

①时域曲率共振间隔平滑法；②时域分形维度指数法。

7.3.1 模态域方法

7.3.1.1 模态置信水平准则（MAC）法

MAC 是 Allemand[29] 提出的，它可以用于损伤检测，一般是通过完好结构与损伤结构的模态形状相关性来定义的，对于 r 阶模态来说其表达式为

$$
{}^{d}\mathrm{MAC}_{r} = \frac{\left|\sum_{i}{}^{d}\psi_{i,r}\,\overline{\psi_{i,r}}\right|^{2}}{\sum_{i}{}^{d}\psi_{i,r}\,\overline{{}^{d}\psi_{i,r}}\sum_{i}\psi_{i,r}\,\overline{\psi_{i,r}}} \tag{7.15}
$$

7.3.1.2 坐标模态置信水平准则（COMAC）法

COMAC 法是 Lieven[30] 提出的，这是一种可以用于损伤定位的方法，一般也是通过相关性进行定义，即

$$
{}^{d}\mathrm{COMAC}_{i} = \frac{\left|\sum_{r}{}^{d}\psi_{i,r}\,\overline{\psi_{i,r}}\right|^{2}}{\sum_{r}{}^{d}\psi_{i,r}\,\overline{{}^{d}\psi_{i,r}}\sum_{r}\psi_{i,r}\,\overline{\psi_{i,r}}} \tag{7.16}
$$

7.3.1.3 模态形状（MS）方法

MS 方法是 Ho 和 Ewins[12] 提出的，这一方法建立在如下推断之上，即对于损伤结构的模态形状与健康结构的模态形状来说，二者之间的绝对偏差主要体

现在靠近损伤区域的节点位置或测点位置处。尽管最早是用于损伤定位的,不过该方法也适用于损伤检测。所构造的指标是针对每个识别出的模态 r 计算其绝对偏差,即

$$ {}^{d}\mathrm{MS}_{i,r} = \left| {}^{d}\psi_{i,r} - \psi_{i,r} \right| \tag{7.17} $$

7.3.1.4 模态曲率(MSC)方法

MSC 方法最早是由 Pandey、Biswas 和 Samman[13] 提出的,后来 Wahab 和 Roeck[27] 又对其做了进一步改进①,该方法建立在与 MS 方法相同的假设基础上,只是采用了模态形状的曲率而已。它通过计算损伤结构和完好结构的 MSC 的最大绝对偏差来分析损伤的位置,绝对偏差的计算式如下:

$$ {}^{d}\mathrm{MSC}_{i,r} = \left| {}^{d}\psi''_{i,r} - \psi''_{i,r} \right| \tag{7.18} $$

7.3.1.5 损伤指数(DI)法

Stubbs 和 Kim[14] 所提出的 DI,建立在弯曲模式的应变能基础之上,并且也利用了曲率的变化。尽管最早是用于损伤定位的,不过它也适用于损伤检测。该指标可以描述如下[15]:

$$ {}^{d}\mathrm{DI}_{i,r} = \frac{\left({}^{d}\psi''^{2}_{i,r} + \sum_{i} {}^{d}\psi''^{2}_{i,r}\right) \sum_{i} \psi''^{2}_{i,r}}{\left(\psi''^{2}_{i,r} + \sum_{i} \psi''^{2}_{i,r}\right) \sum_{i} {}^{d}\psi''^{2}_{i,r}} \tag{7.19} $$

7.3.1.6 应变能损伤指数(SEDI)法

SEDI 是 Petro 等人[16] 提出的,跟 DI 类似,它也建立在应变能基础上。不仅如此,它最早也是用于损伤定位的,不过也适用于损伤检测。这个指标可以表示为

$$ {}^{d}\mathrm{SEDI}_{i,r} = \frac{\left| {}^{d}\psi''^{2}_{i,r} + {}^{d}\psi''^{2}_{i+1,r} - \psi''^{2}_{i,r} - \psi''^{2}_{i+1,r} \right|}{\left| \psi''^{2}_{i,r} + \psi''^{2}_{i+1,r} \right|} \tag{7.20} $$

7.3.2 频域方法

大多数模态域方法都采用了如下假定,即某个或某些模态形状中的损伤指标变化最大的位置就是实际损伤位置。类似地,一些研究人员[15,19] 认为这一假定也可拓展到整个频率范围,即在基于频响函数的 ODS 中,损伤指标变化最大的位置就是实际损伤位置。在这一认识前提下,我们就可以把模态域方法拓展到频域中,并通过在该名称前面加上“基于频响函数的”这个前缀来命名新

① 即曲率损伤因子。

方法。

在基于频响函数的方法中，我们是沿着整个频率范围去计算损伤指标的，因此会增加越来越多的信息，进而会使所得到的结果变得更差，而不是得到改进[20]。导致这一现象的原因在于，在靠近共振和反共振频率处，损伤结构和完好结构的频响函数的差异会变得更加显著，尤其是当结构阻尼较小和（或）损伤较严重时更是如此，如果该方法在这样的频率位置处给出了错误的损伤定位（无论何种原因），那么在将这一结果简单叠加到其他频率位置所得到的结果上时，就会彻底掩盖真实的损伤位置了。为了解决这一问题，我们可以在每个频率点处检查一下这些（损伤结构与完好结构之间偏差最大的）位置情况，并针对这样的位置做一次记录，在沿着频率轴进行处理时，只需简单地对这些记录数进行累计，而不去计入它们所对应的偏差值。

这种检查极大值并将其出现在每个位置的次数进行求和的处理过程，可以称为极大值出现次数（MO）处理过程。对于某些方法来说，这一过程并不仅仅是对最大值出现次数进行统计，而且可能还会对两个或四个极大值进行计数。另外，这一处理过程对于损伤检测方法和损伤定位方法来说都是可以应用的。

7.3.2.1 基于频响函数的 MS 方法

基于频响函数的模态形状（FRF－MS）方法是 Maia 等人[19]提出的，它建立在与 MS 方法相同的假设基础之上，只不过将 MS 方法推广到了测得的频响函数的所有频率上，由此得到的指标形式如下：

$$^{d}\mathrm{FRF\_MS}_i(\omega) = \left| {}^{d}\alpha_{i,j}(\omega) - \alpha_{i,j}(\omega) \right| \tag{7.21}$$

尽管在提出之初这是一种损伤定位方法，不过近年来人们也已经认识到它也可以作为一种损伤检测方法来使用[23]，有时也称为频域 ODS 偏差指标法。

7.3.2.2 基于频响函数的曲率模态方法

基于频响函数的曲率模态方法是 Sampaio 等人[15]提出的，实际上是将 MSC 方法拓展到了基于频响函数的 ODS，它也可以同时用于损伤检测和损伤定位，所构建的指标的表达式如下：

$$^{d}\mathrm{FRF\_MSC}_i(\omega) = \left| {}^{d}\alpha''_{i,j}(\omega) - \alpha''_{i,j}(\omega) \right| \tag{7.22}$$

7.3.2.3 基于频响函数的损伤指数方法

基于频响函数的损伤指数方法是 Maia 等人[19]给出的，实际上是将 DI 方法推广到了基于频响函数的 ODS，也可以同时用于损伤检测和损伤定位。该指标的表达式如下：

$$ {}^{d}\mathrm{FRF\_DI}_i(\omega) = \left| \frac{({}^{d}\alpha''^{2}_{i,j}(\omega) + \sum_i {}^{d}\alpha''^{2}_{i,j}(\omega)) \sum_i \alpha''^{2}_{i,j}(\omega)}{(\alpha''^{2}_{i,j}(\omega) + \sum_i \alpha''^{2}_{i,j}(\omega)) \sum_i {}^{d}\alpha''^{2}_{i,j}(\omega)} \right| \tag{7.23} $$

7.3.2.4 基于频响函数的应变能损伤指数方法

基于频响函数的应变能损伤指数方法也是将 SEDI 方法推广到了基于频响函数的 ODS,对于损伤检测和损伤识别都是适用的,所构建的指标表达式为

$$ {}^{d}\mathrm{FRF\_SEDI}_i(\omega) = \left| \frac{{}^{d}\alpha''^{2}_{i,j}(\omega) + {}^{d}\alpha''^{2}_{i+1,j}(\omega) - \alpha''^{2}_{i,j}(\omega) - \alpha''^{2}_{i+1,j}(\omega)}{\alpha''^{2}_{i,j}(\omega) + \alpha''^{2}_{i+1,j}(\omega)} \right| \tag{7.24} $$

7.3.2.5 共振间隔平滑宽带(RGSB)方法

RGSB 方法最早是 Ratcliffe[17,18,24]提出的,该方法利用基于频响函数的 ODS 的曲率进行损伤定位。它不需要借助参考基准(比如完好结构的测试结果或数值模型)与损伤结构的测试数据进行对比,而是在损伤结构的频域 ODS 曲率中搜索不连续性。这一方法跟踪的是平滑性的缺失(体现了损伤的位置),所构建的指标是如下三阶多项式与测点 i 处的曲率值的绝对偏差:

$$ {}^{\omega}P_3(i) = a_0 + a_1 i + a_2 i^2 + a_3 i^3 \tag{7.25} $$

式中:系数 $a_0 \sim a_3$ 为针对测点处 ODS 的一组(四个)曲率值计算的,即

(1) 如果 $i=2$①,则取值为(3,4,5,6);

(2) 如果 $i=3$,则取值为(2,4,5,6);

(3) 如果 $i=N-1$,则取值为($N-5,N-4,N-3,N-2$);

(4) 如果 $i=N-2$,则取值为($N-5,N-4,N-3,N-1$);

(5) 对于其他所有的 i 值,则取值($i-2,i-1,i+1,i+2$)。

由于频响函数值通常是复数,因而需要分别针对实部和虚部去计算这些差值的平方,然后再相加,即

$$ {}^{d}\mathrm{RGSB}_i(\omega) = [\mathrm{Re}({}^{\omega}P_3(i)) - \mathrm{Re}(\alpha''_{i,j}(\omega))]^2 + [\mathrm{Im}({}^{\omega}P_3(i)) - \mathrm{Im}(\alpha''_{i,j}(\omega))]^2 \tag{7.26} $$

7.3.2.6 频域置信水平准则(FDAC)

FDAC 最初是 Pascual[9-10]提出的,后来 Heylen 等人[28]和 Sampaio 等人[21]又做了进一步改进,分别给出了响应向量置信水平准则和检测与相对定量指标(DRQ)。该方法可用于损伤检测,所构建的指标表达式为

---

① 因为二阶中心差分式采用了点 $i-1$、点 i 和点 $i+1$ 来计算曲率,因而位置点 2 就是需要计算曲率的第一个点。

$$
{}^{d}\mathrm{FDAC}(\omega) = \frac{\left| \sum_{i} {}^{d}\alpha_{i,j}(\omega)\ \overline{\alpha_{i,j}(\omega)} \right|^2}{\sum_{i} {}^{d}\alpha_{i,j}(\omega)\ \overline{{}^{d}\alpha_{i,j}(\omega)} \sum_{i} \alpha_{i,j}(\omega)\ \overline{\alpha_{i,j}(\omega)}} \tag{7.27}
$$

7.3.2.7 传递率损伤指标(TDI)

TDI 是 Almeida 等人[22]提出的,可用于损伤检测,其表达式如下:

$$
{}^{d}\mathrm{TDI}(\omega) = \frac{\left| \sum_{i} \frac{{}^{d}\alpha_{i,j}(\omega)}{{}^{d}\alpha_{i+1,j}(\omega)} \overline{\frac{\alpha_{i,j}(\omega)}{\alpha_{i+1,j}(\omega)}} \right|^2}{\left(\sum_{i} \frac{{}^{d}\alpha_{i,j}(\omega)}{{}^{d}\alpha_{i+1,j}(\omega)} \overline{\frac{{}^{d}\alpha_{i,j}(\omega)}{{}^{d}\alpha_{i+1,j}(\omega)}} \right)\left(\sum_{i} \frac{\alpha_{i,j}(\omega)}{\alpha_{i+1,j}(\omega)} \overline{\frac{\alpha_{i,j}(\omega)}{\alpha_{i+1,j}(\omega)}} \right)} \tag{7.28}
$$

7.3.2.8 本构关系误差

针对本构关系的误差(ECR)定义一个能够衡量其大小的函数,我们就能够建立一种损伤定位方法。这一思路最早是由 Ladevèze[31]提出的,他将边界条件关系式和平衡方程视为"可靠的",而把本构关系视为"不大可靠的"(因为它们要求我们非常准确地掌握结构的材料特性)。这里我们可以考察两种本构关系,第一种关系由下式给出:

$$
\sigma = \boldsymbol{E}\varepsilon(\boldsymbol{u}) + \boldsymbol{B}\dot{\varepsilon}(\boldsymbol{u}) \tag{7.29}
$$

式中:σ 为应力张量,它包括了两个部分,一个部分跟应变张量 ε 成正比,另一部分跟应变率 $\dot{\varepsilon}$ 成正比,$\boldsymbol{E}$ 和 $\boldsymbol{B}$ 这两个算子分别跟模量和黏性阻尼相关。

第二种本构关系为

$$
\boldsymbol{\Gamma} = \rho\ddot{\boldsymbol{u}} + \boldsymbol{A}\dot{\boldsymbol{u}} \tag{7.30}
$$

式中:$\boldsymbol{\Gamma}$ 为惯性力密度,它也是由两个部分组成的,一个部分跟质量密度 ρ 成正比,另一部分则跟耗散力有关(通过算子 $\boldsymbol{A}$)。

一般而言,我们事先已经有了一个理论模型,只是它跟实验结果不能精确吻合,因此如果是这个理论模型存在误差的话,那么将注意力集中在本构关系上就是合理的思路了。不妨考虑实验测得的位移场,由于建模所用的本构关系是根据"静态量"(材料特性)和"动态量"(位移 $\boldsymbol{u}(\boldsymbol{u}=\boldsymbol{u}_k)$)得到的,因此它并不是精确的。为此可以考虑引入"动态"本构关系,它们取决于动态位移或"静态"位移场的情况,这样一来我们就能够对所确定的本构关系进行验证了。从这一想法出发,我们必须找到能够验证如下一组"动态"(式(7.31)~式(7.32))和"静

态”(式(7.33)~式(7.34))本构关系的位移场:

$$\boldsymbol{\sigma}_k = \boldsymbol{E}\boldsymbol{\varepsilon}(\boldsymbol{u}_k) + \boldsymbol{B}\dot{\boldsymbol{\varepsilon}}(\boldsymbol{u}_k) \tag{7.31}$$

$$\boldsymbol{\Gamma}_k = \rho\ddot{\boldsymbol{u}}_k + \boldsymbol{A}\dot{\boldsymbol{u}}_k \tag{7.32}$$

$$\boldsymbol{\sigma}_s = \boldsymbol{E}\boldsymbol{\varepsilon}(\boldsymbol{u}_\sigma) + \boldsymbol{B}\dot{\boldsymbol{\varepsilon}}(\boldsymbol{u}_\sigma) \tag{7.33}$$

$$\boldsymbol{\Gamma}_s = \rho\ddot{u}_\Gamma + \boldsymbol{A}\dot{\boldsymbol{u}}_\Gamma \tag{7.34}$$

式(7.33)中的 $\boldsymbol{u}_\sigma$ 为跟“静态”应力场相关联的位移场,式(7.34)中的 $\boldsymbol{u}_\Gamma$ 为跟“静态”惯性力密度场相关联的位移场。

如果考虑给定频率范围内的谐波数据,那么可以找到使得本构关系误差最小化的容许位移场。另外,如果考虑实验数据,那么就必须通过引入一个附加项来修正本构关系的误差,这个附加项定量描述了实验数据(后续式子中用上波浪线表征)与理论数据之间的偏差。

利用数值离散方法,忽略阻尼效应,并仅考虑与弹性力相关的误差,ECR 可以表示为

$$E'^2_\omega = (\boldsymbol{\alpha}_U - \boldsymbol{\alpha}_V)^T\boldsymbol{K}(\boldsymbol{\alpha}_U - \boldsymbol{\alpha}_V) + \frac{r}{1-r}[(\Pi\boldsymbol{\alpha}_U - \tilde{\boldsymbol{\alpha}})^T\boldsymbol{K}_R(\Pi\boldsymbol{\alpha}_U - \tilde{\boldsymbol{\alpha}})] \tag{7.35}$$

式中:$\boldsymbol{\alpha}_U$ 和 $\boldsymbol{\alpha}_V$ 都是根据容许位移场得到的频响函数,这些位移场分别满足静态和动态本构关系;r 为 0~1 之间的加权系数,它反映了实验数据的质量(噪声数据具有较低的 r 值);$\boldsymbol{\Pi}$ 为投影算子,它将数值量映射到量度坐标上;下标 R 是指缩减的或缩聚的量。

通过对所定义的 ECR 求极小值就可以计算频响函数 $\boldsymbol{\alpha}_U$ 和 $\boldsymbol{\alpha}_V$,即

$$\frac{\partial E'^2_\omega}{\partial \boldsymbol{S}_{adm_i}} = 0 \tag{7.36}$$

式中:$\boldsymbol{S}_{adm} = [\boldsymbol{\alpha}_U, \boldsymbol{\alpha}_V]$ 应满足动力平衡方程 $\omega^2\boldsymbol{M}\boldsymbol{\alpha}_V = [\boldsymbol{K} - \boldsymbol{Z}]\boldsymbol{\alpha}_U$,其中 $\boldsymbol{Z}$ 为动刚度矩阵。

就上述情形而言,通过 ECR 的最小化可以导出容许解为

$$\boldsymbol{\alpha}_U = [\boldsymbol{Z}[\boldsymbol{K}^{-1}\boldsymbol{Z} + \boldsymbol{\Pi}^T\boldsymbol{K}_R\boldsymbol{\Pi}]]^{-1}[\boldsymbol{Z}\boldsymbol{K}^{-1}\underline{\boldsymbol{I}} + \boldsymbol{\Pi}^T\boldsymbol{K}_R\boldsymbol{\Pi}\tilde{\boldsymbol{\alpha}}] \tag{7.37}$$

$$\boldsymbol{\alpha}_V = \boldsymbol{K}^{-1}[\underline{\boldsymbol{I}} + \omega^2\boldsymbol{M}\boldsymbol{\alpha}_U] \tag{7.38}$$

式中:$\underline{\boldsymbol{I}}$ 为零向量(除了作用力所在的坐标)。

根据频响函数还可以构造出更具一般性的 ECR 函数,进而可以建立一些损

伤指标,文献[32]对此作了详细介绍。从中我们可以找到考虑了黏性阻尼效应和惯性本构关系误差的 ECR 函数表达式,例如:

$$E_{\omega}'^{2}=\frac{1-\gamma}{2}(\boldsymbol{\alpha}_{\mathrm{U}}-\boldsymbol{\alpha}_{\mathrm{V}})^{\mathrm{H}}[\boldsymbol{K}+2\pi\omega\boldsymbol{B}](\boldsymbol{\alpha}_{\mathrm{U}}-\boldsymbol{\alpha}_{\mathrm{V}})+$$

$$\frac{\gamma}{2}(\boldsymbol{\alpha}_{\mathrm{U}}-\boldsymbol{\alpha}_{\mathrm{W}})^{\mathrm{H}}\boldsymbol{M}(\boldsymbol{\alpha}_{\mathrm{U}}-\boldsymbol{\alpha}_{\mathrm{W}})+$$

$$\frac{r}{1-r}\left\{\begin{array}{l}\frac{1-\gamma}{2}(\Pi\boldsymbol{\alpha}_{\mathrm{U}}-\tilde{\boldsymbol{\alpha}})^{\mathrm{H}}[\boldsymbol{K}_{\mathrm{R}}+2\pi\omega\boldsymbol{B}_{\mathrm{R}}](\Pi\boldsymbol{\alpha}_{\mathrm{U}}-\tilde{\boldsymbol{\alpha}})+\\ \frac{\gamma}{2}(\Pi\boldsymbol{\alpha}_{\mathrm{W}}-\tilde{\boldsymbol{\alpha}})^{\mathrm{H}}\boldsymbol{M}_{\mathrm{R}}(\Pi\boldsymbol{\alpha}_{\mathrm{W}}-\tilde{\boldsymbol{\alpha}})+\\ \frac{1}{2}([\boldsymbol{K}+\mathrm{i}\omega\boldsymbol{B}]\boldsymbol{\alpha}_{\mathrm{V}}-\omega^{2}\boldsymbol{M}\boldsymbol{\alpha}_{\mathrm{W}}-\underline{\boldsymbol{I}})^{\mathrm{H}}\times\\ \boldsymbol{K}^{-1}([\boldsymbol{K}+\mathrm{i}\omega\boldsymbol{B}]\boldsymbol{\alpha}_{\mathrm{V}}-\omega^{2}\boldsymbol{M}\boldsymbol{\alpha}_{\mathrm{W}}-\underline{\boldsymbol{I}})\end{array}\right\} \tag{7.39}$$

式中:$\boldsymbol{\alpha}_{\mathrm{W}}$ 为根据容许位移场得到的频响函数,该位移场满足跟惯性力密度场相关的静态本构关系;γ 为 0 ~ 1 范围内的加权参数,它与弹性特性信息方面的可信度有关,如果质量矩阵是完全已知的则取 0 值;上标 H 为复共轭转置运算。

类似地,通过对 ECR 的最小化处理,可以得到容许解集 $\boldsymbol{S}_{\mathrm{adm}}=[\boldsymbol{\alpha}_{\mathrm{U}},\boldsymbol{\alpha}_{\mathrm{V}},\boldsymbol{\alpha}_{\mathrm{W}}]$,随后我们就能够确定每个频率处的相对误差了(针对模型的每个有限单元和每个作用力 k)。如果将每个(或组)单元的自由度上的频响函数记为 $\boldsymbol{\alpha}_{\bullet jk}$,并考虑比例阻尼,那么每个频率处的局部相对误差就可以表示为

$$E_{jk\omega}'^{2}=\begin{bmatrix}(1-\gamma)(1+2\pi\omega\beta)(\boldsymbol{\alpha}_{\mathrm{U}_{jk}}-\boldsymbol{\alpha}_{\mathrm{V}_{jk}})^{\mathrm{H}}\boldsymbol{K}_{j}(\boldsymbol{\alpha}_{\mathrm{U}_{jk}}-\boldsymbol{\alpha}_{\mathrm{V}_{jk}})+\\ \gamma\omega^{2}(\boldsymbol{\alpha}_{\mathrm{U}_{jk}}-\boldsymbol{\alpha}_{\mathrm{W}_{jk}})^{\mathrm{H}}\boldsymbol{M}_{j}(\boldsymbol{\alpha}_{\mathrm{U}_{jk}}-\boldsymbol{\alpha}_{\mathrm{W}_{jk}})\end{bmatrix}\times$$

$$\begin{bmatrix}\frac{1-\gamma}{2}(1+2\pi\omega\beta)(\boldsymbol{\alpha}_{\mathrm{U}_{k}}^{\mathrm{H}}\boldsymbol{K}\boldsymbol{\alpha}_{\mathrm{U}_{k}}+\boldsymbol{\alpha}_{\mathrm{V}_{k}}^{\mathrm{H}}\boldsymbol{K}\boldsymbol{\alpha}_{\mathrm{V}_{k}})+\\ \frac{\gamma}{2}\omega^{2}(\boldsymbol{\alpha}_{\mathrm{U}_{k}}^{\mathrm{H}}\boldsymbol{M}\boldsymbol{\alpha}_{\mathrm{U}_{k}}+\boldsymbol{\alpha}_{\mathrm{W}_{k}}^{\mathrm{H}}\boldsymbol{M}\boldsymbol{\alpha}_{\mathrm{W}_{k}})\end{bmatrix}^{-1} \tag{7.40}$$

需要注意的是式(7.40)中的分子反映的是单元水平上的误差,是通过黏弹性能量与动能的加权(加权参数为 γ)给出的,而分母则代表了整个结构的黏弹性能量和动能。显然,黏弹性能量和动能的误差就与每个单元中的损伤程度联

系了起来，实际上我们可以很方便地对其进行归一化处理，此时该误差将在 0 ~ 1 范围内变化了。

7.3.3 时域方法

7.3.3.1 时域共振间隔平滑法

时域共振间隔平滑法（TRGS）是一种全新的损伤检测和定位方法，它建立在 RGSB 方法基础上，不过是应用到时域 ODS 曲率上的，插值多项式可以是一次、二次或三次形式的。这一方法具有如下优点：

（1）是一种实时指标；

（2）只需利用时间响应；

（3）无须进行频率分析；

（4）无须进行模态识别；

（5）无须参考基准，如参考状态的测试结果或某种模型。

7.3.3.2 时域 Katz 分形维度法

时域 Katz 分形维度（TKFD）法是另一全新的损伤检测方法。Katz[26] 给出了一种算法，可以针对每个时域 ODS 去计算分形维度，将所有分形数相加即可得到一个指标。由于分形维度衡量的是波形的平滑度[25]，因此可以期望该指标将会随损伤而增大，事实上时域 ODS 在损伤位置处会变得更加陡峭。

这一方法的优点主要体现在如下几个方面：

（1）非常容易实现；

（2）计算量较小；

（3）是一种实时指标；

（4）仅利用时域响应；

（5）无须进行频率分析；

（6）无须进行模态识别；

（7）无须参考基准，如参考状态的测试结果或某种模型。

7.4 各种指标的检测和定位性能

本节将针对前一节介绍的各种指标，通过数值仿真展示出相应的结果。这些数值仿真主要包括以下几个方面。

（1）损伤检测：针对一个梁单元的每种损伤情况对检测指标进行计算，共考虑五种损伤水平，即水平 1—无损伤，水平 2—20% 损伤，水平 3—40% 损伤，水平 4—60% 损伤,水平 5—80% 损伤,这些百分数是指截面惯性矩下降的百分比,另外也考虑了所有可能的损伤位置(即梁的单元)。

(2) 损伤定位:针对一个梁单元的每种损伤情况对每个节点处的定位指标进行计算,仅考虑一种损伤水平,即截面惯性矩下降 50%,此外也考虑了所有可能的损伤位置。

为了便于比较,我们对各方法进行了重新定义,不过并没有改变原始定义的内涵。对于检测方法做了如下调整。

(1) 首先,对于每个模态形状或 ODS,以及每个节点,我们将这些指标相对五种损伤情况中的最大者进行了归一化处理,换言之,五种情况对应的指标都除以了最大者。

(2) 其次,对于归一化之后的每种损伤情况,计算了所有位置、所有模态形状或所有 ODS 的指标平均值。

(3) 最后,将这五种结果(对应于五种损伤情况)调整到统一尺度(0 ~ 100),0 值代表结构出现了较小的损伤或无损伤,100 代表结构出现了最大的损伤。

(4) 我们将检测方法的结果以三维柱状图形式给出,x 轴为损伤水平,y 轴为发生损伤的单元,z 轴为该方法的指标(百分数)。如果观察平面 $y=e$,那么可以看出该指标是怎样随损伤而改变的(对于悬臂梁的单元 e 来说);如果观察的是平面 $x=d$,那么看到的将是损伤水平为 d 时该指标是怎样变化的。我们所期望的良好的检测性能是指,对于每个发生损伤的单元,随着损伤水平的提高柱状图幅值也跟着增大。这实际上就意味着对于任何可能的损伤位置,利用该指标都能够识别出五种不同的损伤水平。

对定位方法做的调整如下。

(1) 首先,针对每个模态形状或 ODS,以及每种损伤情况,将指标相对于 20 个测试位置中的最大指标进行归一化,即所有指标都除以最大指标。

(2) 其次,对于每个位置(节点)和每种损伤情况,计算所有模态形状或所有 ODS 的指标平均值。

(3) 最后,将 20 个结果(即 20 个可能的损伤位置)调整到统一的尺度(0 ~ 100)上,0 值代表无损伤位置,100 代表有损伤位置。

(4) 我们针对损伤水平为 50% 的情况,将各定位方法的分析结果以二维云图形式表示,其中的 x 轴代表的是节点(或位置),y 轴代表的是损伤单元。各方法的指标是以百分数形式给出的,云图中的深蓝色值为 0,红色为 100。对于定位性能较好的方法来说,图中应当表现为一种阶梯对角线样式,即损伤单元的两个节点处是红色而其他部分为深蓝色。

7.4.1 模态域方法的仿真结果

模态域方法的仿真结果如表 7.1 所示。

表 7.1 模态域方法的仿真分析结果(见彩表)

检测	定位
MAC 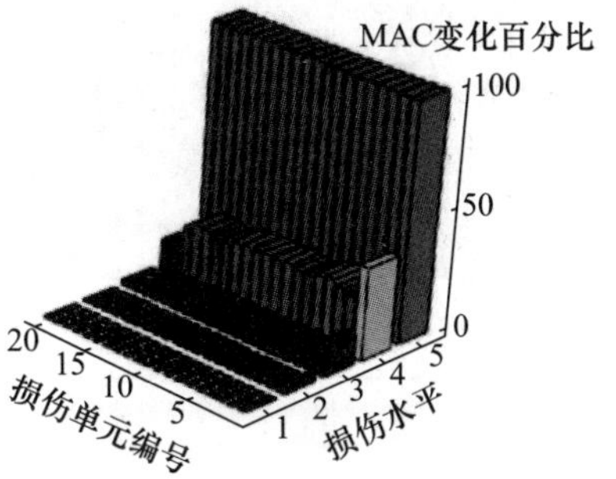	
	COMAC 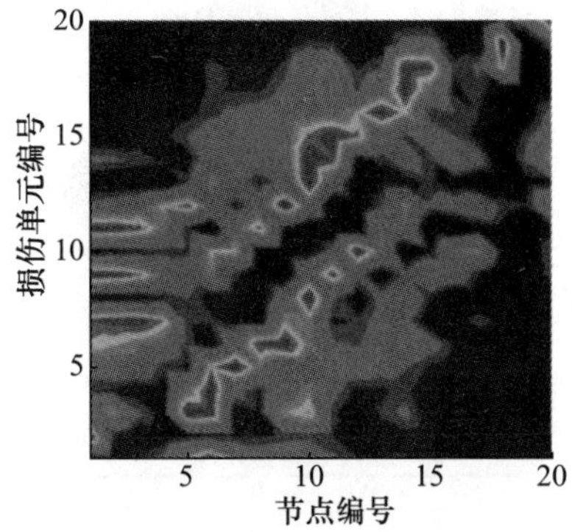
MS 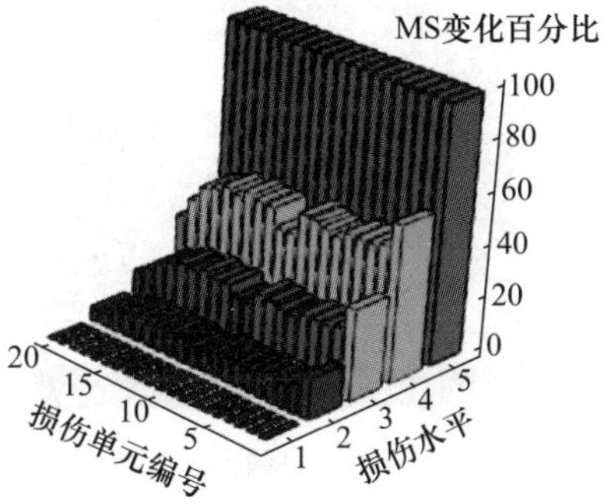	MS 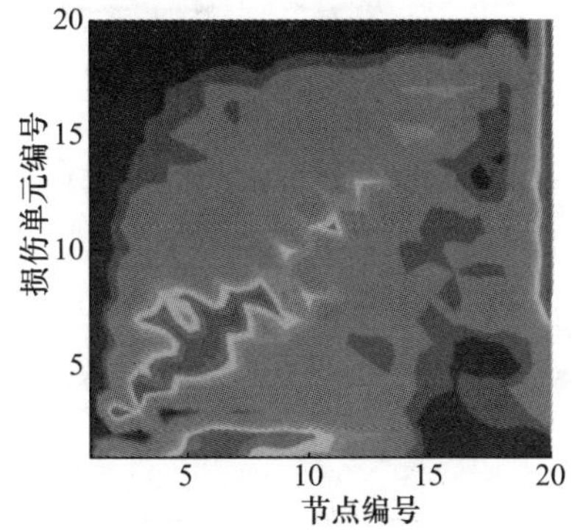

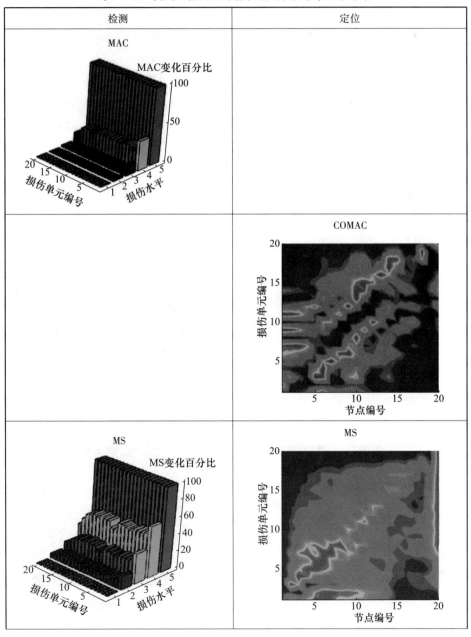

续表

<table>
<tr><th>检测</th><th>定位</th></tr>
<tr><td>MSC

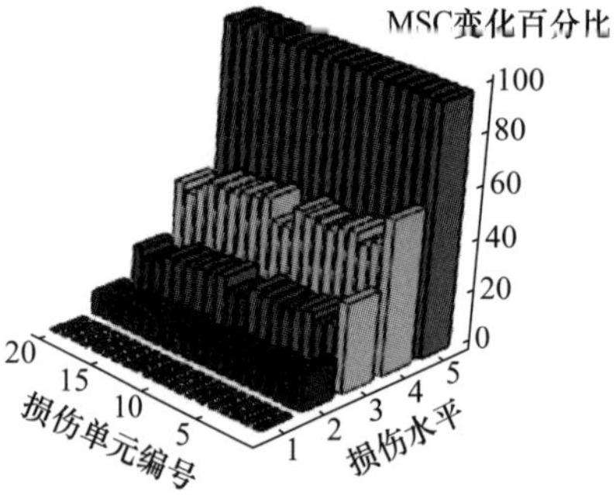
</td><td>MSC

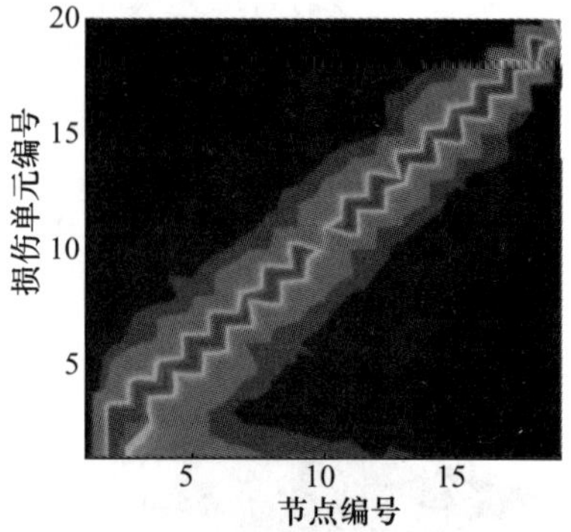
</td></tr>
<tr><td>DI

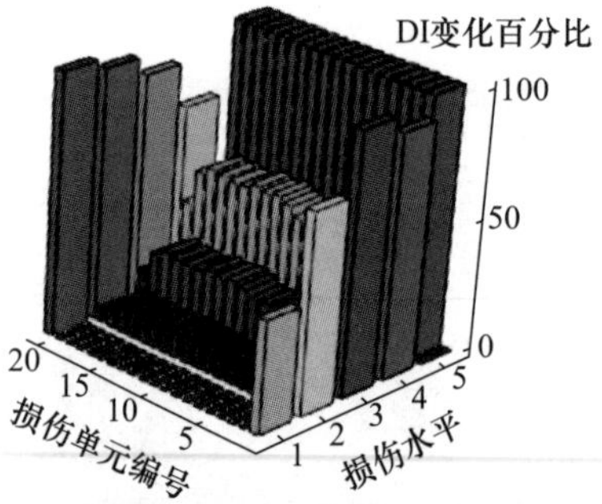
</td><td>DI

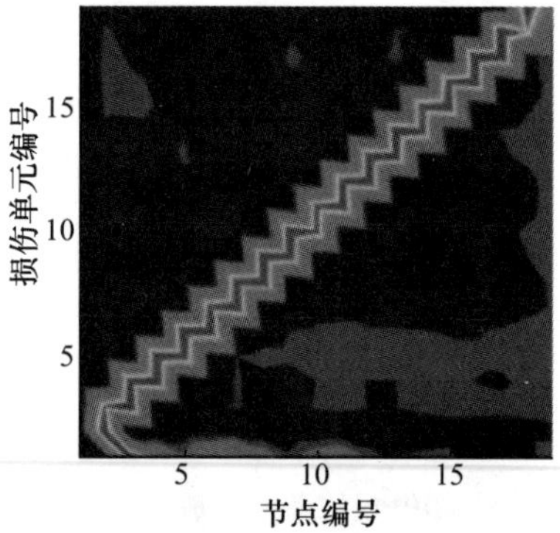
</td></tr>
<tr><td>SEDI

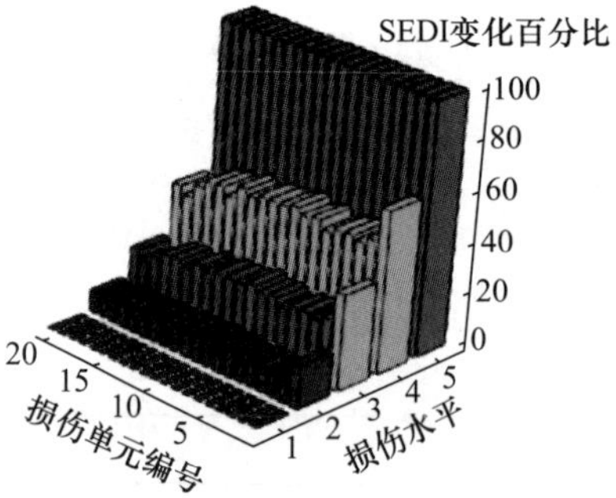
</td><td>SEDI

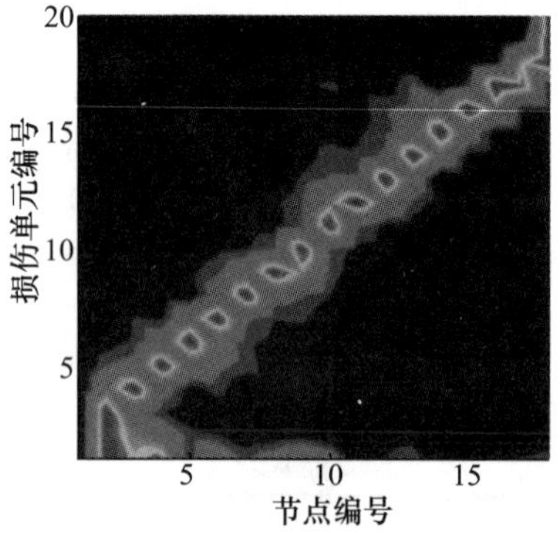
</td></tr>
</table>

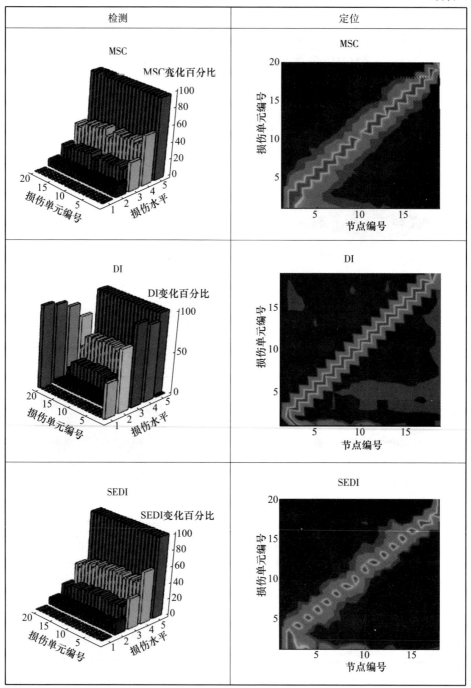

7.4.2 频域方法的仿真结果

频域方法的仿真结果如表 7.2 所示。

表 7.2 频域方法的仿真分析结果(见彩表)

<table>
<tr><th>检测</th><th>定位</th></tr>
<tr><td>FRF_MS
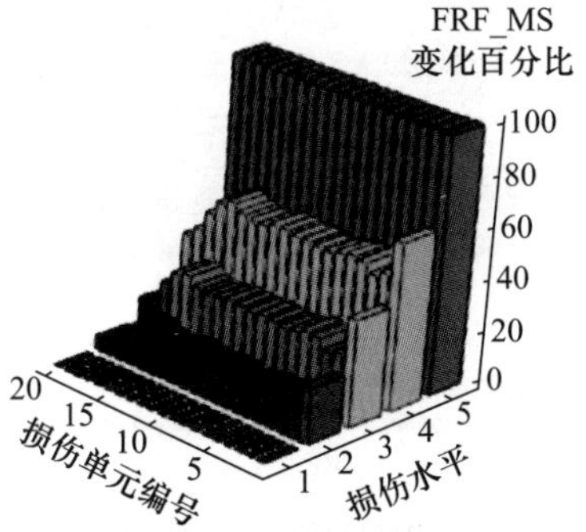
</td><td>FRF_MS
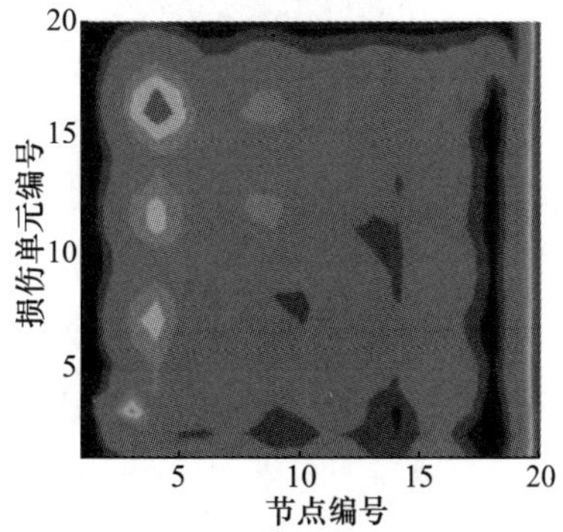
</td></tr>
<tr><td>FRF_MS_MO
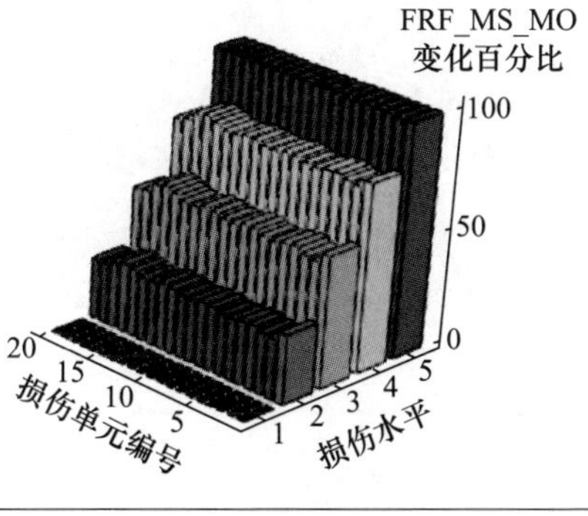
</td><td>FRF_MS_MO
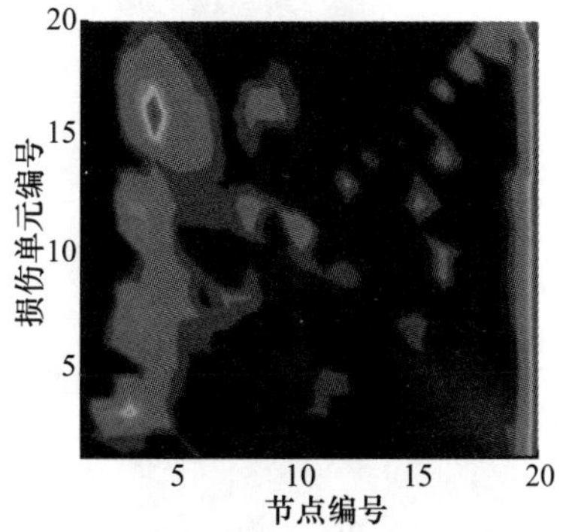
</td></tr>
<tr><td>FRF_MSC
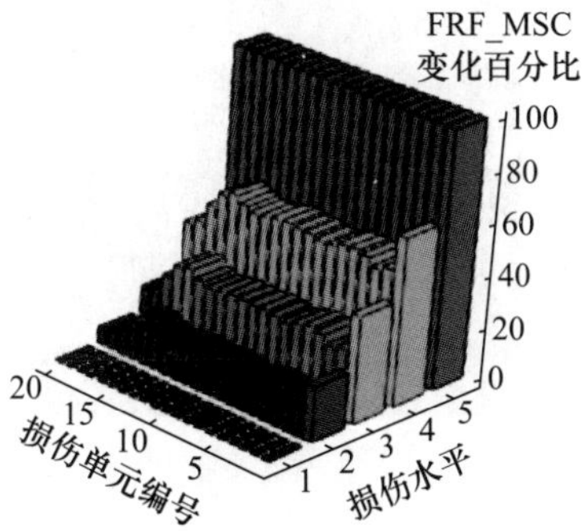
</td><td>FRF_MSC
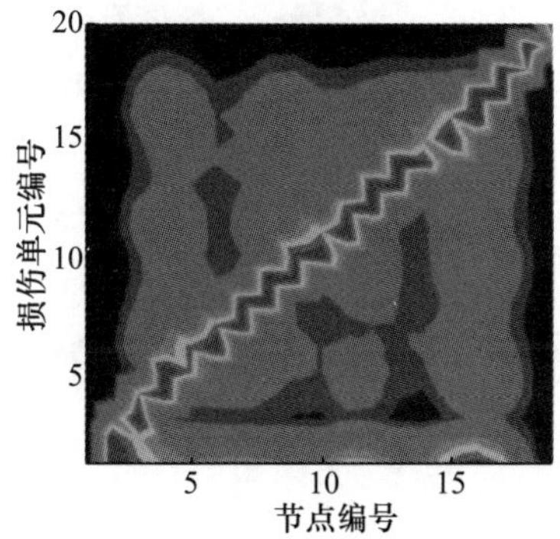
</td></tr>
</table>

续表

<table>
<tr><th>检测</th><th>定位</th></tr>
<tr><td>FRF_MSC_MO
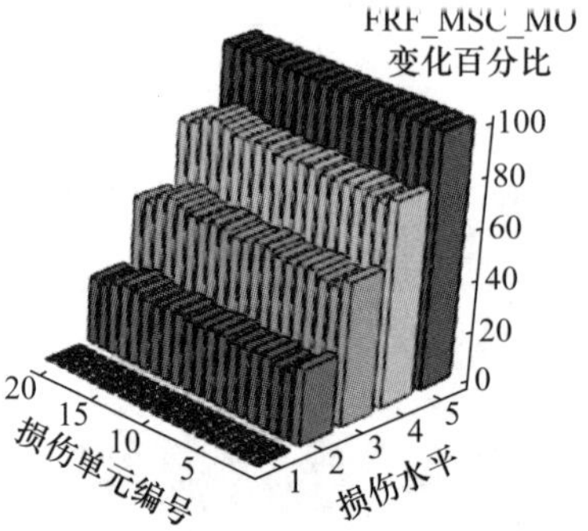</td><td>FRF_MSC_MO
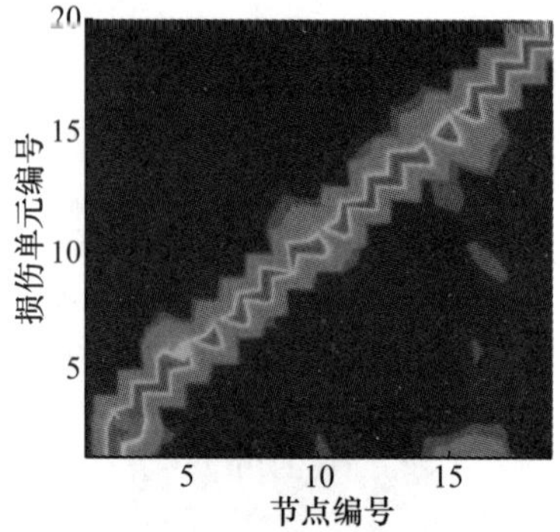</td></tr>
<tr><td>FRF_DI
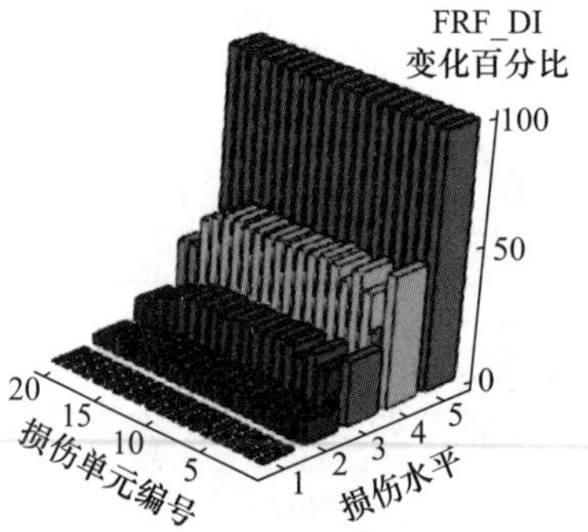</td><td>FRF_DI
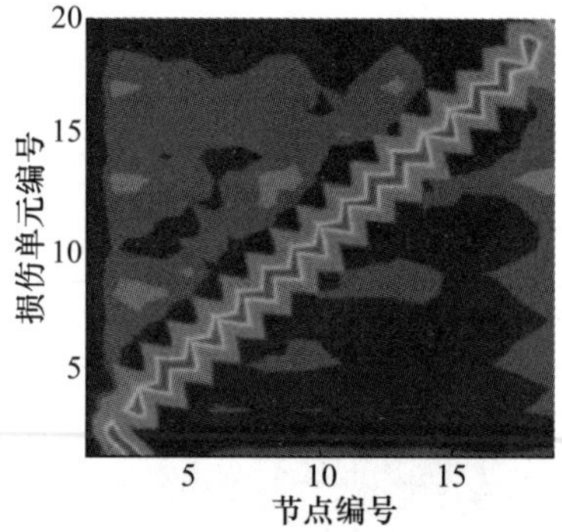</td></tr>
<tr><td>FRF_DI_MO
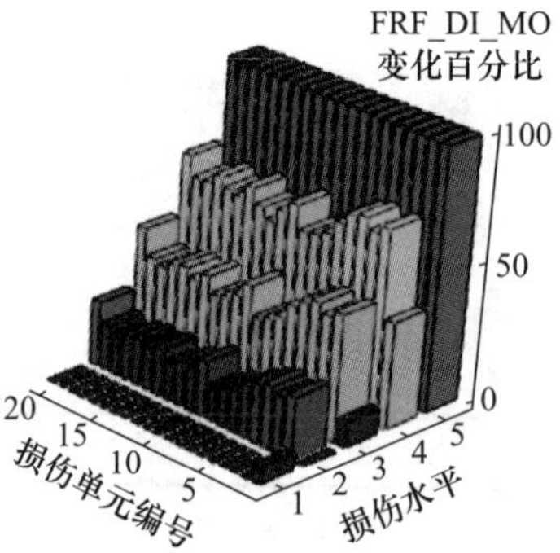</td><td>FRF_DI_MO
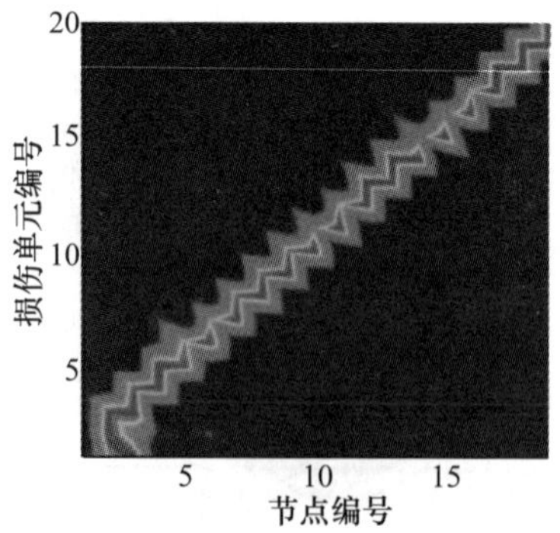</td></tr>
</table>

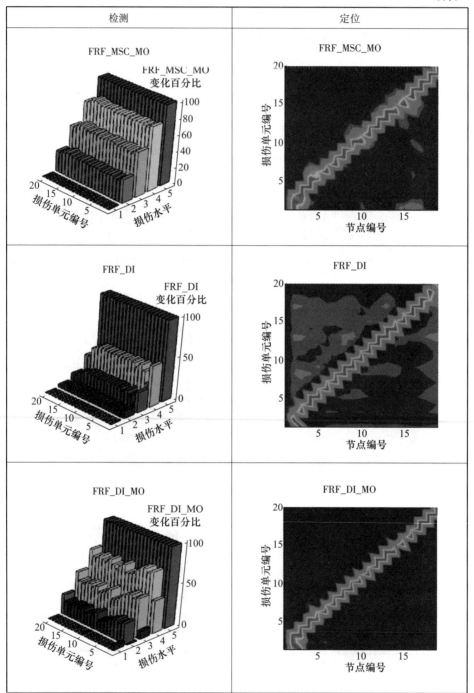

<table>
<tr><th>检测</th><th>定位</th></tr>
<tr><td>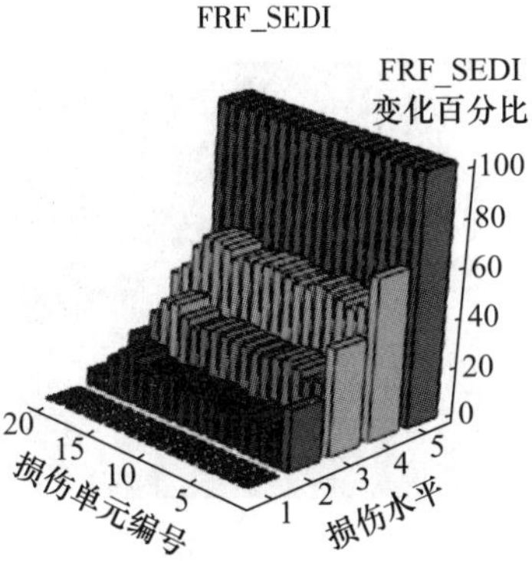</td><td>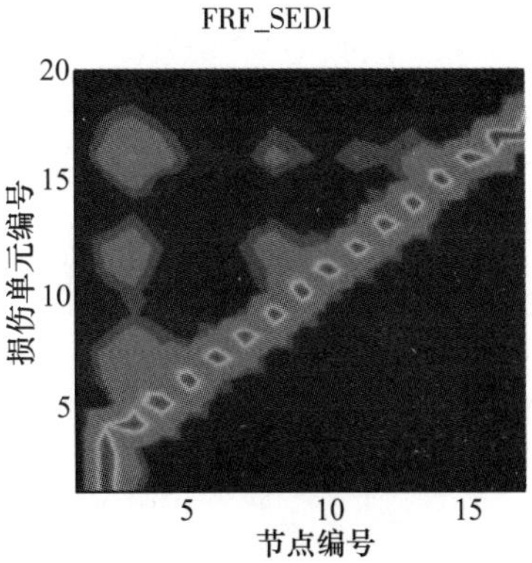</td></tr>
<tr><td>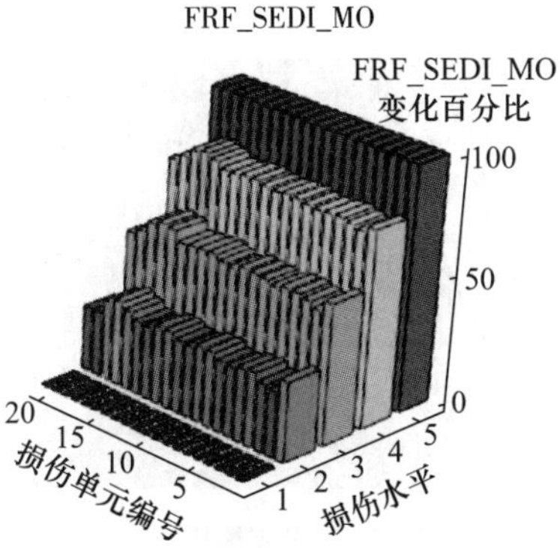</td><td>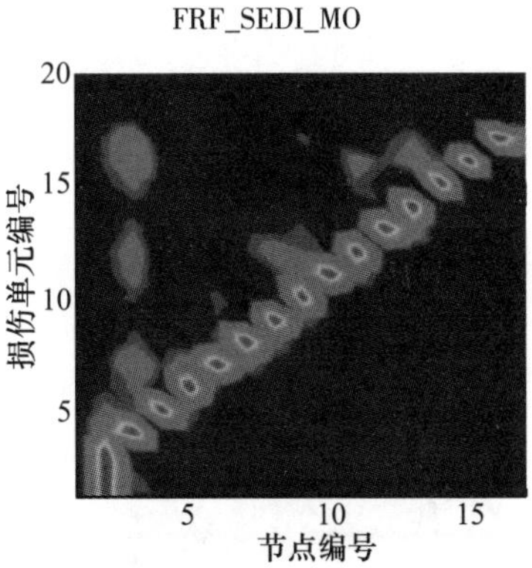</td></tr>
<tr><td></td><td>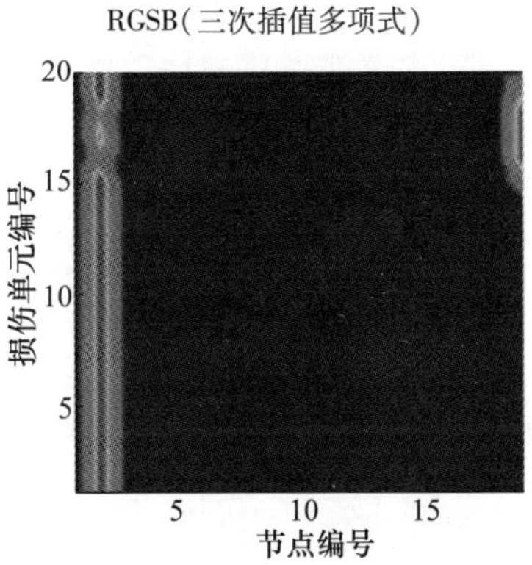</td></tr>
</table>

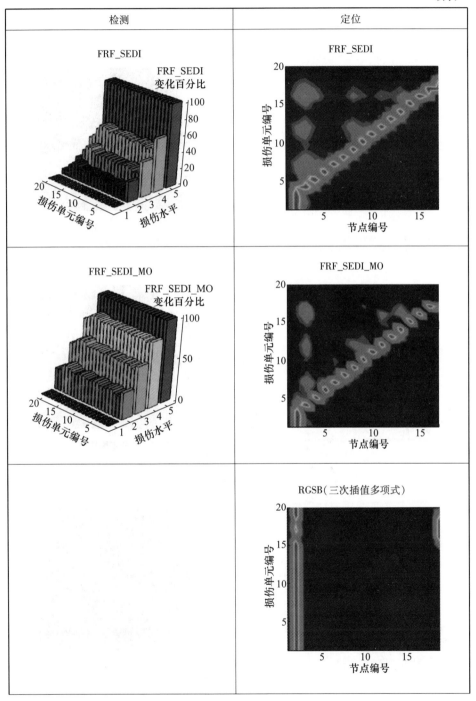

续表

检测	定位
	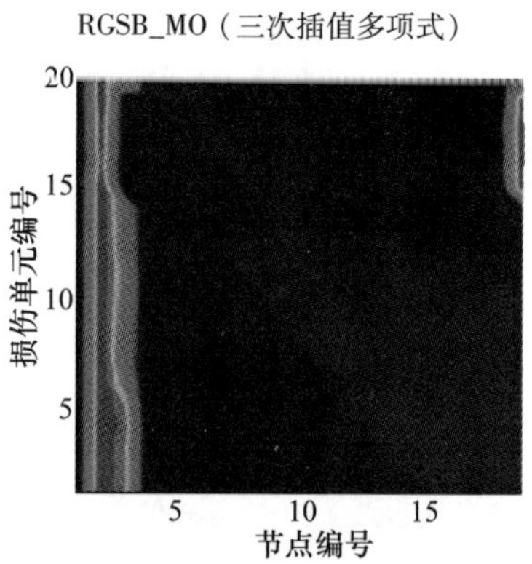RGSB_MO（三次插值多项式） 20 15 10 5 损伤单元编号 5 10 15 节点编号
	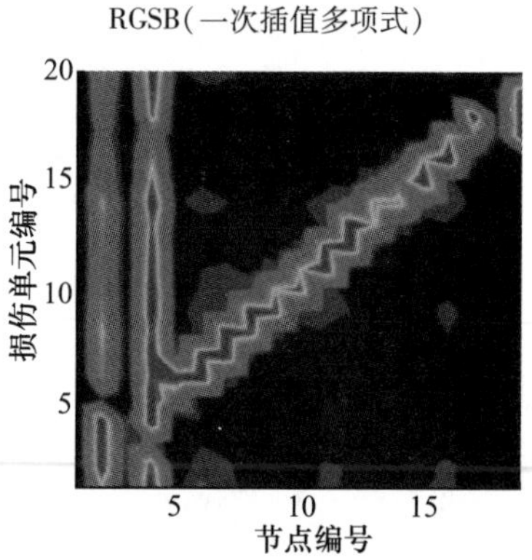RGSB（一次插值多项式） 20 15 10 5 损伤单元编号 5 10 15 节点编号
	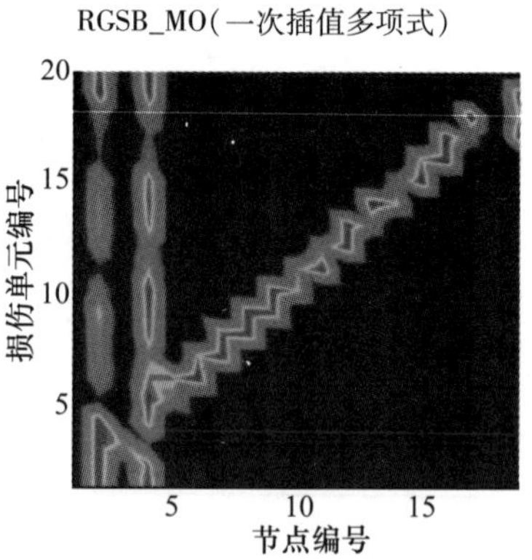RGSB_MO（一次插值多项式） 20 15 10 5 损伤单元编号 5 10 15 节点编号

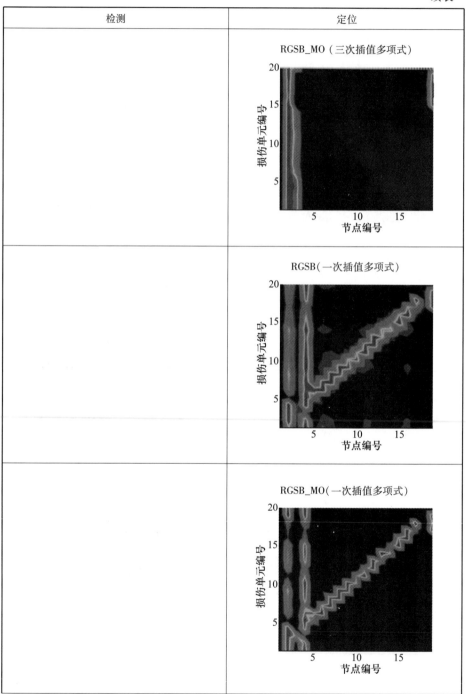

续表

检测	定位
FDAC/RVAC/DRQ 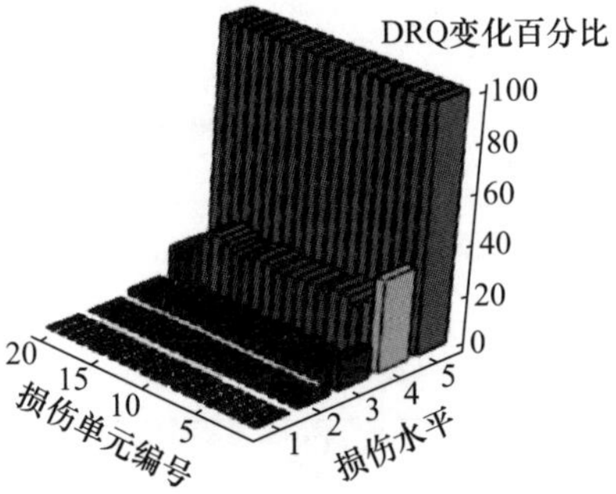 	
FDAC/RVAC/DRQ_MO 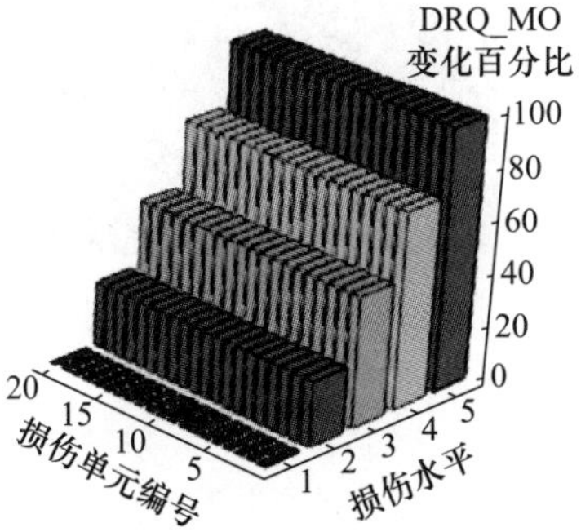 	
TDI 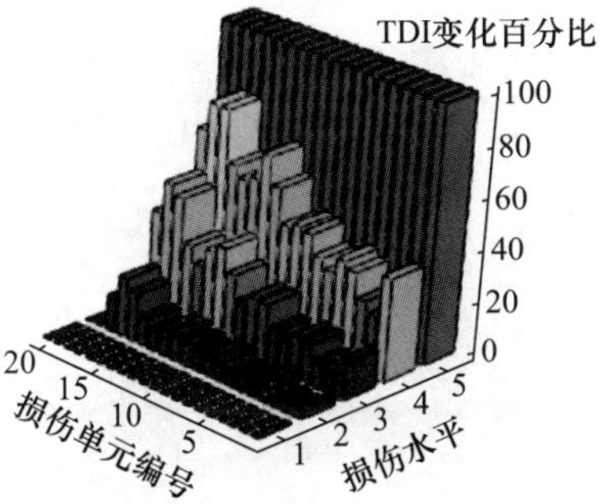 	

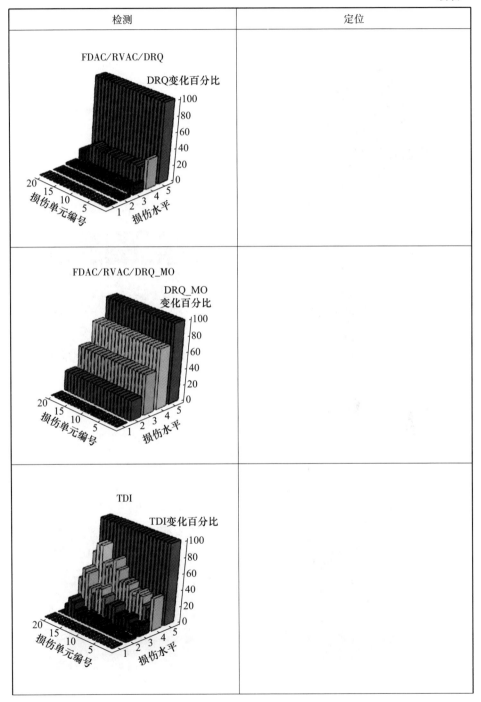

续表

检测	定位
TDI_MO 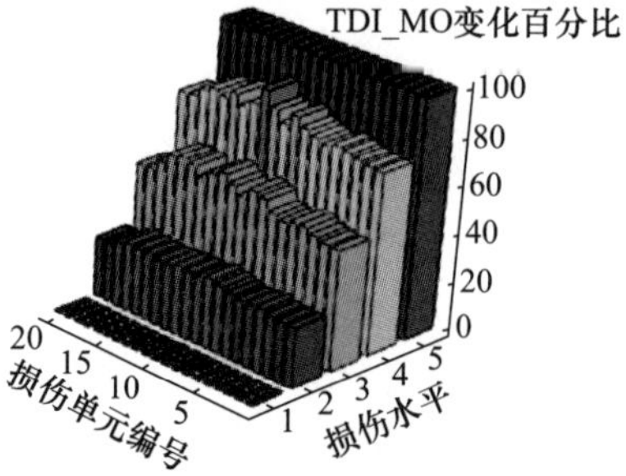	
ECR 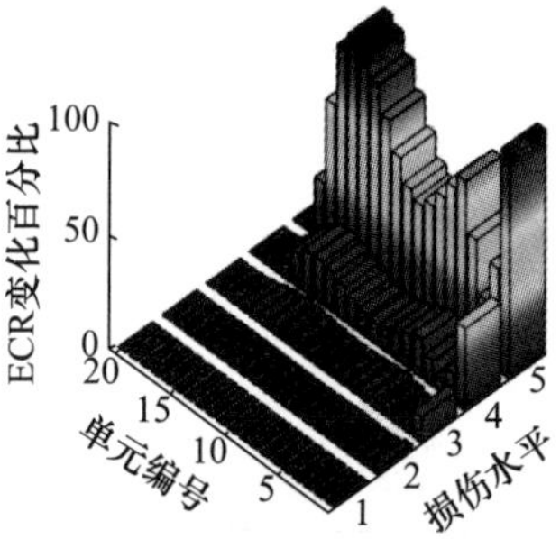	ECR 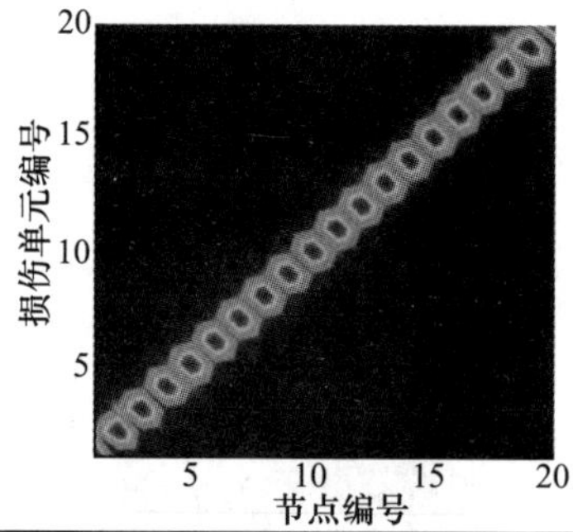

7.4.3 时域方法的仿真结果

时域方法的仿真结果如表 7.3 所示。

表 7.3 时域方法的仿真分析结果(见彩表)

检测	定位
TRGS(三次插值多项式),自由响应 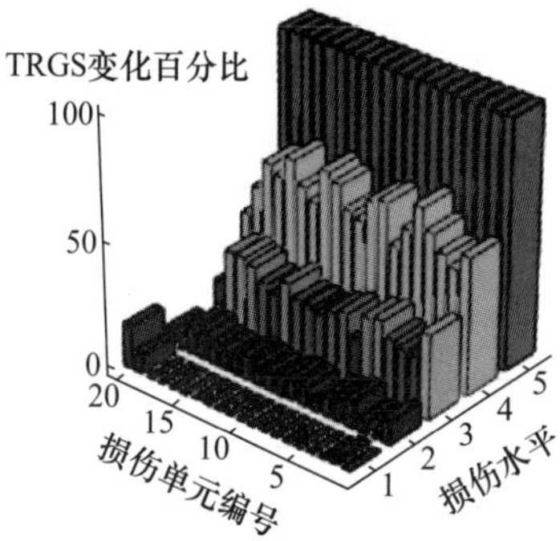	TRGS(三次插值多项式),自由响应 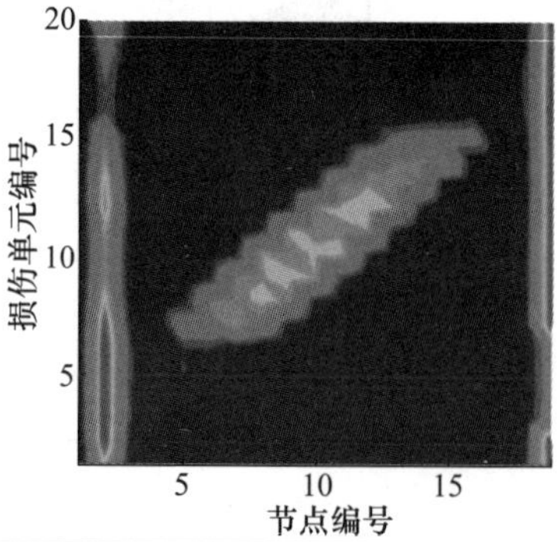

续表

检测	定位
TRGS_MO(三次插值多项式),自由响应 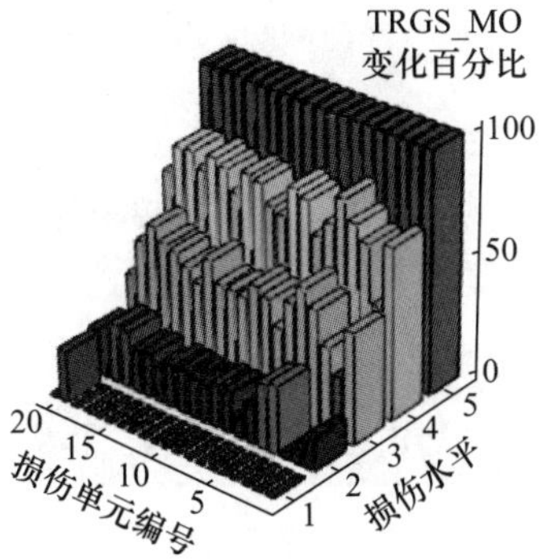	TRGS_MO(三次插值多项式),自由响应 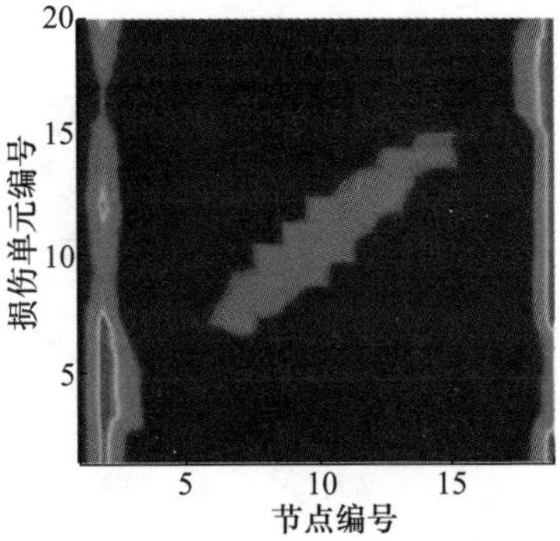
TRGS(三次插值多项式),受迫简谐响应 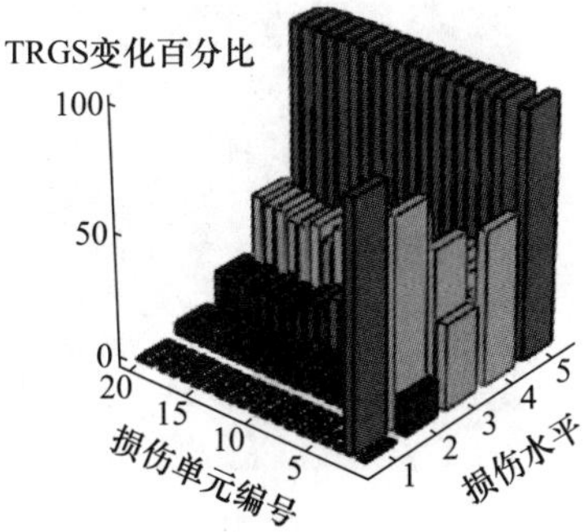	TRGS(三次插值多项式),受迫简谐响应 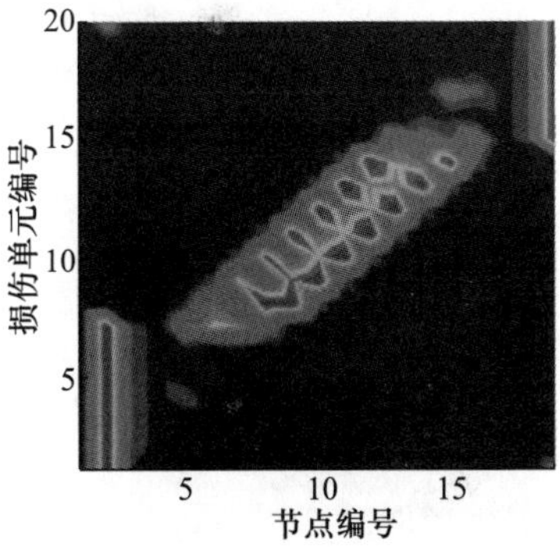
TRGS_MO(三次插值多项式),受迫简谐响应 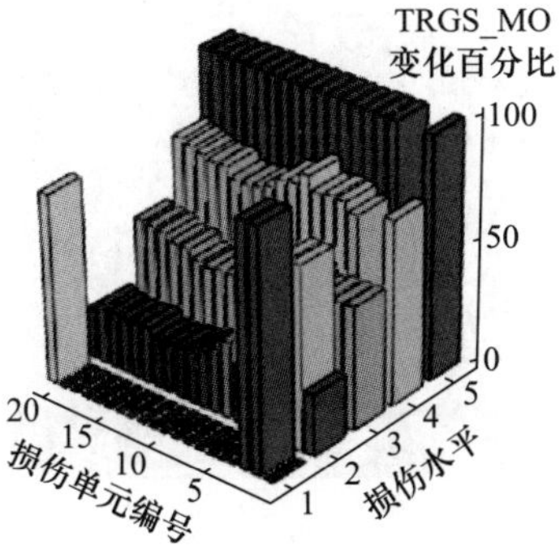	TRGS_MO(三次插值多项式),受迫简谐响应 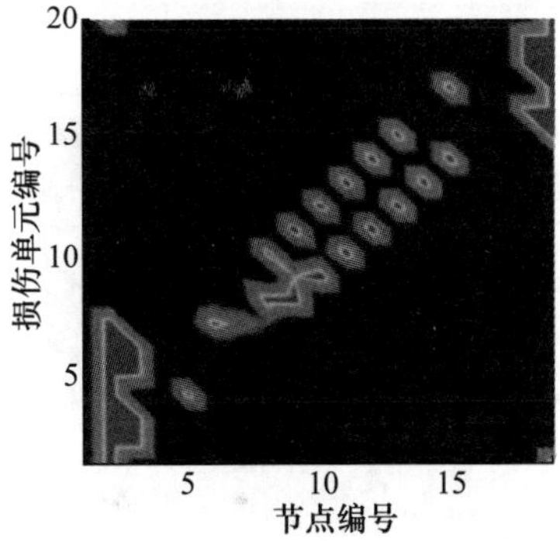

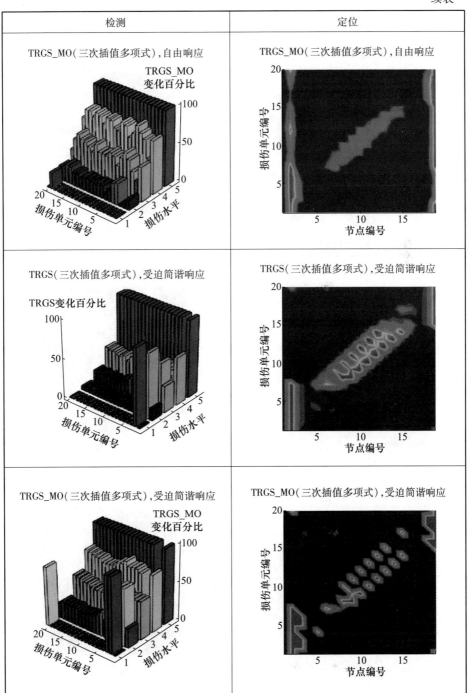

续表

<table>
<tr><th>检测</th><th>定位</th></tr>
<tr>
<td>TRGS(一次插值多项式),自由响应
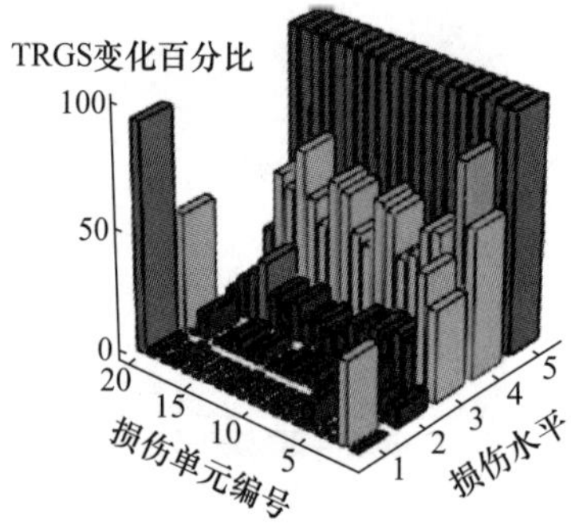</td>
<td>TRGS(一次插值多项式),自由响应
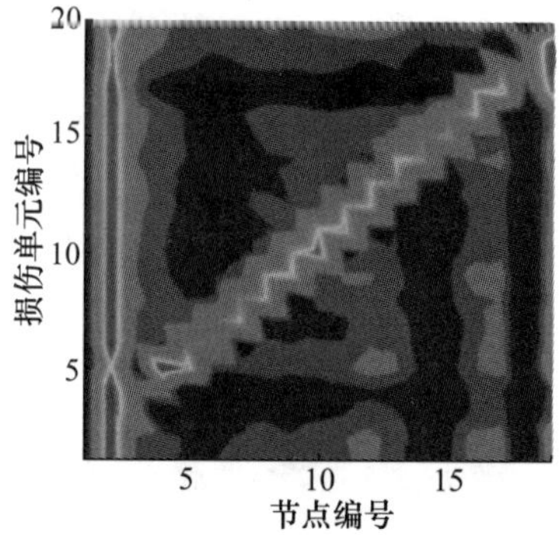</td>
</tr>
<tr>
<td>TRGS_MO(一次插值多项式),自由响应
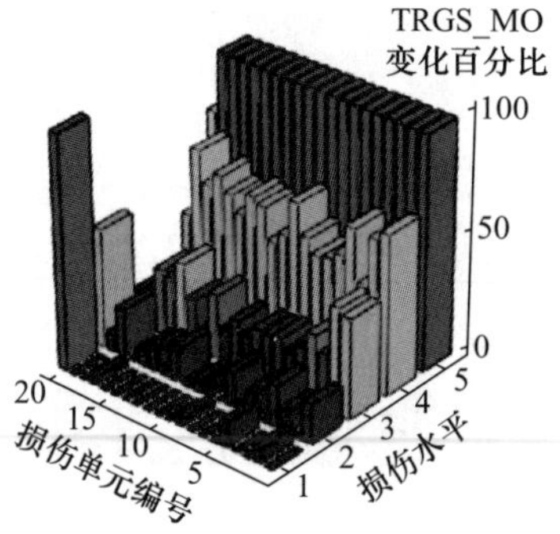</td>
<td>TRGS_MO(一次插值多项式),自由响应
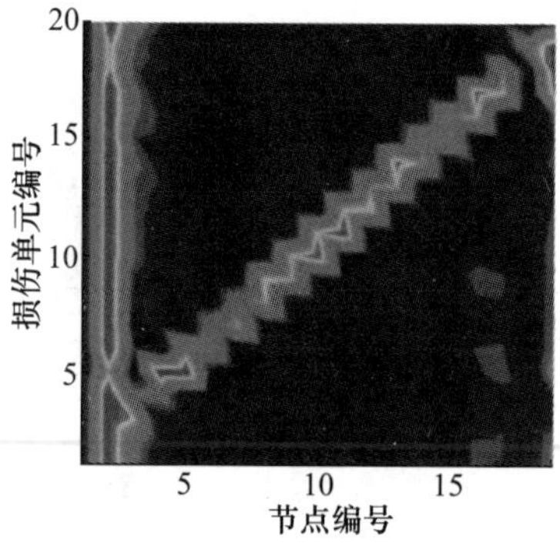</td>
</tr>
<tr>
<td>TRGS(一次插值多项式),受迫简谐响应
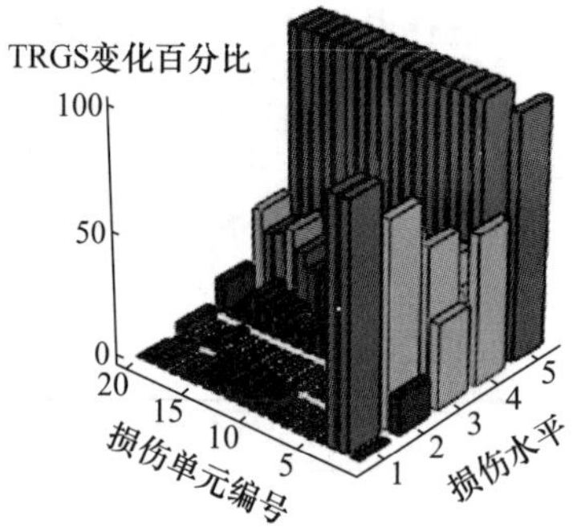</td>
<td>TRGS(一次插值多项式),受迫简谐响应
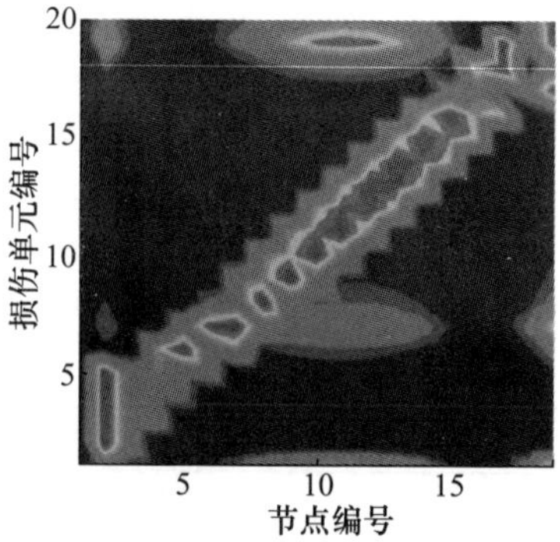</td>
</tr>
</table>

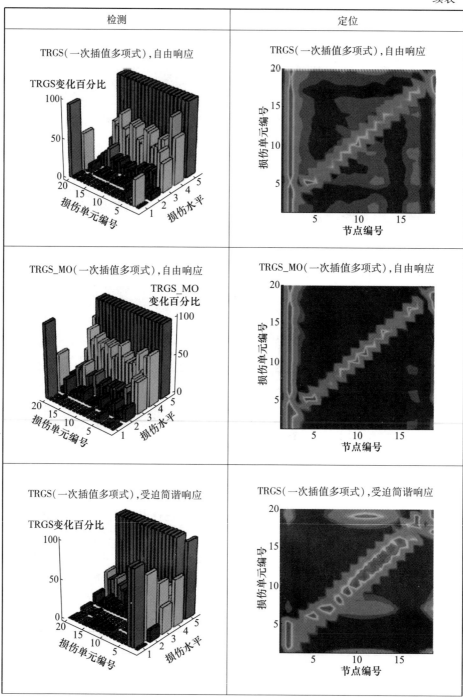

续表

检测	定位
TRGS_MO(一次插值多项式),受迫简谐响应 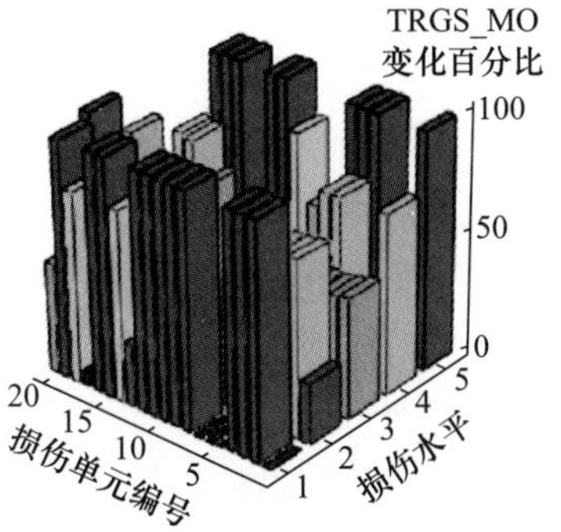	TRGS_MO(一次插值多项式),受迫简谐响应 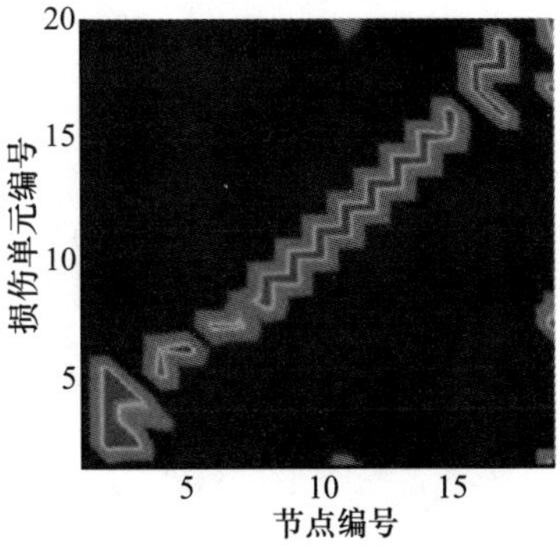
TKFD,自由响应 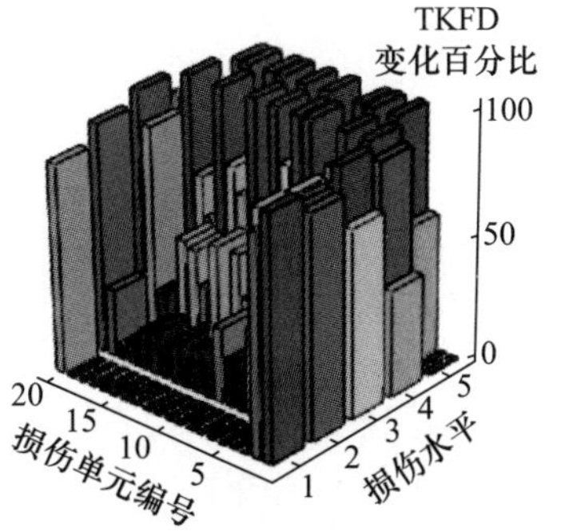	
TKFD_MO,自由响应 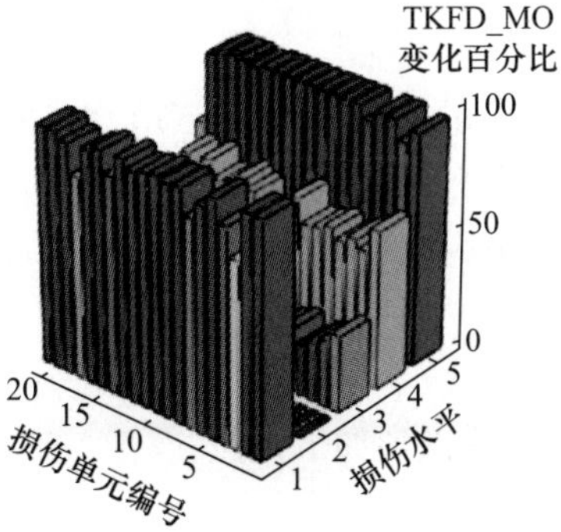	

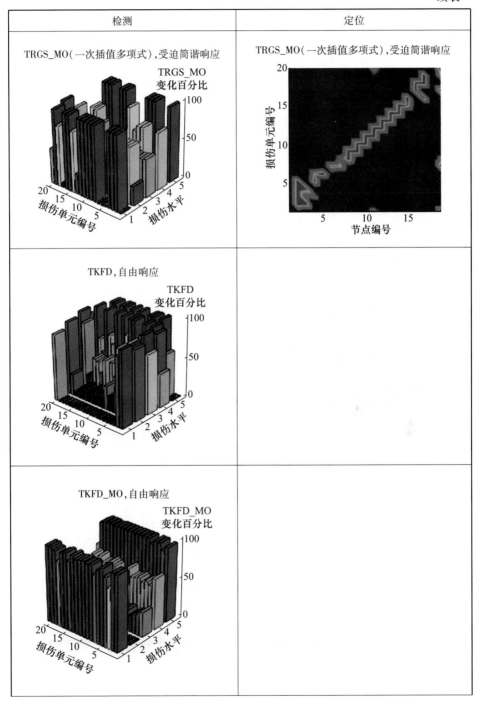

续表

<table>
<tr><th>检测</th><th>定位</th></tr>
<tr><td>
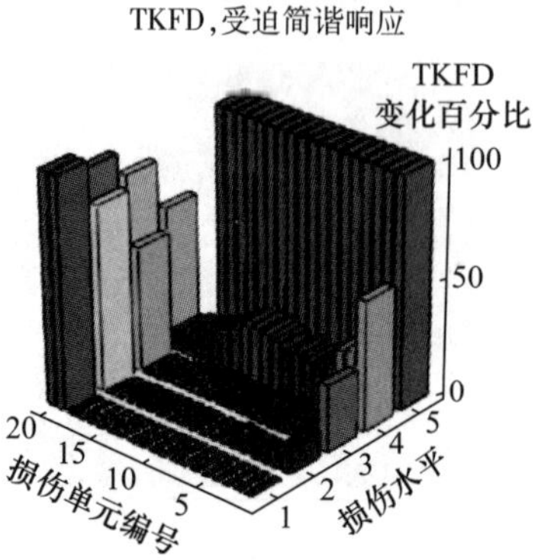

</td><td></td></tr>
<tr><td>
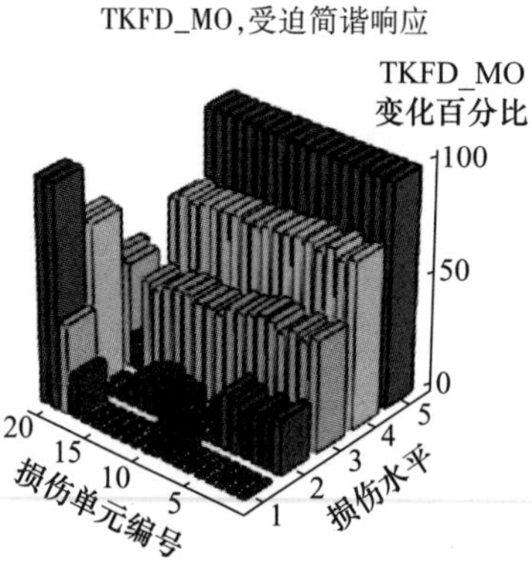

</td><td></td></tr>
</table>

7.5 本章小结

本章介绍了一些可用于损伤检测和损伤定位的方法(第7.3节),并通过两组数值仿真评估了这些方法的性能,这些仿真所考察的对象都是一根带有比例黏性阻尼的悬臂梁结构。下面对所获得的结论进行简要归纳。

7.5.1 模态域方法的性能

根据模态域方法的仿真分析结果,我们不难认识到如下几点:

(1) 这些方法都能实现损伤检测;

(2) DI这个指标不能用于检测梁自由端的损伤;

(3) MSC、DI 和 SEDI 都能实现损伤的定位(除了梁的固支端以外);

(4) MS 不能实现准确的损伤定位;

(5) COMAC 完全不能实现损伤定位。

7.5.2 频域方法的性能

根据频域方法的仿真分析结果,我们可以总结出如下几点结论:

(1) 所有这些方法都能用于损伤检测;

(2) FRF_MSC、FRF_DI、FRF_SEDI 和 ECR 都能很好地实现损伤定位;

(3) 基于 RGSB 和 RGSB_ MO 来进行损伤定位是存在一些困难的;

(4) 如果采用一次多项式,那么 RGSB 方法能够更好地实现损伤定位;

(5) 对于几乎所有的损伤检测和损伤定位方法来说,引入 MO 处理过程都会显著改进方法的性能。

7.5.3 时域方法的性能

根据时域方法的仿真分析结果,我们也可以总结出如下几点结论:

(1) 当采用梁的自由响应或受迫简谐响应时,TRGS 能够检测损伤;

(2) 当采用梁的自由响应或受迫简谐响应时,TRGS 也具有一定的损伤定位能力;

(3) 当采用梁的受迫简谐响应时,TKFD 能够检测损伤;

(4) 当采用梁的自由响应时,TKFD 检测损伤的性能非常差;

(5) 采用一次多项式可以改进 TRGS 方法的损伤定位性能;

(6) 引入 MO 处理过程能够改进 TRGS 方法的损伤定位性能。

致　谢

在此我们要向若干单位或部门的大力支持表示衷心的感谢,它们包括了:海军研究中心,CINAV,葡萄牙海军,葡萄牙科学技术基金,FCT,LAETA,IDMEC,PEst - OE/EME/UI0667/2014 战略项目(UNIDEMI,FCTNOVA),中国国家自然科学基金(51675103),福建省优秀青年科学家基金(2014J07007),中国教育部高等教育博士点专项研究基金(20133514110008)。

参考文献

[1] Farrar, C. R. and Doebling, S. W. An Overview of Modal - Based Damage Identification Methods. Engineering

Analysis Group Los Alamos National Laboratory Los Alamos, NM, USA (1997).

[2] Doebling, S. W., Farrar, C. R., Prime, M. B., and Shevitz, D. W. Damage Identification and Health Monitoring of Structural and Mechanical Systems from Changes in their Vibration Characteristics: A Literature Review. Los Alamos National Laboratory, LA – 13070 – MS, USA (1996).

[3] Ewins, D. J. Modal Testing: Theory and Practice. Research Studies Press Ltd. (1994).

[4] Beer, F. P. and Johnston, E. R. Mechanics of Materials, 2ndedn. McGraw – Hill (1989).

[5] Farrar, C. R. and Doebling, S. W. The state of the art in vibration – based structural damage identification, 2 – day short course, Madrid, Spain (5 – 6 June 2000).

[6] Maia, Silva, He, Lieven, Lin, Skingle, To and Urgueira, Theoretical and Experimental Modal Analysis, Research Studies Press Ltd. (1997).

[7] Hart, G. C. and Wong, K. Structural Dynamics for Structural Engineers. John Wiley & Sons (1999).

[8] Heylen, W. and Janter, T. Extensions of the modal assurance criterion. Transactions of the ASME 112, pp. 468 – 472 (1990).

[9] Pascual, R., Golinval, J. – C., and Razeto, M. A frequency domain correlation technique for model correlation and updating. In Proceedings of the XV International Modal Analysis Conference, pp. 587 – 592, Orlando, USA (1997).

[10] Pascual, R., Golinval, J. – C., and Razeto, M. On – line damage assessment using operating deflection shapes. In Proceedings of the XVII International Modal Analysis Conference, pp. 238 – 243, Orlando, USA (1999).

[11] Fotsch, D. and Ewins, D. J. Application of MAC in the frequency domain. In Proceedings of the XVIII International Modal Analysis Conference, pp. 1225 – 1231, Orlando, USA (2000).

[12] Ewins, D. J. and Ho, Y. K. On the structural damage identification with mode shapes. In Proceedings of the European COST F3 Conference on System Identification & Structural Health Monitoring, pp. 677 – 684, Universidade Polit′ ecnica de Madrid, Spain (June 2000).

[13] Pandey, A. K., Biswas, M., and Samman, M. M. Damage detection from changes in curvature mode shapes. Journal of Sound and Vibration 145(2), pp. 321 – 332 (1991).

[14] Stubbs, N., Kim, J. T., and Farrar, C. R. Field verification of a nondestructive damage localization and severity estimator algorithm. In Proceedings of the XIII International Modal Analysis Conference, pp. 210 – 218, Nashville, USA (1995).

[15] Sampaio, R. P. C., Maia, N. M. M., and Silva, J. M. M. Damage detection using the frequency – response – function curvature method. Journal of Sound and Vibration 226(5), pp. 1029 – 1042 (1999).

[16] Petro, S. H., Chen, S., GangaRao, H. V. S., and Venkatappa, S. Damage detection using vibration measurements. In Proceedings of the XV International Modal Analysis Conference, pp. 113 – 119, Orlando, USA (1997).

[17] Ratcliffe, C. P. Damage detection using a modified Laplacian operator on mode shape data. Journal of Sound and Vibration 204(3), pp. 505 – 517 (1997).

[18] Ratcliffe, C. P. A frequency and curvature based experimental method for locating damage in structures. Journal of Vibration and Acoustics ASME 122(3), pp. 324 – 329 (2000).

[19] Maia, N. M. M., Silva, J. M. M., Almas, E. A. M., and Sampaio, R. P. C. Damage detection in structures: From mode shape to frequency response function methods. Mechanical Systems and Signal Processing 17

(3), pp. 489 – 498 (2003).

[20] Maia, N. M. M., Silva, J. M. M., and Sampaio, R. P. C. Localization of damage using curvature of the frequency response functions. In Proceedings of the XV International Modal Analysis Conference, pp. 942 – 946, Orlando, USA (1997).

[21] Sampaio, R. P. C., Maia, N. M. M., and Silva, J. M. M. The frequency domain assurance criterion as a tool for damage detection, Damage Assessment of Structures (DAMAS), pp. 69 – 76, Southampton, UK (2003).

[22] Maia, N. M. M., Almeida, R. A. B., Urgueira, A. P. V., and Sampaio, R. P. C. Damage detection and quantification using transmissibility. Mechanical Systems and Signal Processing 25, pp. 2475 – 2483 (2011).

[23] Sampaio, R. P. C., Maia, N. M. M., Almeida, R. A. B., and Urgueira, A. P. V. A simple damage detection indicator using operational deflection shapes. Mechanical Systems and Signal Processing 72 – 73, pp. 629 – 641 (2016).

[24] Yoon, M. K., Heider, D., Gillespie Jr., J. W., Ratcliffe, C. P., and Crane, R. M. Local damage detection using the two – dimensional gapped smoothing method. Journal of Sound and Vibration 279, pp. 119 – 139 (2005).

[25] Dessi, D. and Camerlengo, G. Damage identification techniques via modal curvature analysis: Overview and comparison. Mechanical Systems and Signal Processing 52 – 53, pp. 181 – 205 (2015).

[26] Katz, M. J. Fractals and the analysis of waveforms. Computers in Biology and Medicine 18(3), pp. 145 – 156 (1988).

[27] Wahab, M. M. A. andRoeck, G. D. Damage detection in bridges using modal curvature: Application to a real damage scenario. Journal of Sound and Vibration 226, pp. 217 – 235 (1999).

[28] Heylen, W., Lammens, S., and Sas, P. Modal Analysis Theory and Testing, K. U. Leuven—PMA, Belgium, Section A. 6. (1998).

[29] Allemang, R. J. and Brown, D. L. A correlation coefficient for modal vector analysis. In Proceedings of the 1st International Modal Analysis Conference, pp. 110 – 116, Orlando, USA (1982).

[30] Lieven, N. A. J. andEwins, D. J. Spatial correlation of mode shapes, the coordinate modal assurance criterion (COMAC), In Proceedings of the 6th International Modal Analysis Conference, pp. 690 – 695, Kissimmee, USA (1988).

[31] Ladev′eze, P. Recalage de mod′ elisations des structures complexes (Note technique 33. 11. 01. 4). Tech. rep., A′erospatiale, Les Mureaux, France (1983).

[32] Silva, T. A. N. and Maia, N. M. M. Detection and localisation of structural damage based on the error in the constitutive relations in dynamics. Applied Mathematical Modelling 46, pp. 736 – 749 (2017).

舒海生，男，汉族，1976 年出生，工学博士，博士后，中共党员，现任池州职业技术学院机电与汽车系教授，主要从事振动分析与噪声控制、声子晶体与超材料、机械装备系统设计等方面的教学与科研工作，近年来发表科研论文 30 余篇，主持国家自然科学基金、黑龙江省自然科学基金等多个项目，并参研多项国家级和省部级项目，出版译著 6 部。

孔凡凯，男，汉族，工学博士，博士后，现任哈尔滨工程大学机电工程学院教授，博士生导师，主要从事机构学、海洋可再生能源开发以及船舶推进性能与节能等方面的教学与科研工作，近年来发表科研论文 20 余篇，主持和参与国家自然科学基金和国家科技支撑计划重点项目等多个课题。

王兴国，男，汉族，1989 年出生，工学硕士，在读博士，中共党员，现任齐齐哈尔大学机电工程学院讲师，主要从事声子晶体与超材料、振动控制与能量收集等方面的教学与科研工作，近年来发表科研论文 10 余篇，主持和参与多个国家级和省部级项目，出版教材 3 部。

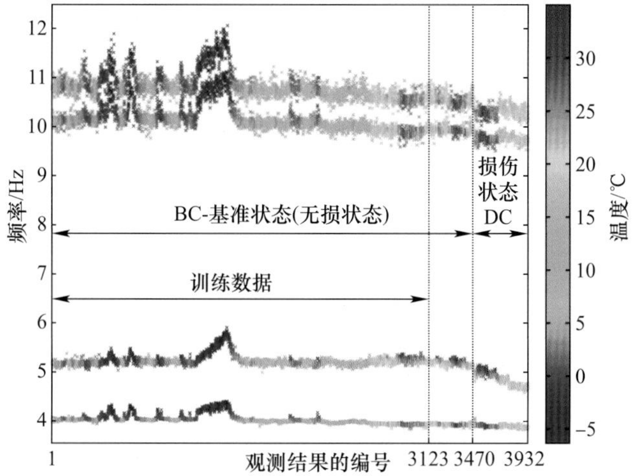

图 1.7　Z－24 桥梁的前四阶固有频率(1～3470 为基准状态(无损状态，BC)，3471～3932 为损伤状态(DC))

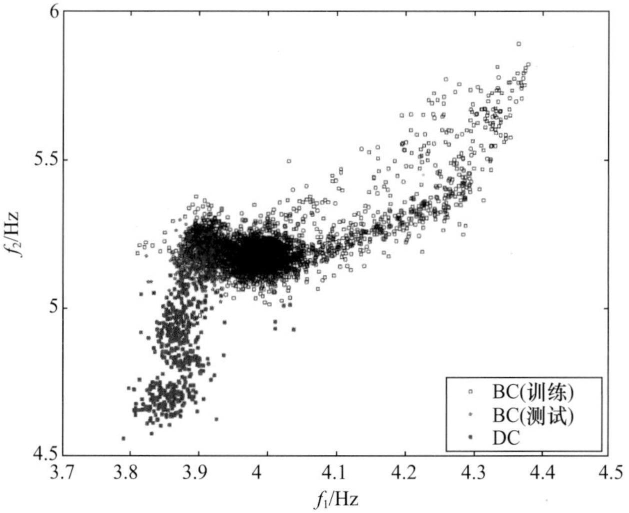

图 1.8　前两个最相关的固有频率的特征分布

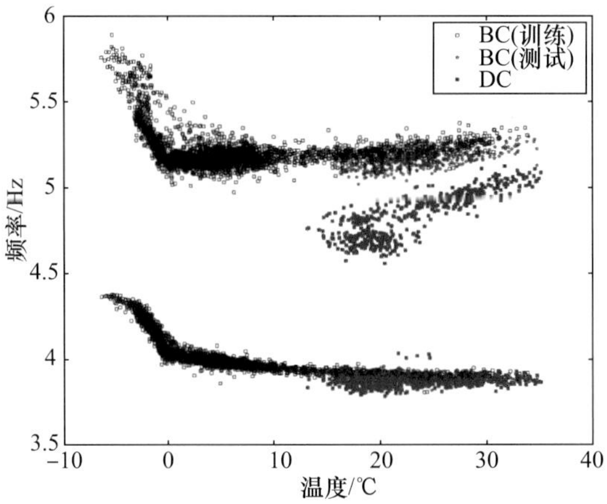

图 1.9　前两个固有频率随环境温度的变化情况

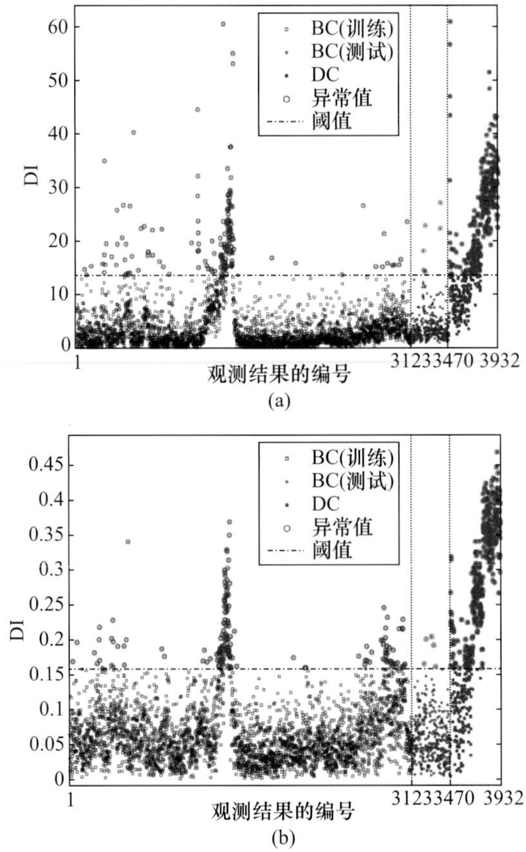

图 1.10　基于 MSD 和 PCA 算法的异常值检测结果

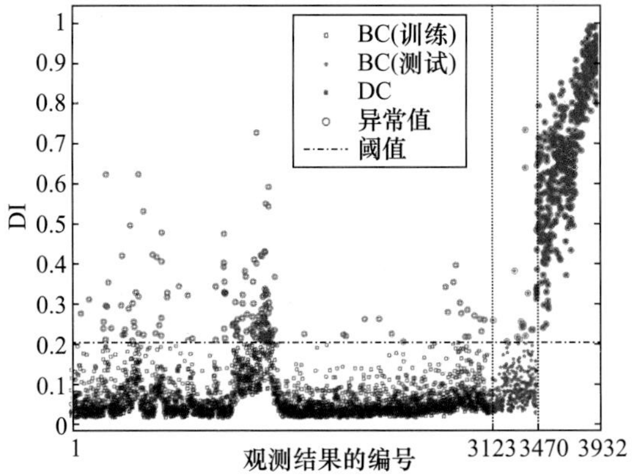

(a)

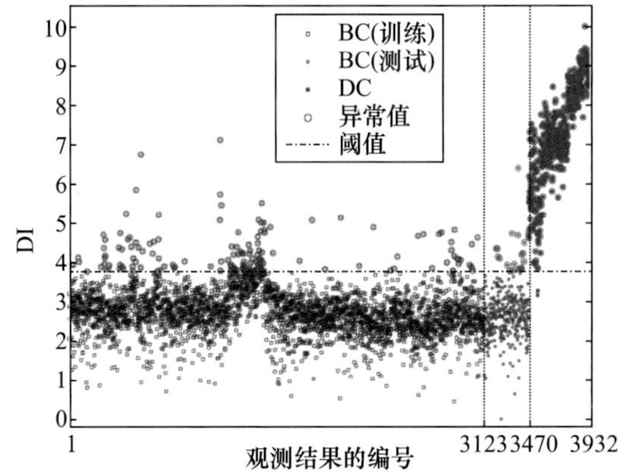

(b)

图 1.11　基于 KPCA 和 AANN 算法的异常值检测结果

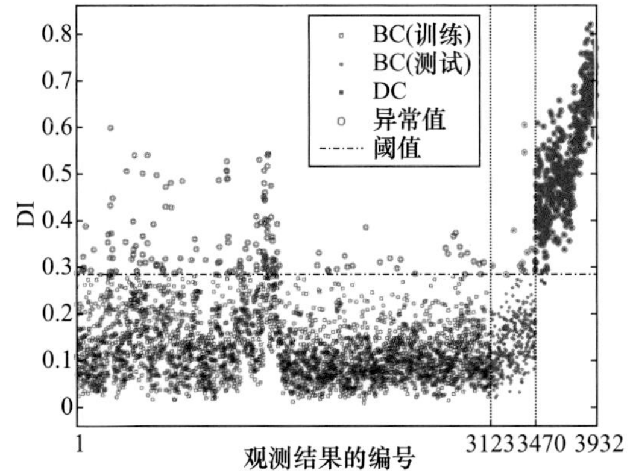

(a)

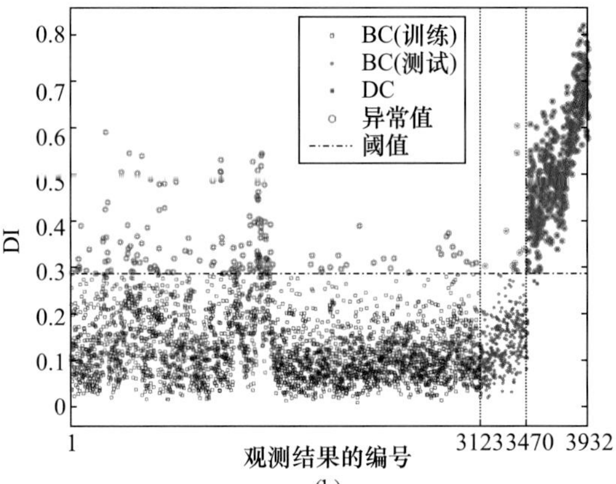

(b)

图 1.12　基于 GMM 和 GEM－GA 算法的异常值检测结果

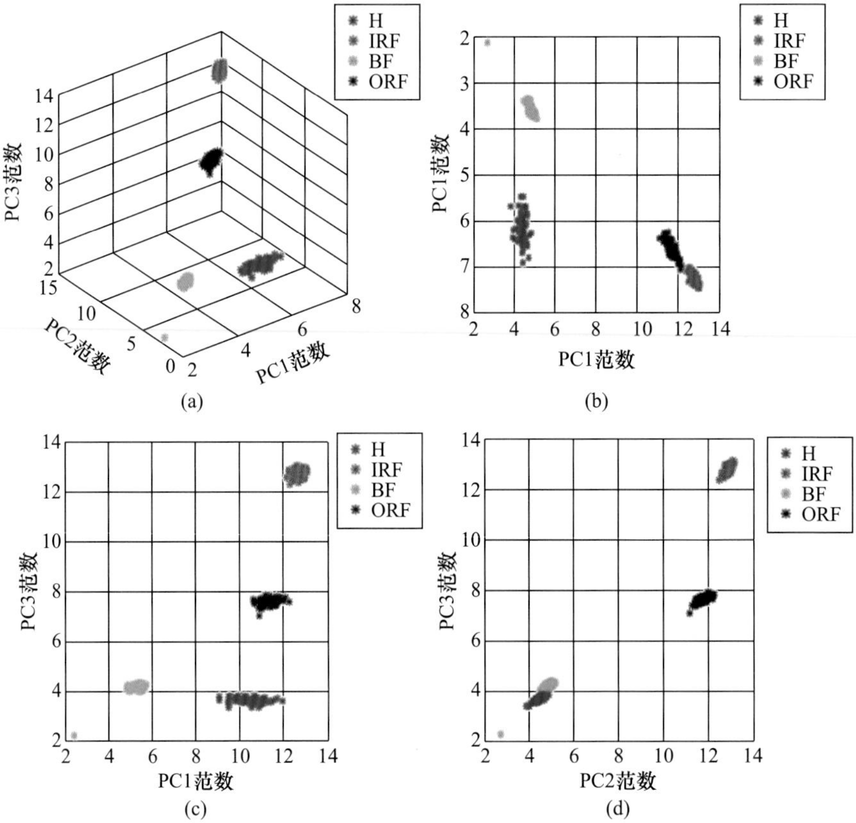

(a)　(b)

(c)　(d)

图 2.6　不同类别的信号在基准空间的投影

(a)

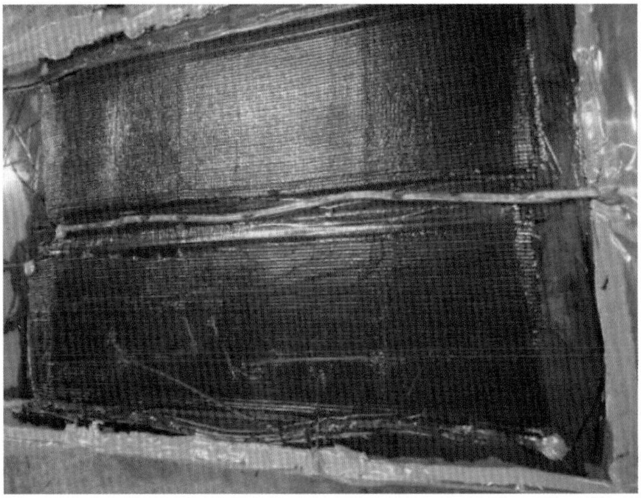

(b)

图 3.1　原始 CFRP 样件和带有损伤的 CFRP 样件
(a)树脂注塑前；(b)树脂注塑后。

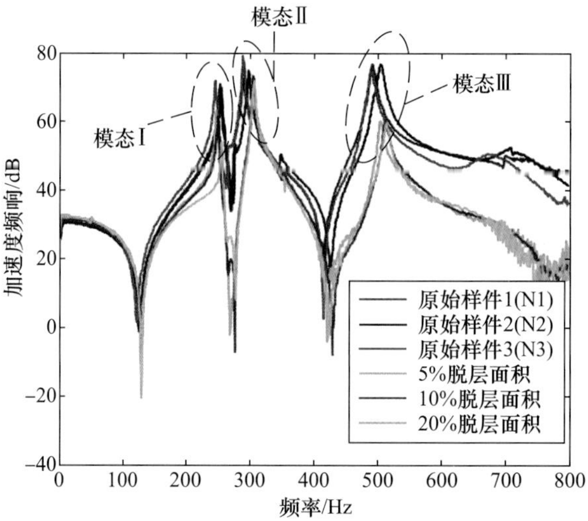

图 3.12　原始样件和损伤样件的原点频响函数比较

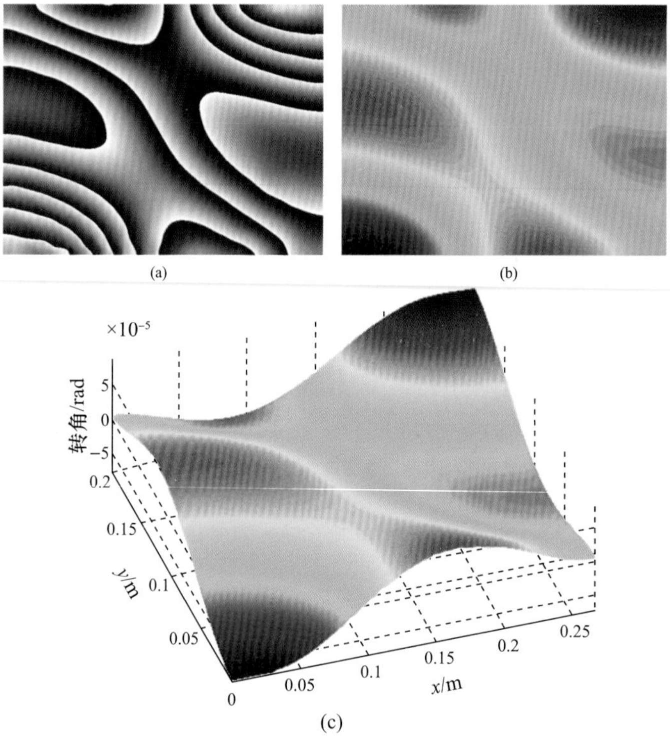

图 5.6　相位图后处理过程

(a)滤波;(b)解包裹;(c)模态形状梯度或模态转动场的三维描述。

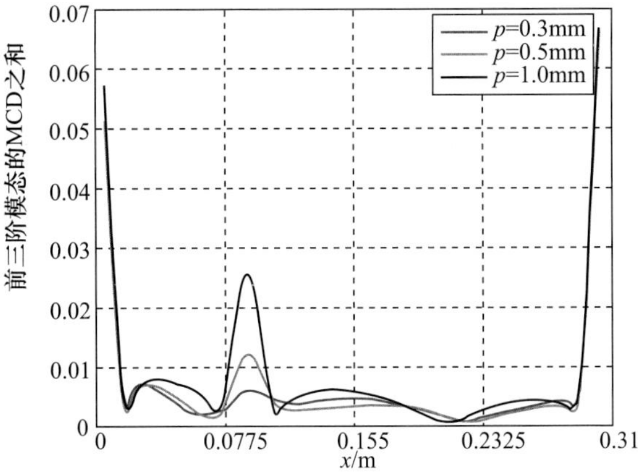

(a)

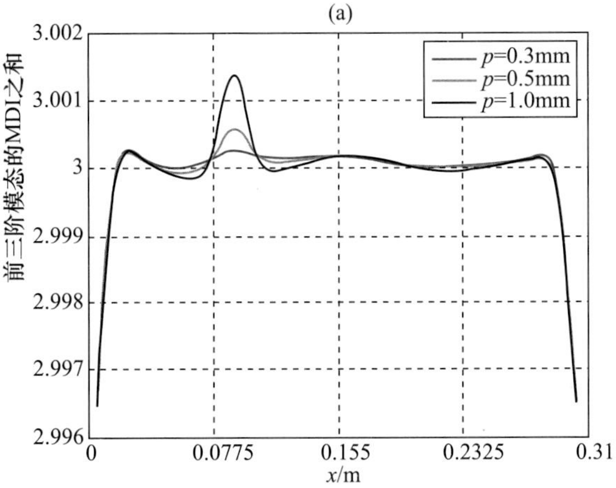

(b)

图 5.9 (a)前三阶模态的 MCD 之和;(b)前三阶模态的 MDI 之和。

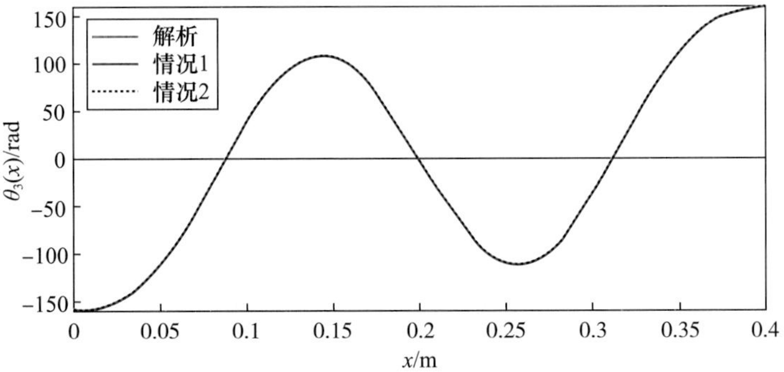

(a)

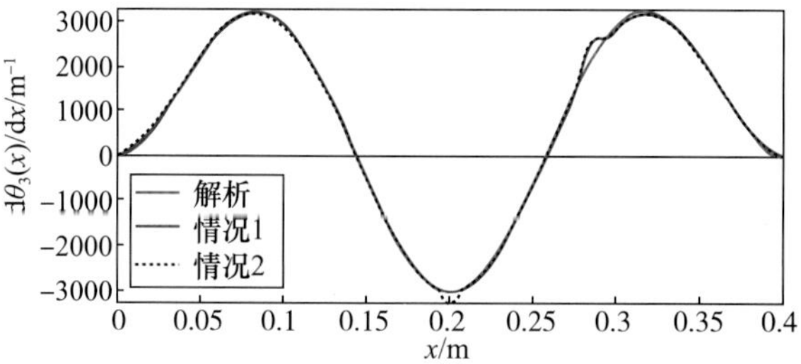

(b)

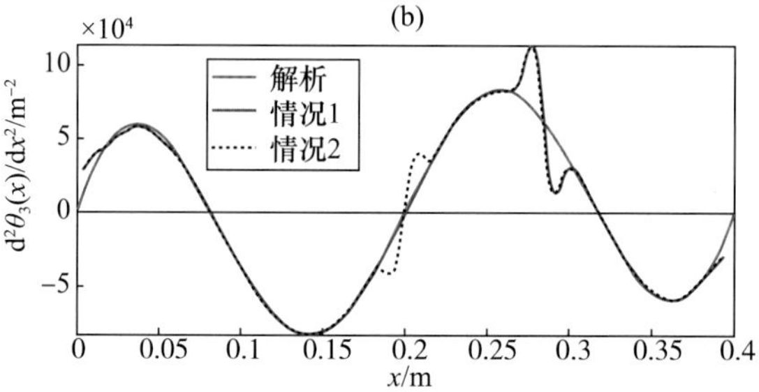

(c)

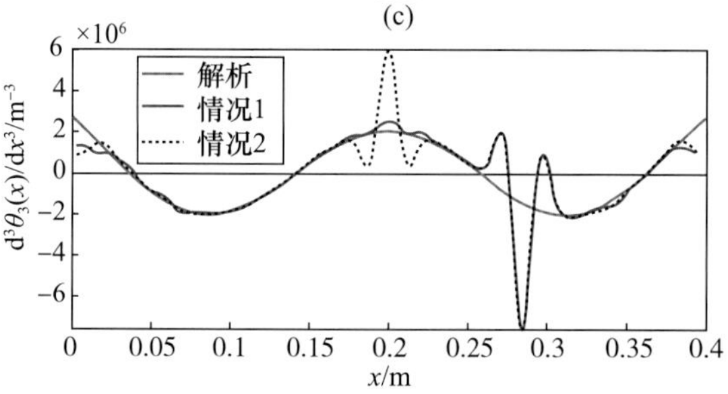

(d)

图 5.10　自由－自由边界条件下铝梁的解析和实验分析结果

(a)三阶模态转动场；(b)三阶模态转动场的一阶导数；(c)三阶模态转动场的二阶导数；(d)三阶模态转动场的三阶导数。

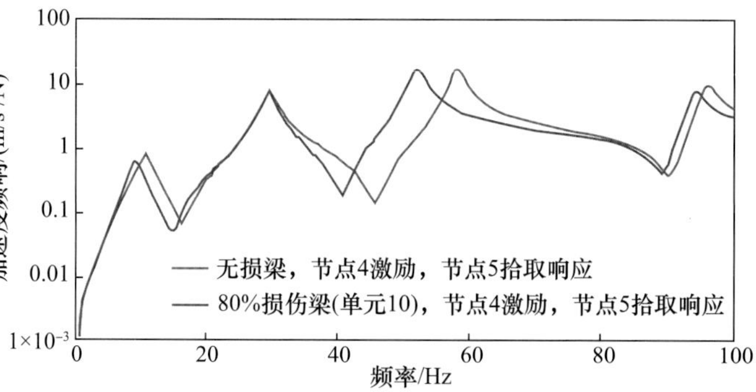

图 7.3　带有比例黏性阻尼的悬臂梁在无损和损伤状态下的频响函数 $\alpha_{5,4}(\omega)$

表 7.1　模态域方法的仿真分析结果

检测	定位
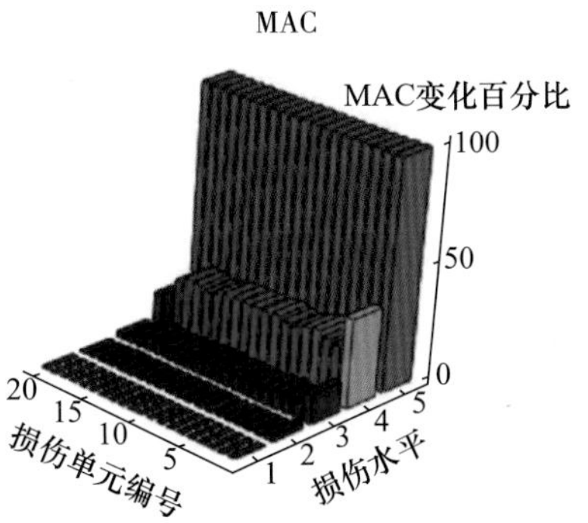	
	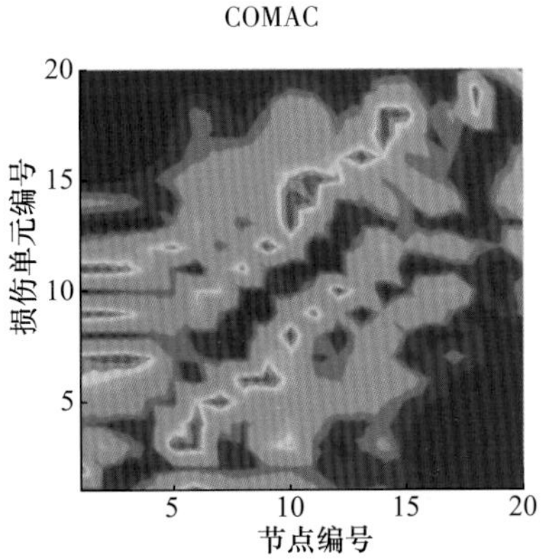
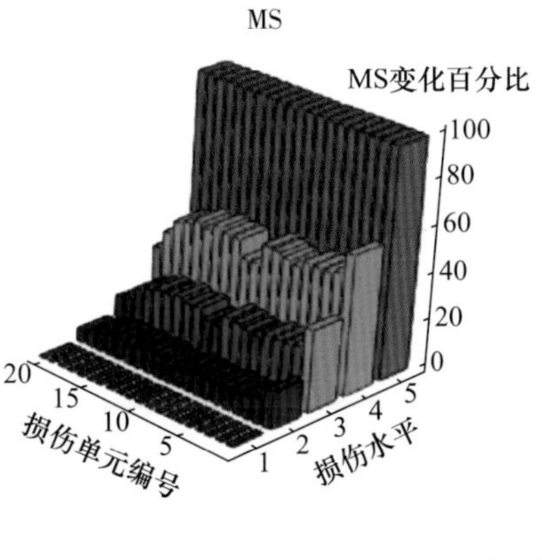	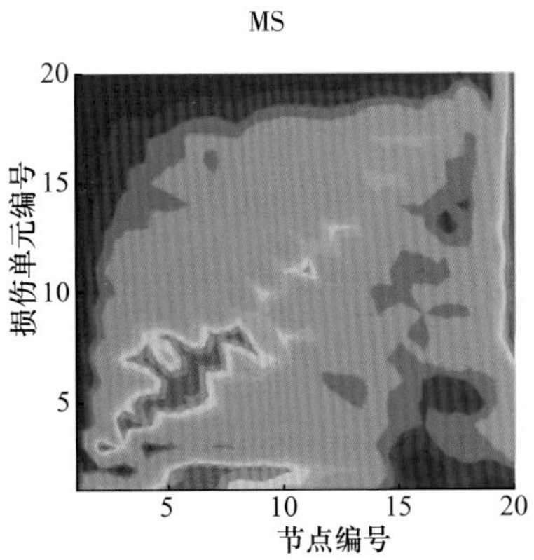

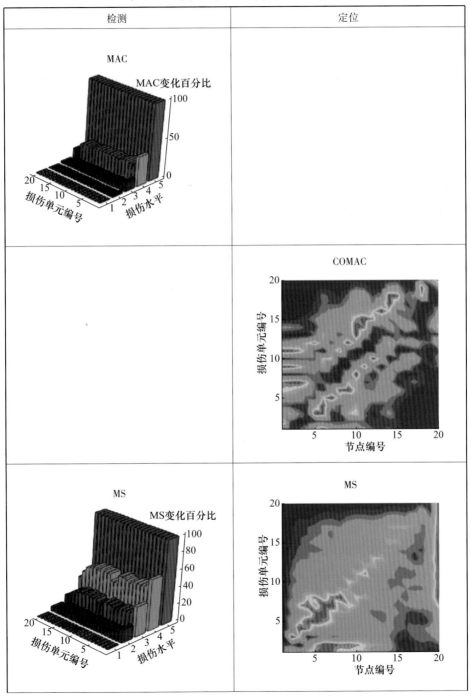

续表

检测	定位
MSC 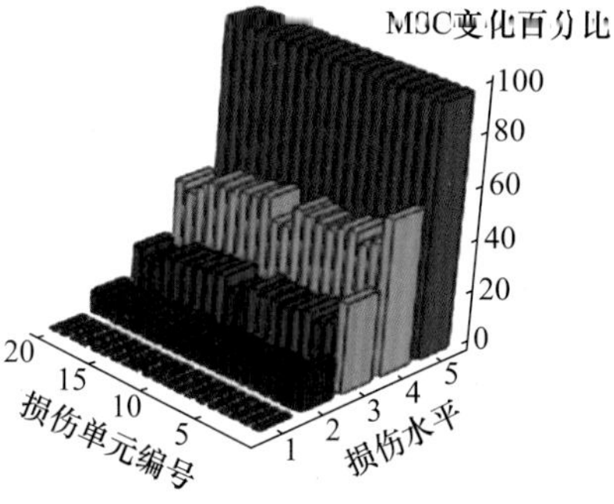	MSC 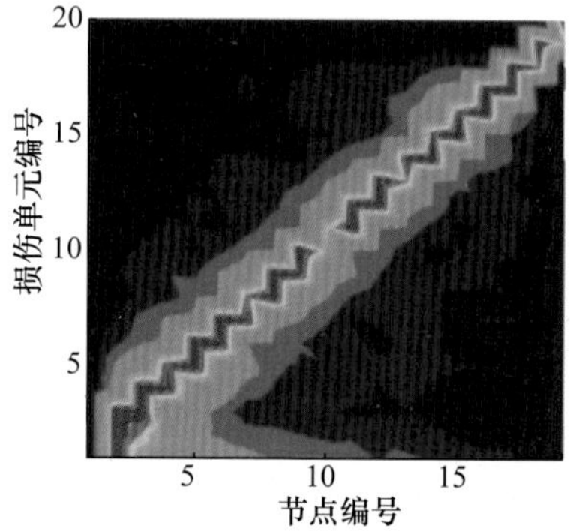
DI 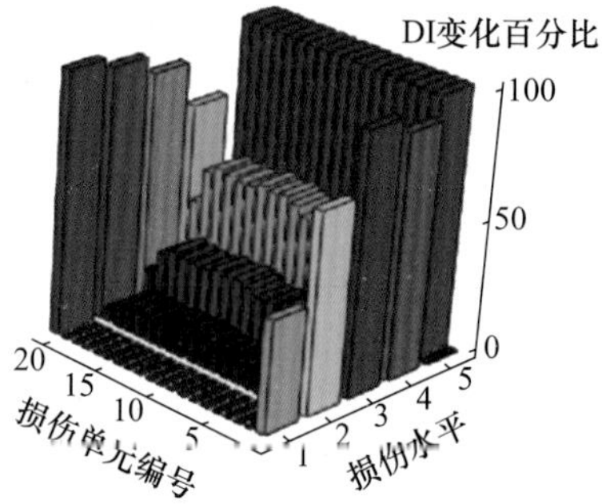	DI 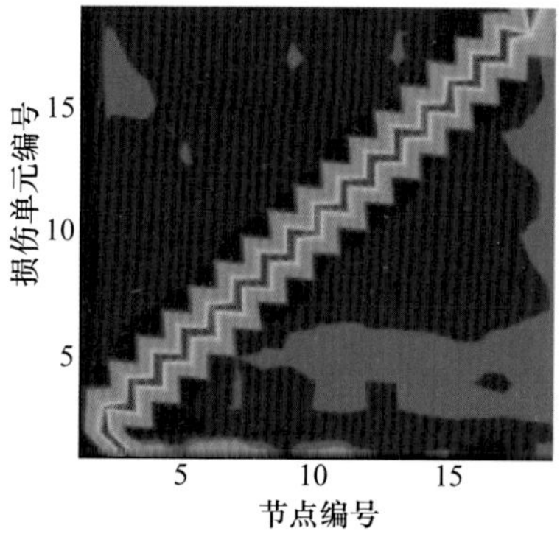
SEDI 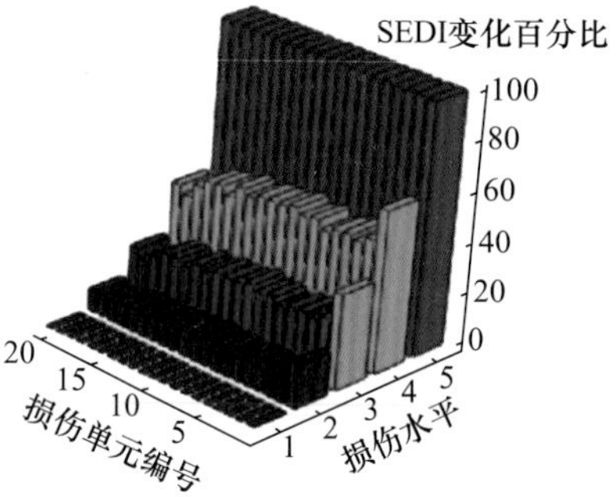	SEDI 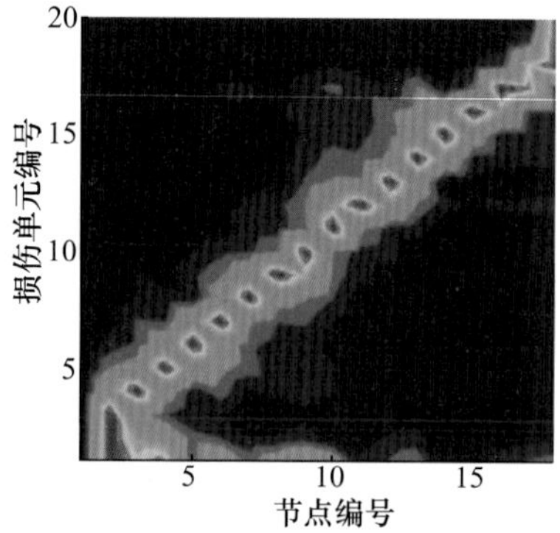

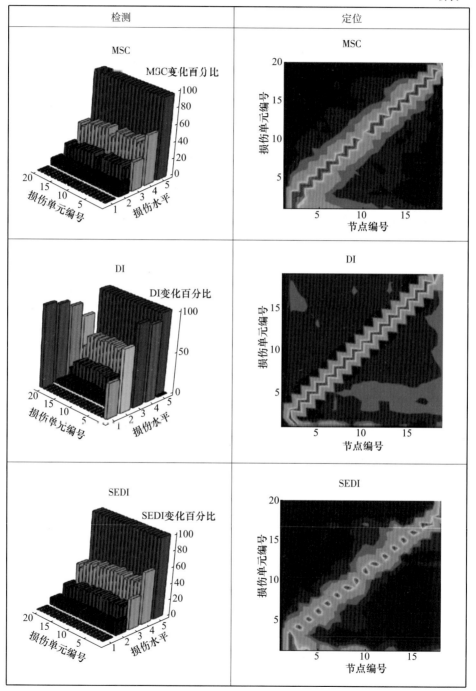

表 7.2　频域方法的仿真分析结果

检测	定位
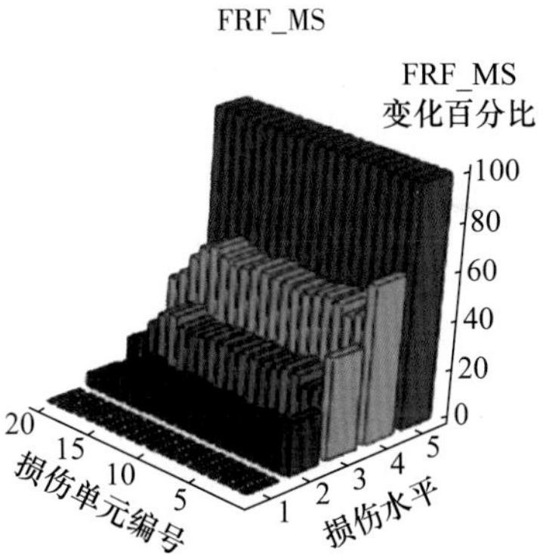 	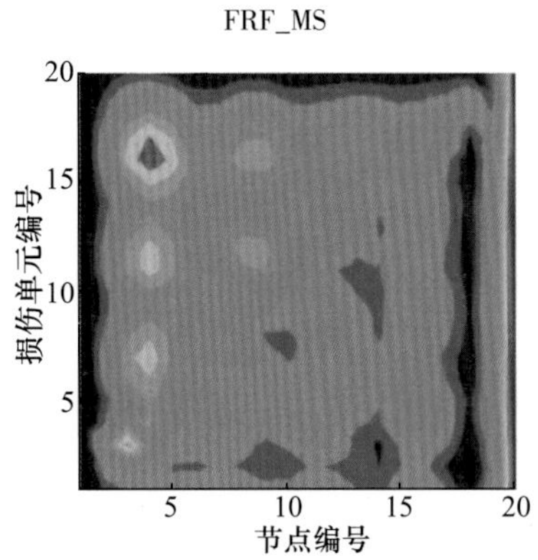
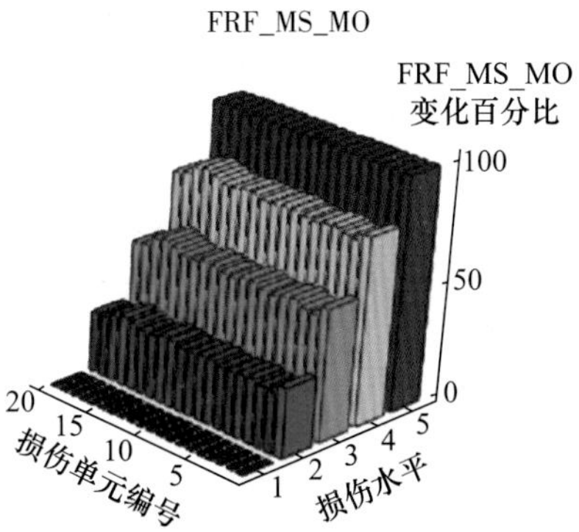 	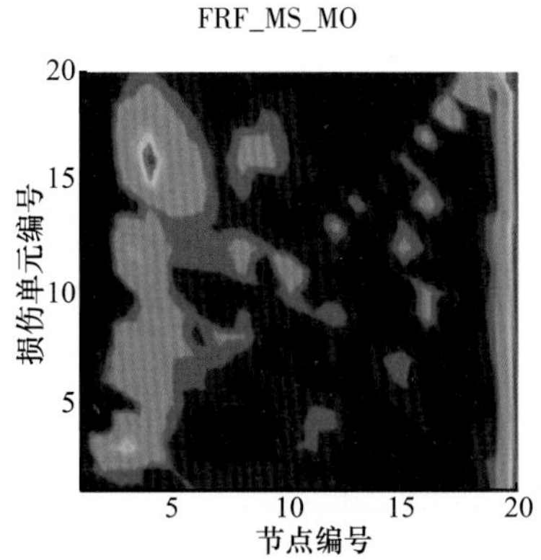
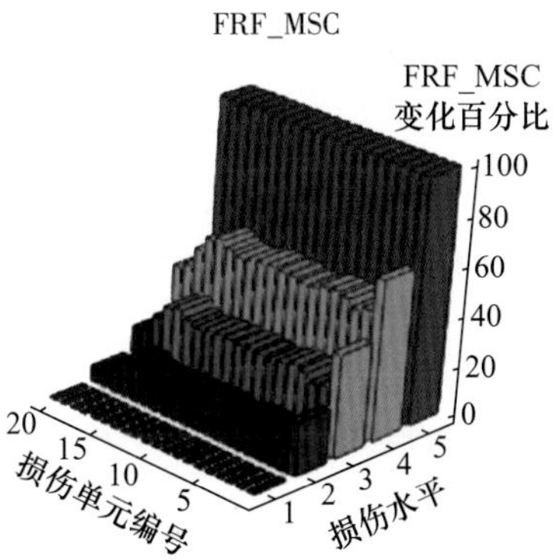 	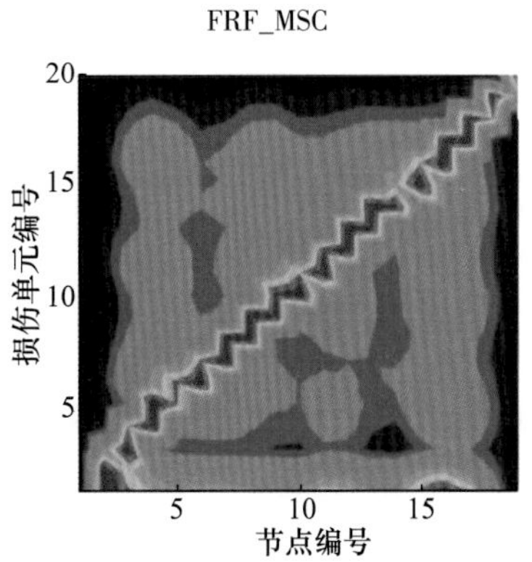

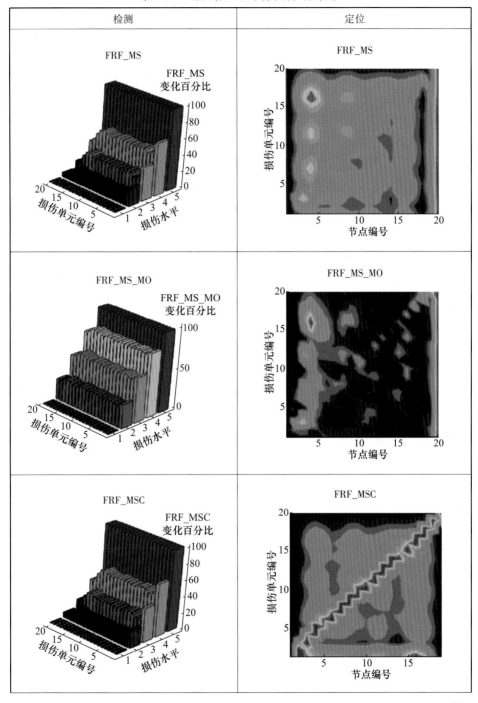

续表

检测	定位
FRF_MSC_MO 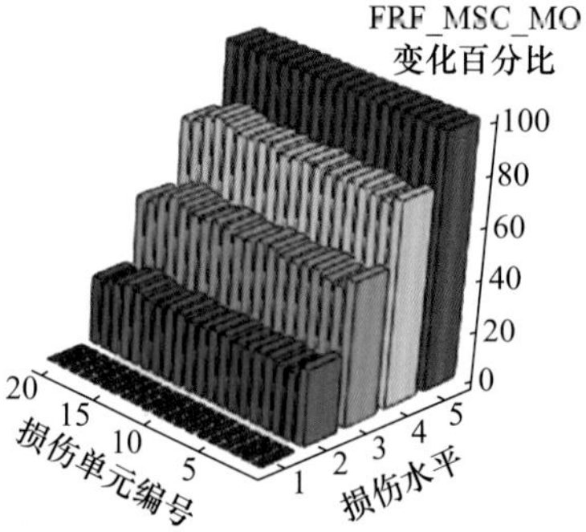 	FRF_MSC_MO 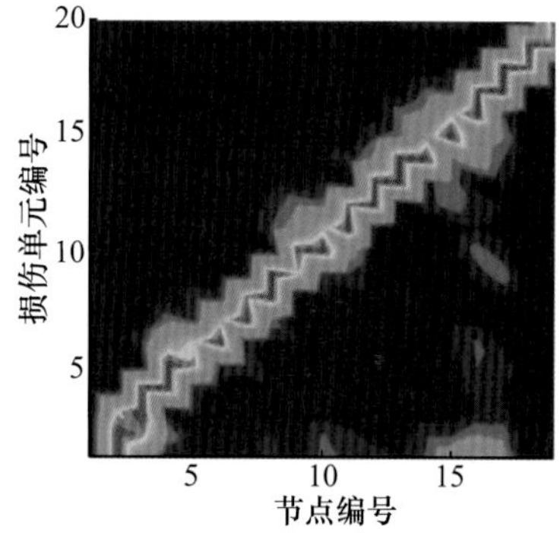
FRF_DI 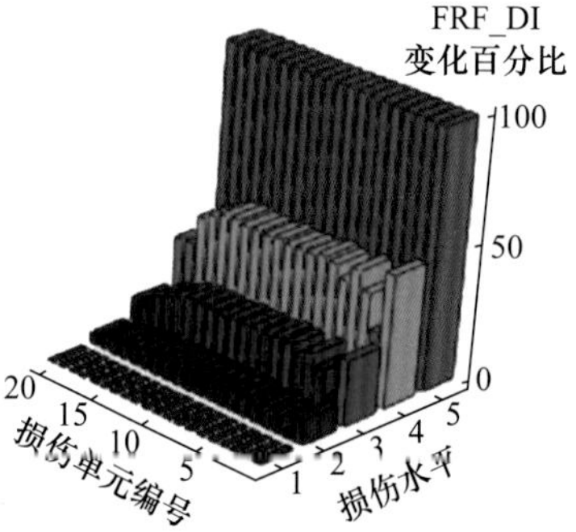 	FRF_DI 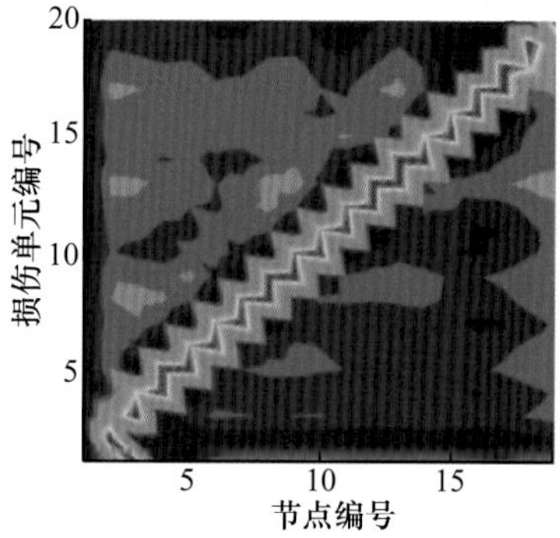
FRF_DI_MO 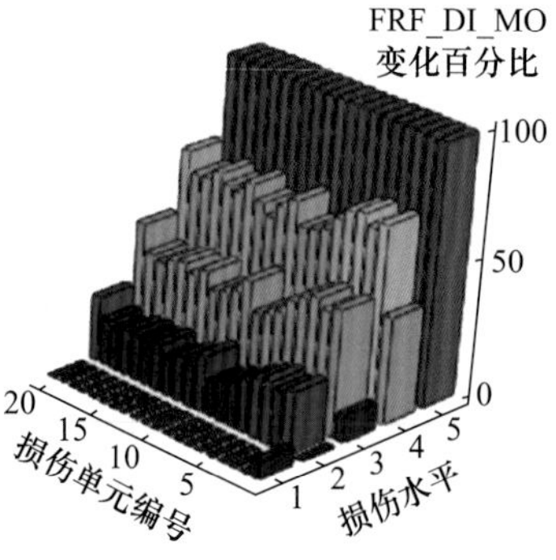 	FRF_DI_MO 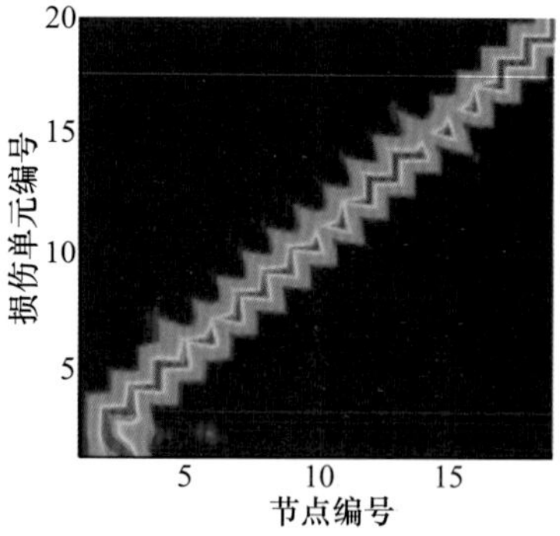

续表

检测	定位
FRF_SEDI 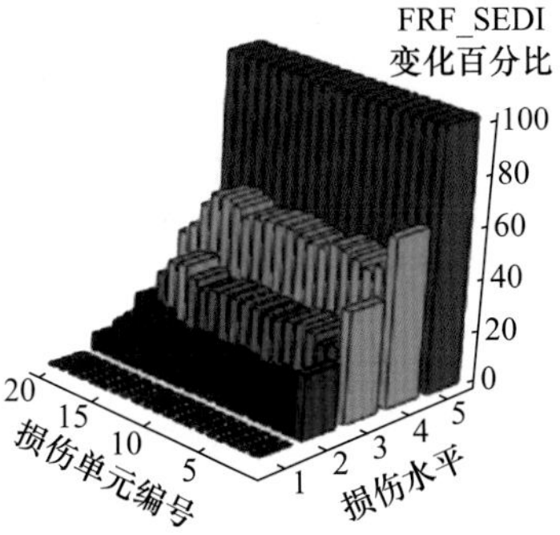 	FRF_SEDI 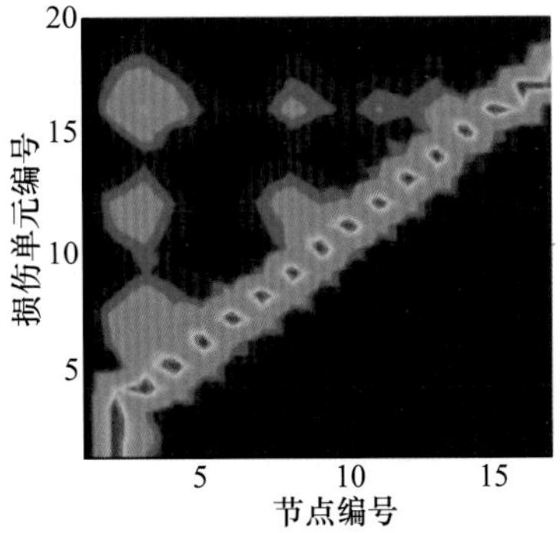
FRF_SEDI_MO 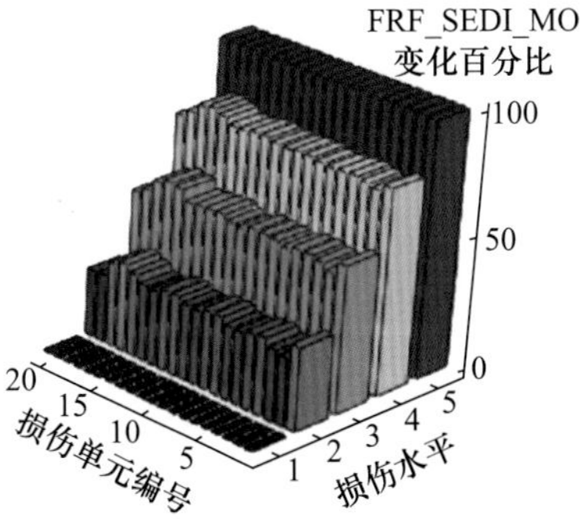 	FRF_SEDI_MO 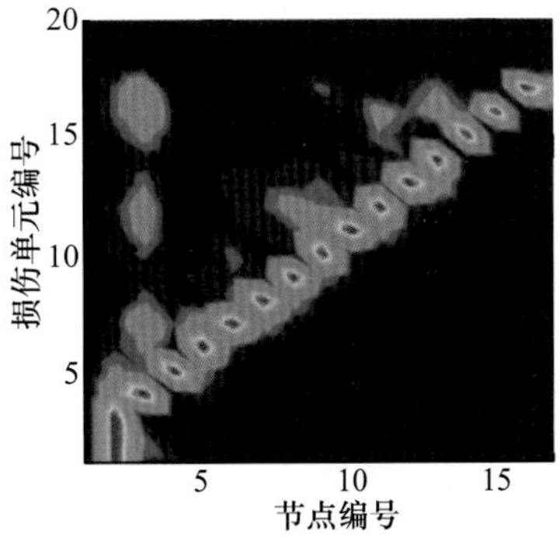
	RGSB(三次插值多项式) 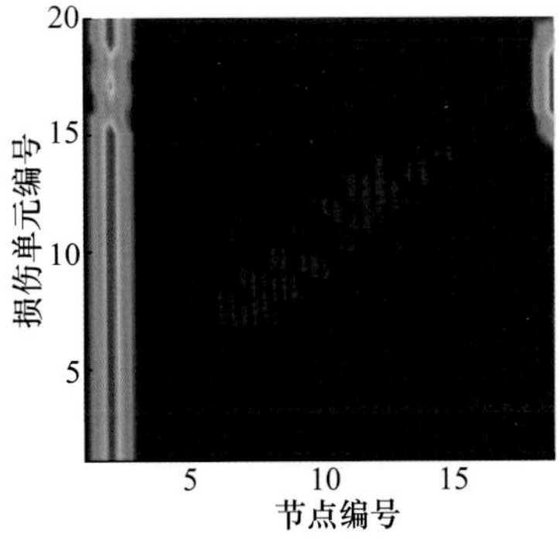

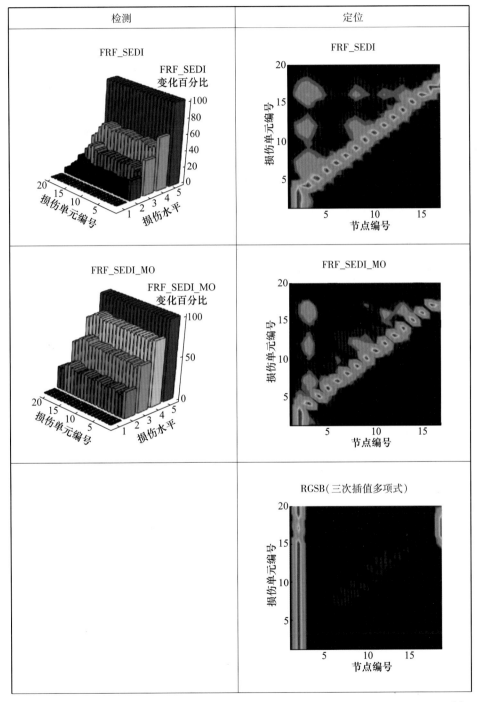

续表

检测	定位
	RGSB_MO（三次插值多项式） 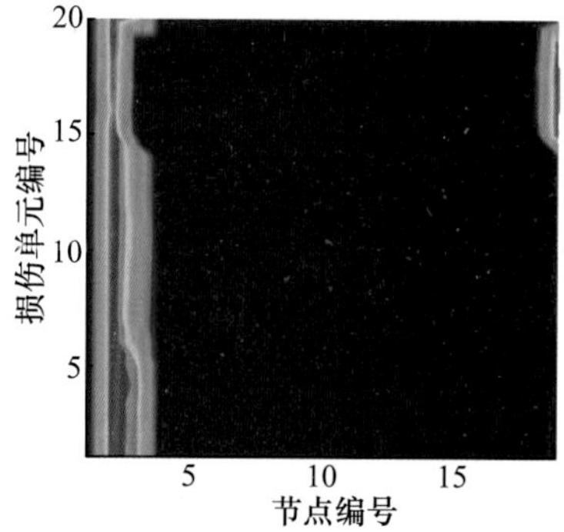
	RGSB(一次插值多项式) 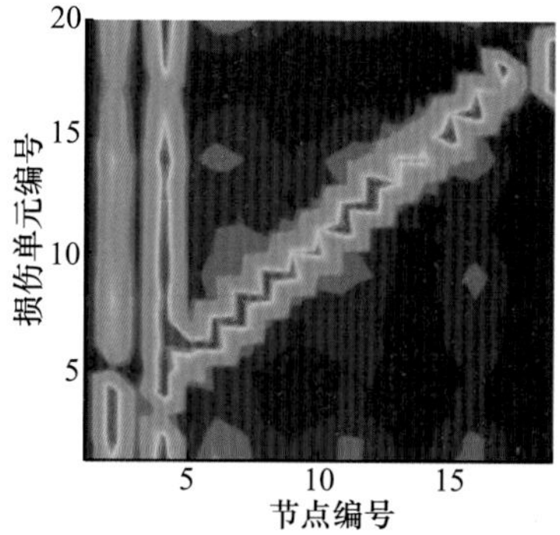
	RGSB_MO(一次插值多项式) 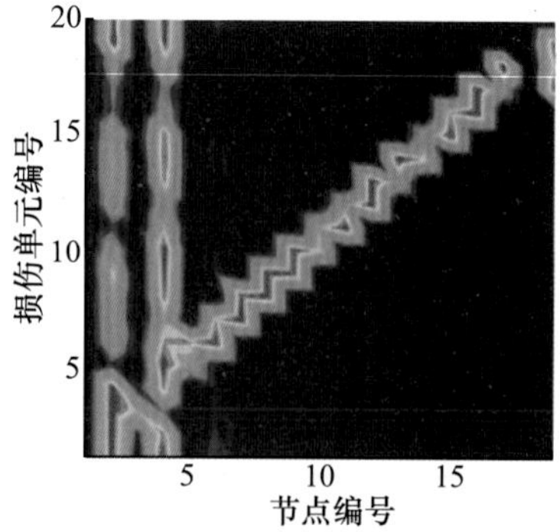

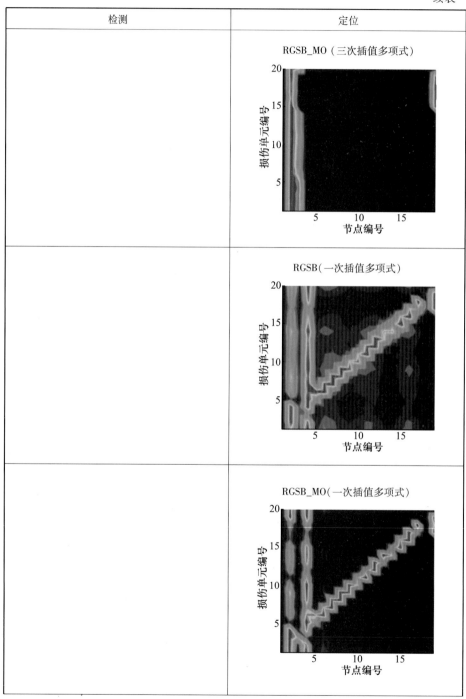

续表

<table>
<tr><th>检测</th><th>定位</th></tr>
<tr><td>FDAC/RVAC/DRQ

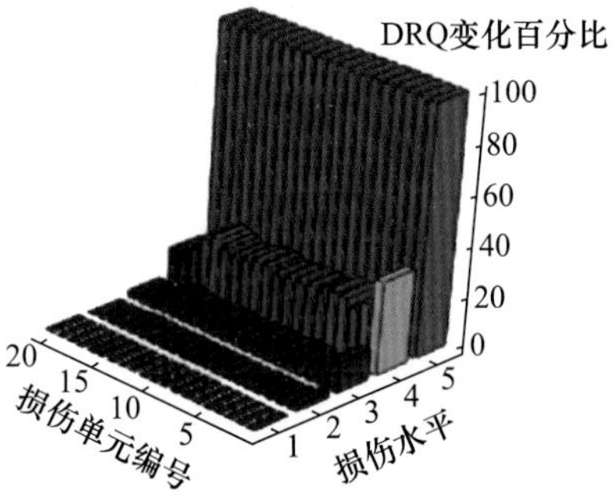

</td><td></td></tr>
<tr><td>FDAC/RVAC/DRQ_MO

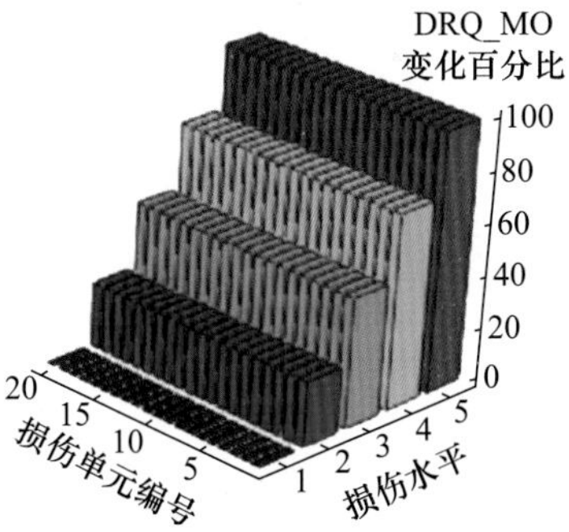

</td><td></td></tr>
<tr><td>TDI

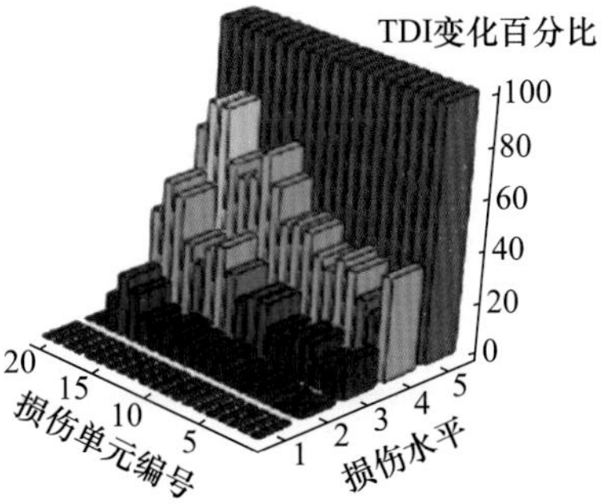

</td><td></td></tr>
</table>

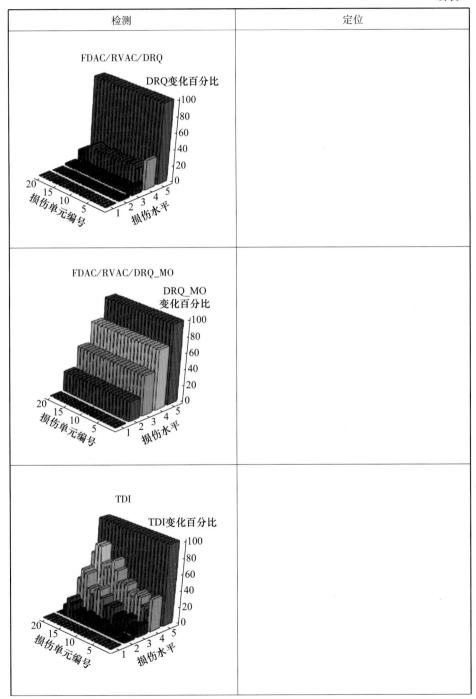

续表

检测	定位
TDI_MO 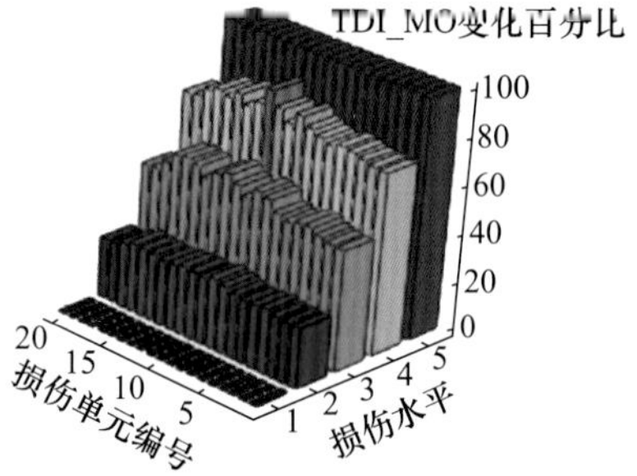 	
ECR 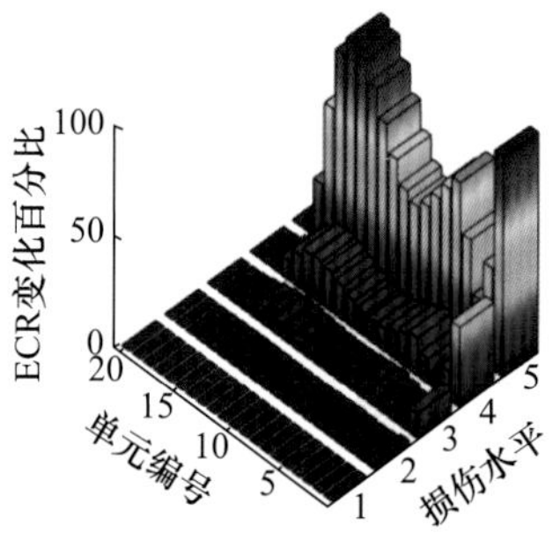 	ECR 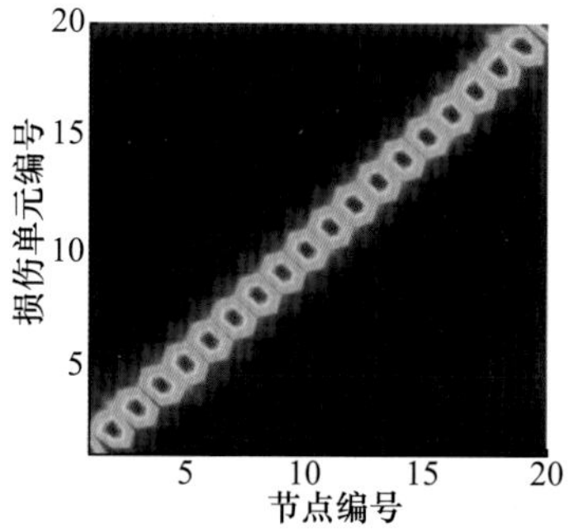

表 7.3　时域方法的仿真分析结果

检测	定位
TRGS(三次插值多项式),自由响应 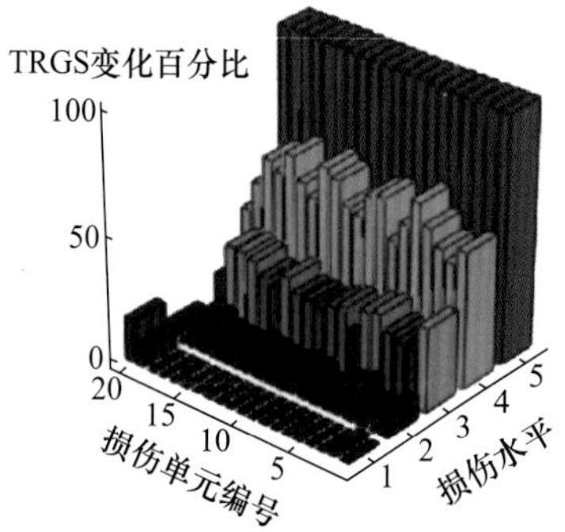 	TRGS(三次插值多项式),自由响应 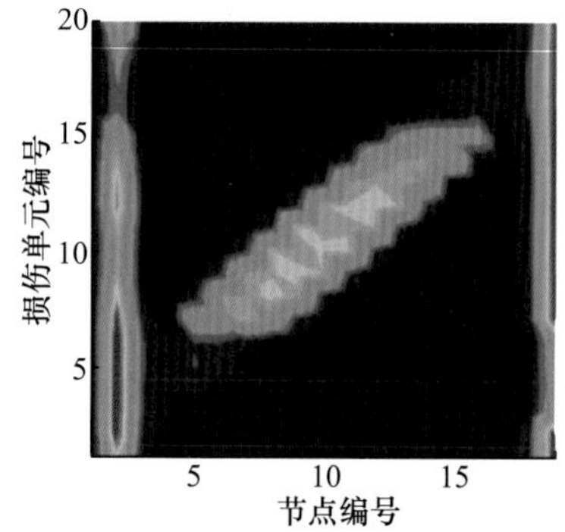

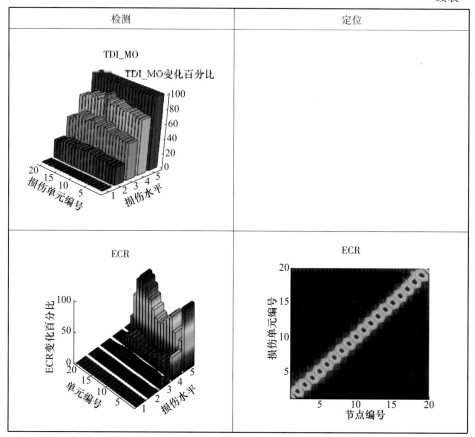

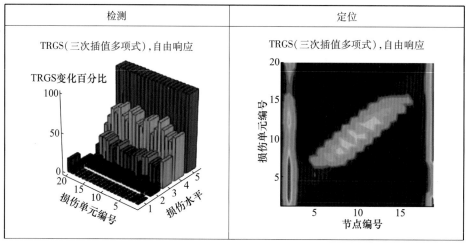

<table>
<tr><th>检测</th><th>定位</th></tr>
<tr><td>
TRGS_MO(三次插值多项式),自由响应
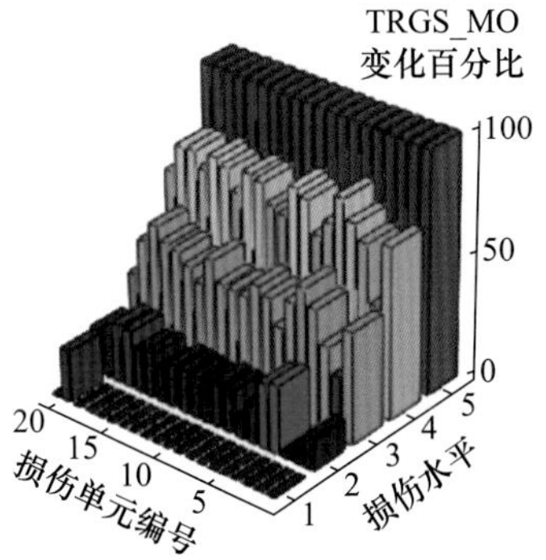

</td><td>
TRGS_MO(三次插值多项式),自由响应
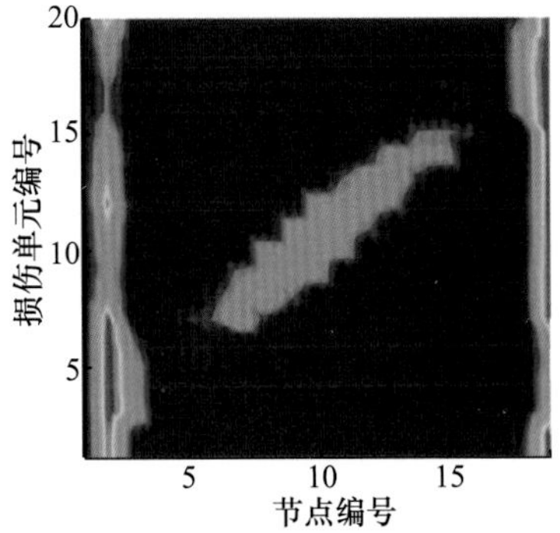

</td></tr>
<tr><td>
TRGS(三次插值多项式),受迫简谐响应
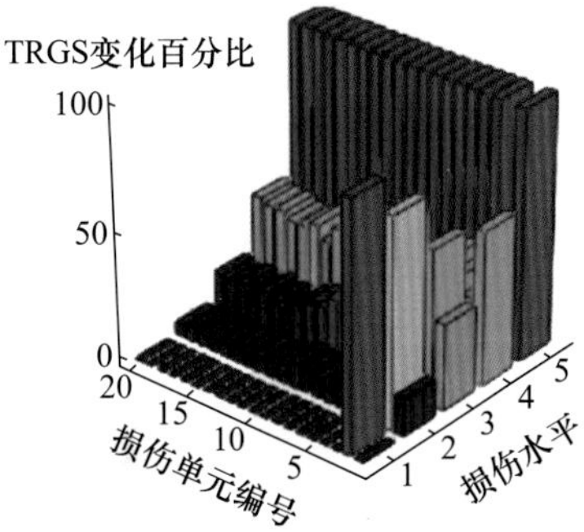

</td><td>
TRGS(三次插值多项式),受迫简谐响应
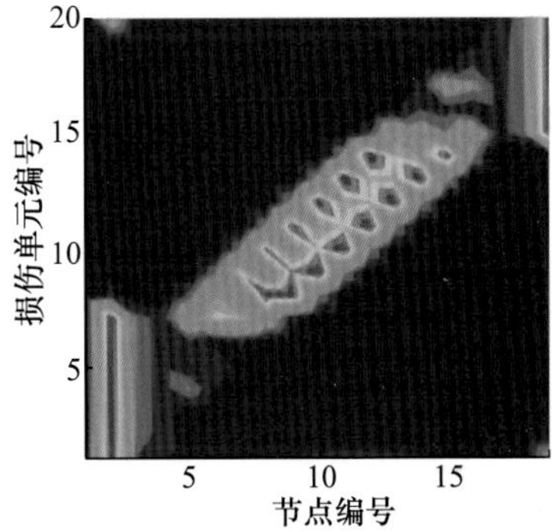

</td></tr>
<tr><td>
TRGS_MO(三次插值多项式),受迫简谐响应
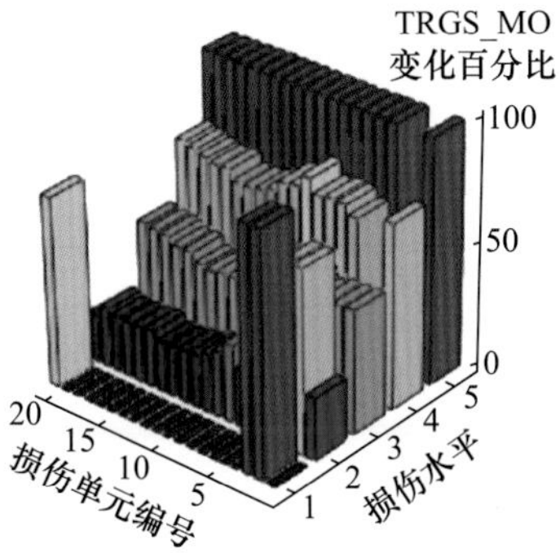

</td><td>
TRGS_MO(三次插值多项式),受迫简谐响应
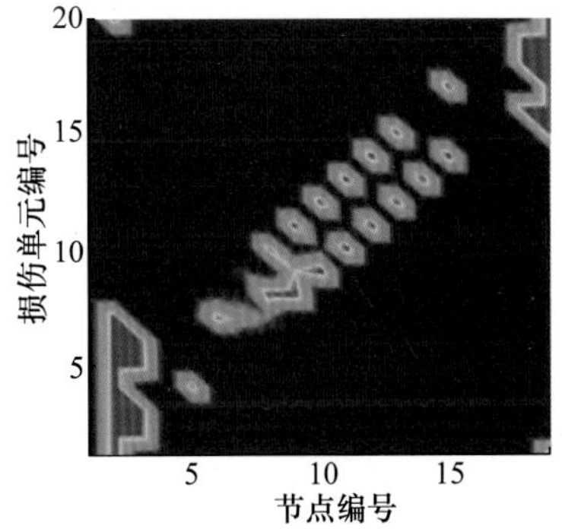

</td></tr>
</table>

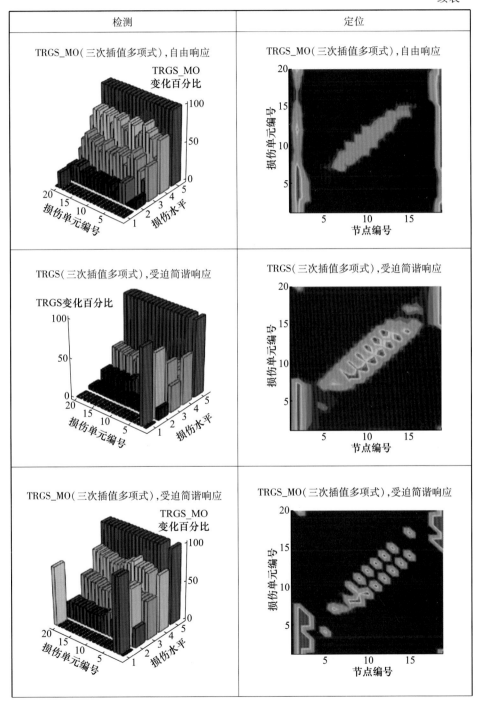

<table>
<tr><th>检测</th><th>定位</th></tr>
<tr><td>TRGS(一次插值多项式),自由响应
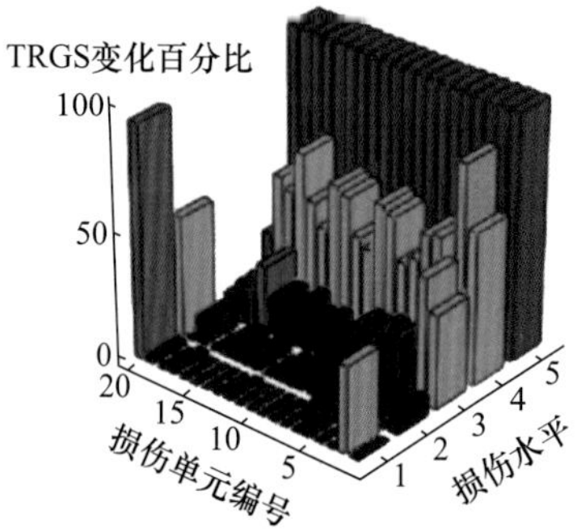</td><td>TRGS(一次插值多项式),自由响应
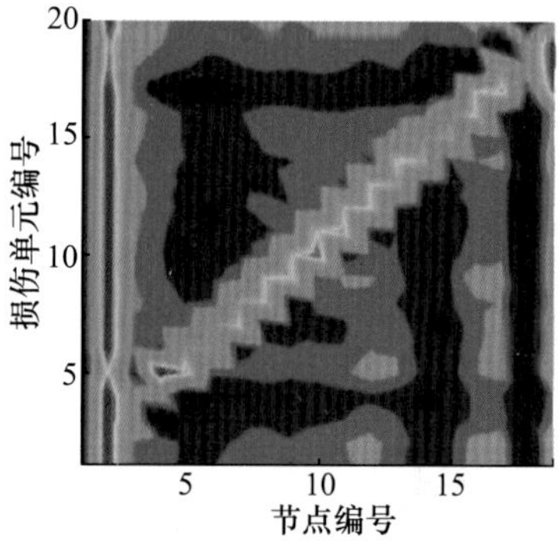</td></tr>
<tr><td>TRGS_MO(一次插值多项式),自由响应
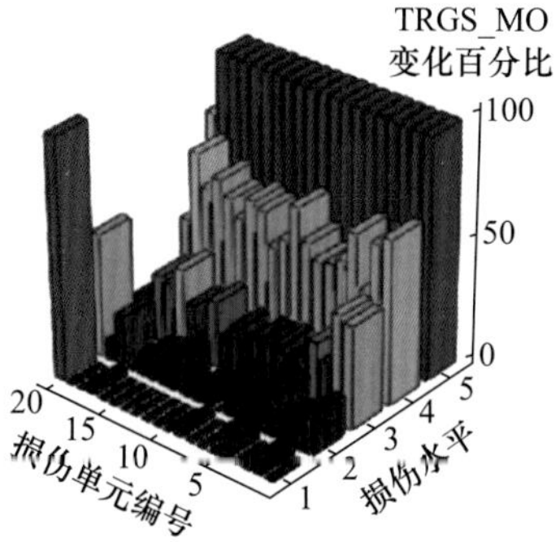</td><td>TRGS_MO(一次插值多项式),自由响应
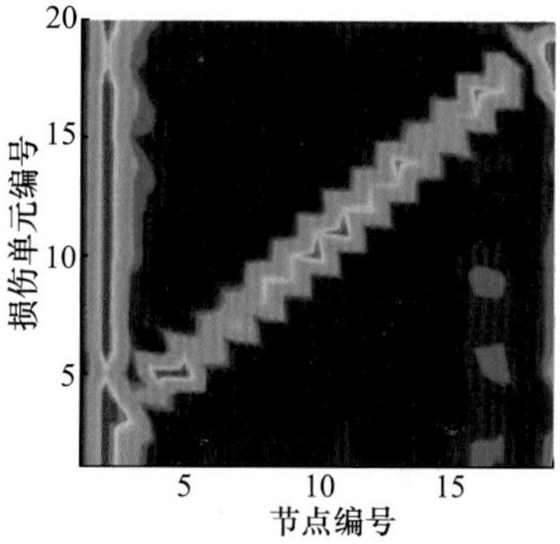</td></tr>
<tr><td>TRGS(一次插值多项式),受迫简谐响应
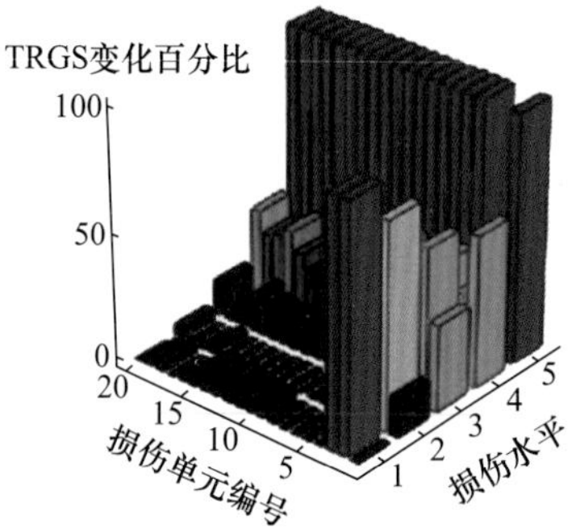</td><td>TRGS(一次插值多项式),受迫简谐响应
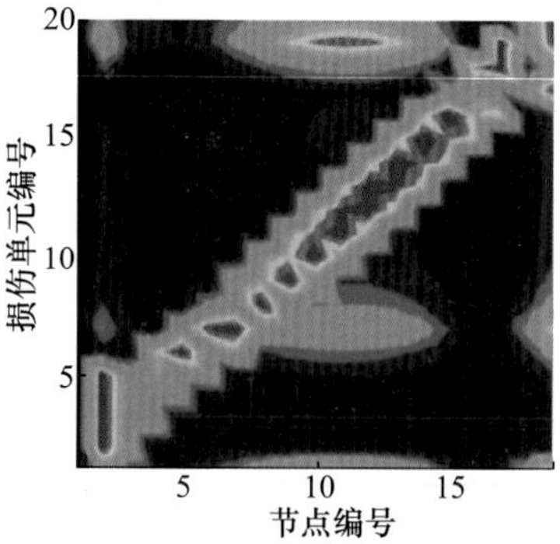</td></tr>
</table>

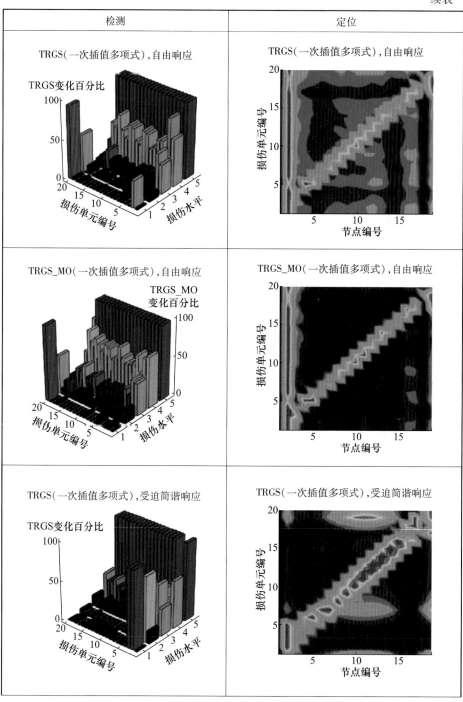

<table>
<tr><th>检测</th><th>定位</th></tr>
<tr><td>TRGS_MO(一次插值多项式),受迫简谐响应
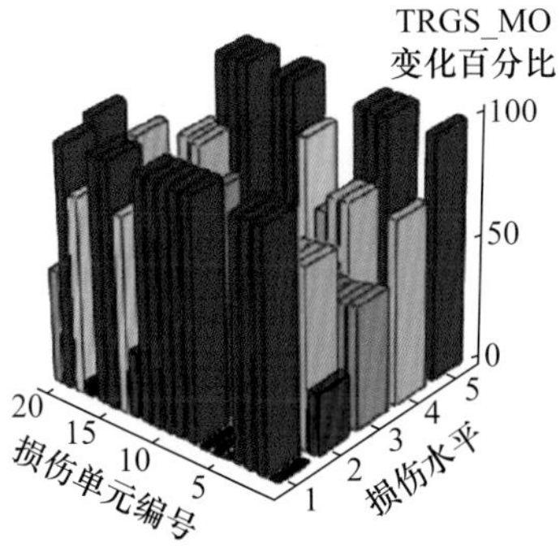
</td><td>TRGS_MO(一次插值多项式),受迫简谐响应
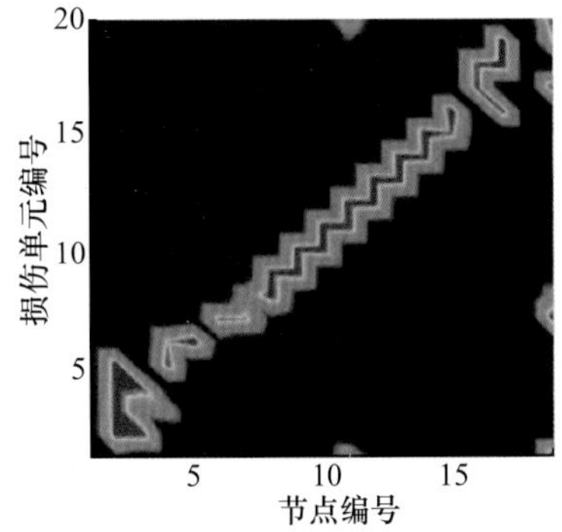
</td></tr>
<tr><td>TKFD,自由响应
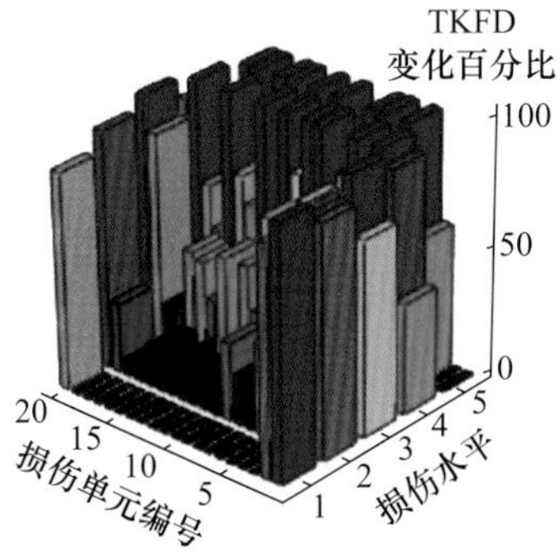
</td><td></td></tr>
<tr><td>TKFD_MO,自由响应
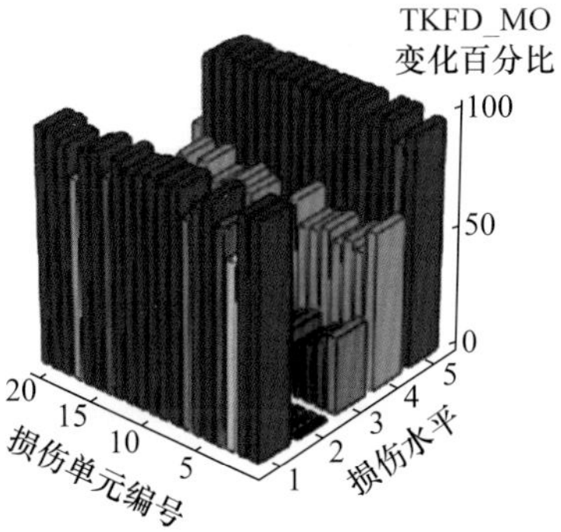
</td><td></td></tr>
</table>

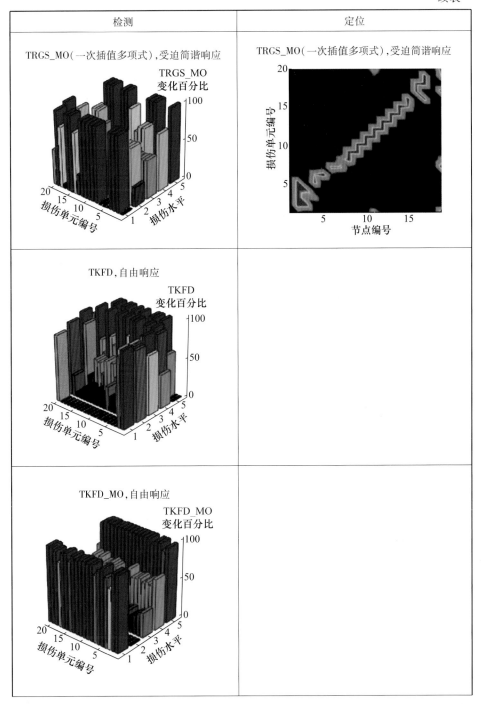

续表

检测	定位
TKFD,受迫简谐响应 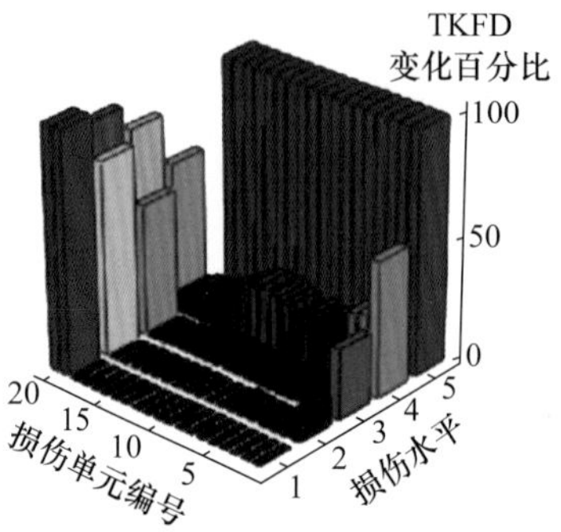	
TKFD_MO,受迫简谐响应 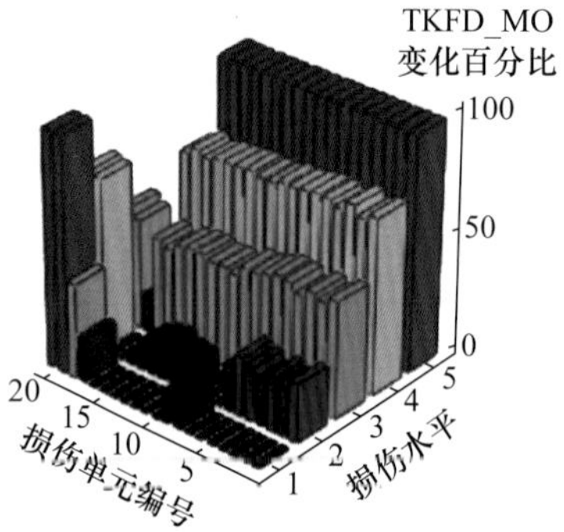	